Reinhard Seiffert

Die Ära Gottlieb Daimlers

VIEWEG+TEUBNER RESEARCH

Reinhard Seiffert

Die Ära Gottlieb Daimlers

Neue Perspektiven zur Frühgeschichte des Automobils und seiner Technik

VIEWEG+TEUBNER RESEARCH

Bibliografische Informationd der Deutschen Nationalbibliothek
Die Deutsche Nationalbibliothek verzeichnet diese Publikation in der
Deutschen Nationalbibliografie; detaillierte bibliografische Daten sind im Internet über
<http://dnb.d-nb.de> abrufbar.

1. Auflage 2009

Lektorat: Dorothee Koch

Vieweg+Teubner ist Teil der Fachverlagsgruppe Springer Science+Business Media.
www.viewegteubner.de

Umschlaggestaltung: KünkelLopka Medienentwicklung, Heidelberg
Satz: FAUST Technische Dokumentationen, Halle (Saale)
Druck und buchbinderische Verarbeitung: Rosch-Buch, Scheßlitz
Gedruckt auf säurefreiem und chlorfrei gebleichtem Papier.
Printed in Germany

ISBN 978-3-8348-0962-9

Der Autor dankt

dem Archiv der Daimler AG, besonders Herrn Gerhard Heidbrink
für seine Hinweise zum Manuskript und Herrn Uwe Heintzer
für die Bereitstellung umfangreichen Bildmaterials,

Herrn Dipl.-Ing. Dietmar Voß, Odenthal, und der Deutz AG, Köln,
für großzügig eingeräumte Informationsmöglichkeiten
zur Tätigkeit Nicolaus August Ottos und Gottlieb Daimlers in Deutz
und zur Motorensammlung der Deutz AG,

Herrn Carsten Priebe, Zürich, und Herrn Thomas Lindemann,
INFO Verlagsgesellschaft Karlsruhe, für die Überlassung der Bilder aus
„Auf den Spuren der Pioniere" und die Bereitstellung der Daten,

Herrn Professor Dr. Hans-Erhard Lessing, Mannheim, für seine Begleitung
und Beratung mit zahlreichen Hinweisen auf historische Dokumente und Fakten,

den Mitgliedern der Automobilhistorischen Gesellschaft, besonders
Herrn Hans-Otto Neubauer, Herrn Michael Graf Wolff Metternich,
Herrn Professor Dr. Peter Kirchberg und Herrn Immo Mikloweit,
für freundschaftliche Unterstützung

sowie Herrn Wolfgang Peters und Herrn Klaus Westrup
für langjährige kollegiale Hilfestellung.

Inhalt

Einführung

Die Frühzeit des Automobils fällt in das letzte Viertel des neunzehnten Jahrhunderts – eine weltpolitisch zwar friedliche, aber durch gewaltige Rüstungsanstrengungen gekennzeichnete Epoche. Je nach historischer Kategorie eingestuft als Kaiser-, Kolonial- und Gründerzeit oder als Entstehungszeit neuer, vom Sozialismus geprägter gesellschaftlicher Strukturen, wirken diese Jahre in technikgeschichtlichen Darstellungen oft wie eine Idylle, in der eigenwillige Pioniere mit primitiven Mitteln ihre motorisierten Fahr- und Flugversuche unternahmen. Im Hinblick auf die Fahrzeuge, die wir unter dem Begriff Automobil zusammenfassen, erscheint es gewagt, diese Zeit bevorzugt mit dem Namen Gottlieb Daimlers in Verbindung zu bringen. Hat doch, zumindest aus deutscher Sicht, Carl Benz gleichen Anteil am Automobil und wird, wenn vom Zweigestirn der Stuttgarter und Mannheimer Pioniere die Rede ist, oft an die erste Stelle gesetzt. Auch Daimlers engstem Mitarbeiter Wilhelm Maybach wurde zuweilen eine zentrale Rolle zugebilligt. In anderen Ländern nennt man andere Namen. Der US-Präsident Barack Obama bezeichnete, als kurz nach seinem Amtsantritt die Detroiter Schlüsselindustrie in den Sog der Krise geriet, die Amerikaner pauschal als Erfinder des Automobils.

Diese Ambivalenz hat ihren Grund: Das Bedürfnis, die Geschichte des heute allgegenwärtigen, jedoch technisch und historisch höchst komplexen Gegenstandes „Automobil“ an bestimmten Namen festzumachen, kann nicht all den Zusammenhängen gerecht werden, die in weit zurückliegender Zeit eine Rolle spielten. Schon immer waren mit diesem Bedürfnis nationale und kommerzielle Interessen verbunden. Namen wurden zu Symbolen, die Grenzen zwischen Realität und Mythos verwischten sich. Erst wenn wir uns in die Anfangszeit zurückversetzen, werden hinter den Symbolen wieder handelnde Personen lebendig. Das gilt für Daimler, für Benz, mit Einschränkungen auch für Otto und Diesel. Denn der Mythos der Personen ist meist mit einer Gleichsetzung von Unternehmensgründer und Erfinder verbunden. Exemplarisch wurde der Streit um die Erfindung des Automobils, der bald nach 1900 zwischen den Firmen Benz und Daimler ausbrach. Die Namensträger waren daran nicht beteiligt: Daimler war 1900 gestorben, Benz hatte sich aus der aktiven Tätigkeit im von ihm gegründeten Unternehmen zurückgezogen. Noch komplizierter lagen die Dinge in Amerika: Als Henry Ford den Absolutheitsanspruch des Patentanwalts Selden endlich niedergerungen hatte, war die Entwicklung der US-Automobilindustrie schon zu weit fortgeschritten, als dass Ford noch als alleiniger Sieger-Erfinder hätte gelten können.

Umgewandelt in imageträchtige Markenbezeichnungen, blieben die wenigen bekannten Namen aus der Frühzeit bis heute Bestandteile der alltäglichen Kommunikation im Wirtschaftsleben, in Marketing und Werbung, andere verschwanden. Auch die Traditionspflege konnte nur bei jenen Unternehmen betrieben werden, denen dauerhafter wirtschaftlicher Erfolg beschieden war. Fast zwangsläufig ließ die wachsende Zahl der erhaltenswerten Fahrzeuge, ihre öffentlichen Auftritte in Museen und Oldtimerveranstaltungen, die Menschen aus Fleisch und Blut in den Hintergrund treten, die einst mit Leidenschaft und finanziellem Risiko den Anfang gemacht hatten – und mit ihnen die Probleme, deren Lösung rückwirkend oft einfacher erscheint als sie war. Technische und unternehmerische Leistungen, aber auch Konflikte und Irrtümer, wurden idealisiert.

Verzichtet man, der sachlichen Nachprüfung und lexikalischen Ehrlichkeit wegen, auf rückwirkende Akzentsetzungen, wertet auch Mythen und Legenden als das, was sie sind, und stellt die handelnden Personen in den Kontext ihrer Lebenswirklichkeit, dann ergeben sich Perspektiven, die mit der gewohnten Sicht nicht immer übereinstimmen. Öfter als erwartet tritt eine Schlüsselfunktion der Technik zutage. Fakten, die im Streit um Prioritäten und industrielle Interessen an Kontur verloren hatten, werden wieder greifbar. Dem kritischen Vergleich, etwa von Patentschriften oder Gerichtsurteilen, halten Vereinfachungen komplexer Zusammenhänge oft nicht stand. Was es mit Prioritätsansprüchen auf sich hat, kommt dann erst beim Abwägen der Details oder beim Betrachten von Zeichnungen mit der Lupe zutage.

Dem Stand der Information kann dies nur gut tun. Was im Lauf von mehr als hundert Jahren in technikhistorischen Darstellungen und darauf basierenden Lexikonartikeln Allgemeingut geworden ist, bedarf mitunter der Hinterfragung. Das zwanzigste Jahrhundert war noch zu sehr Szene der Entwicklung, gegenläufige Interessen und nüchterne Wissenschaftlichkeit vermischten sich zu stark, um schon zu einem – mit aller Vorsicht sei dieser Begriff verwendet – „objektiven" Wissen über die Geschichte des Automobils und seiner Technik zu gelangen. Zeitgeschichtliche und gesellschaftliche Dimensionen wurden nur sporadisch einbezogen. Die Auswirkungen zweier Weltkriege, die Veränderungen der Lebensgewohnheiten und des Umweltbewusstseins, die Endlichkeit wichtiger Ressourcen stellen nicht nur die Frage, wie es im einundzwanzigsten Jahrhundert weitergehen soll. Sie verweisen auch auf die Notwendigkeit, sich der Anfänge zu erinnern.

1 Verbrennungsmotoren – mobil und stationär

1.1 Kraftstoff macht Geschichte

Es sind große Namen, mit denen wir täglich umgehen: Daimler und Benz, Otto und Diesel. Was steckt dahinter? Man glaubt es zu wissen, doch vieles war ganz anders. Die Frühgeschichte des Automobils erweist sich zum großen Teil als Geschichte der Entstehung und Verbesserung der Motoren. An erster Stelle ging es um die Nutzung des Energiegehaltes flüssiger Kohlenwasserstoffe in mobilen Verbrennungsmotoren. Dabei ist es bis in das einundzwanzigste Jahrhundert hinein geblieben – mit der Folge eines steigenden Mineralölverbrauchs. Öl bewegt die Weltpolitik, bestimmt über das Dasein der Armen und der Reichen. Schon die Pioniere des Automobils waren von den Eigenschaften des Kraftstoffs abhängig. Ihn konnten sie nicht erfinden.
Das Nachfüllen von Benzin oder Dieselöl bekräftigt täglich diese Schlüsselfunktion. Wenn wir – mehr oder weniger – „Gas" geben, bewirken wir damit die feine Verteilung des Kraftstoffs, seine Vermischung mit dem Sauerstoff der Luft und eine Verbrennung, die einen möglichst großen Teil der durch Expansion freiwerdenden Energie in Fahrleistung umsetzen soll. Diesem Zweck dienen die schweren und komplizierten Verbrennungsmotoren mit ihren Einspritz- und Zündanlagen, Ventilsteuerungen und Kühlsystemen.
Früh begann aber auch die Suche nach Alternativen. Der leise und emissionsfrei arbeitende Elektroantrieb stand dabei an erster Stelle. In Schienenfahrzeugen eine echte Konkurrenz zum Dampf, lag es nahe, ihn auf die Straße zu übertragen. Das Problem war und blieb die Stromspeicherung, denn frei lenkbare Wagen können nicht über Oberleitungen oder Schleifkontakte versorgt werden, sie müssen ihre „Energie zur Fortbewegung mit sich führen" – so stand es schon 1898 in der Zeitschrift „Der Motorwagen". Erst wenn die Gewichte des Antriebsmotors und des Energievorrats zusammengezählt werden, zeigen sich die wahren Relationen. Ferdinand Porsche war im Jahr 1900 von der Zentnerlast leistungsstarker Akkumulatoren so enttäuscht, dass er den elektrischen Strom für seine Radnabenmotoren mit Hilfe eines Daimler-Benzinmotors an Bord erzeugte. Da die Batterietechnik über Jahrzehnte hinweg stagnierte, konnten Fahrleistung und Reichweite des reinen Elektroantriebs kaum verbessert werden.
Erst im einundzwanzigsten Jahrhundert zeichnen sich tragbare Kompromisse von Batteriegewicht, Preis und Reichweiten ab. Doch die Mischung von Kurz-, Mittel- und Langstrecke, das typische Szenario der Nutzung von Automobilen, bleibt eine

Domäne der Verbrennungsmotoren. Ihre Kombination mit Elektromotoren in Hybridantrieben ermöglicht kurzzeitiges emissionsfreies Fahren und verbessert die Verbrauchsbilanz, macht aber die klassischen Kraftstoffe nicht überflüssig. Auch die Möglichkeit, deren Energiegehalt in Brennstoffzellen direkt zur Stromerzeugung zu nutzen, hat ihre Probleme. Sie funktioniert am besten mit Wasserstoff – dem in Gewinnung und Speicherung teuren Element, das aufgrund seiner sauberen Verbrennungsreaktion mit dem Luftsauerstoff schon in der Vorzeit der Automobilgeschichte als idealer Energieträger erkannt wurde.

So müssen die Automobilbauer weiter mit der heiklen Aufgabe leben, die Motoren den in ihren Verbrennungsprodukten problematischen Kohlenwasserstoffen anzupassen. Der Zwang, die Gemischbildungs-, Zünd- und Abgassysteme konsequent zu verbessern, ergibt sich aus rigorosen Vorschriften zur Luftreinhaltung und zur Verringerung des Ausstoßes von Kohlendioxyd. Das war in der Anfangszeit anders: Es musste erst einmal ein zuverlässiger Arbeitsablauf geschaffen werden, ehe Verbrennungsmotoren industriell hergestellt und in Kundenhand gegeben werden konnten.

Dieser Entwicklungsprozess vollzog sich, bevor an Automobilbau zu denken war, an stationären Antriebsmaschinen. Die großen Gasmotoren des neunzehnten Jahrhunderts gelten als Vorläufer der Fahrzeugmotoren – nicht ganz zu Recht, denn sie waren eine Gattung für sich. Sie konkurrierten mit den stationären Dampfmaschinen, die in den Fabrikhallen über Riementransmissionen Werkzeugmaschinen antrieben. Ihnen gegenüber hatten die Gasmotoren klare Vorteile: Sie benötigten keinen kohlebefeuerten Dampfkessel und keinen Fabrikschornstein, der Energieträger wurde in städtischen Gasanstalten aus Steinkohle erzeugt. Die große Zeit dieser schweren ortsfesten Verbrennungsmotoren begann früher als die der Fahrzeugmotoren. Sie verschwanden dann vom Markt der Industrieantriebe – verdrängt durch die leichten und vielseitigen Elektromotoren, die mit Stromanschluss auskommen und kein Abgas verursachen.

Verbrennungsmotoren als Fahrzeugantrieb unterliegen anderen Gesetzen, sie müssen eigenständig arbeiten. Dabei kommt es entscheidend auf den Parameter Leistungsgewicht an. Carl Benz, Hersteller stationärer Gasmotoren in Mannheim, hat nie daran gedacht, seine gewichtigen Produkte auf Drahtspeichenräder zu setzen. Ebenso wenig wären die Erzeugnisse seiner Konkurrenz, der Gasmotoren-Fabrik Deutz, für diesen Zweck geeignet gewesen. Dass die Benzinmotoren heutiger Automobile im deutschen Sprachraum nach Nicolaus August Otto benannt werden, dem Namensgeber der Deutzer Stationärmotoren, hat seinen Grund in der historischen Chronologie des industriellen Motorenbaus. Der Otto-Motor war ein Gasmotor, mit der Alternative Benzin hat sich Otto erst spät und widerstrebend befasst. So ist es eigentlich anachronistisch, dass wir vom Benzin als „Otto-Kraftstoff" sprechen.

1.2 Fahren mit Wasserstoff: de Rivaz

Der Unterschied zwischen experimenteller, noch nicht zum Ziel gelangter, und industrieller, auf kommerzielle Zwecke bezogener Technik wird gern vernachlässigt, wenn es um die Frage der „Erfindung" geht. Eine klärende Rolle spielen die Patentschriften: Sie zwingen zu rechtsverbindlicher Formulierung und geben dadurch Orientierung. Der schweizerische Ingenieur Francois Isaac de Rivaz hatte ein klares Konzept vorgelegt, als er am 30. Januar 1807 für die „Nutzbarmachung der explosionsartigen Verbrennung entzündlicher Gase als Triebkraft für Maschinen an Stelle des Wasserdampfes" das französische Patent Nr. 731 erhielt. Mit Maschinen waren Fahrzeuge gemeint, das geht nicht nur aus der zugehörigen Abbildung hervor, sondern auch aus dem fahrfähigen Modell, das aufgrund der Patentschrift entstand und im Luzerner „Verkehrshaus der Schweiz" zu besichtigen ist.

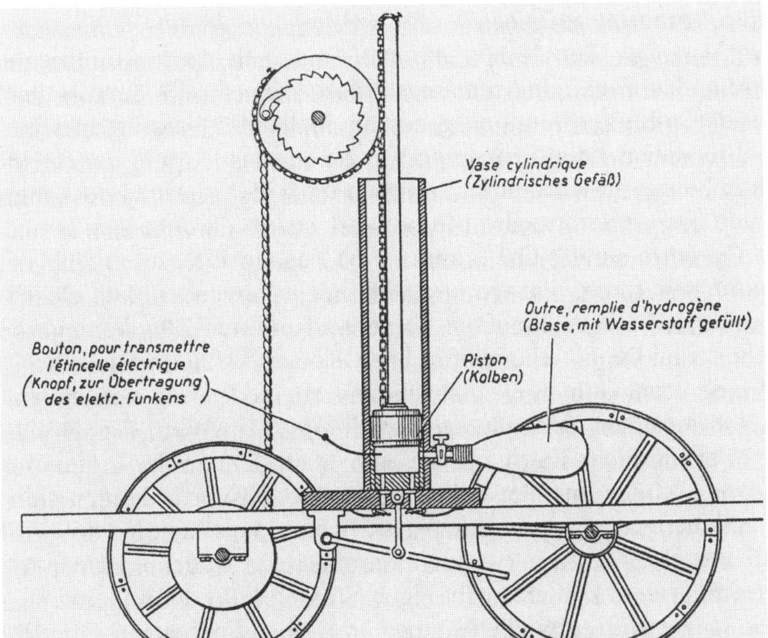

Abb. 1: Jede Wasserstoff-Ladung einzeln gezündet: Skizze nach der Patentzeichnung von de Rivaz (Verkehrshaus Luzern)

Mit der „Nutzbarmachung" der Verbrennung entzündlicher Gase als Triebkraft für Maschinen schildert die Patentschrift von 1807 nichts anderes als das, was heute täglich millionenfach passiert. Selbst der Kraftstoff ist wieder aktuell: Wasserstoff-

gas aus einer Druckflasche. Und das Wort „Ladung“, das der an Feuerwaffen gewöhnte Offizier de Rivaz für das zündfähige Wasserstoff-Luftgemisch verwendete, lebt in der Fachsprache weiter – jedermann kennt den Abgas-Turbolader.
Die militärische Analogie lässt sich fortsetzen: Der erste Verbrennungsmotor der Geschichte, den der Holländer Christiaan Huygens 1673 in Bewegung setzte, arbeitete mit Schießpulver. Wie Huygens musste de Rivaz jede einzelne „Ladung“ von Hand vorbereiten, bevor der Brennstoff gezündet werden konnte. Die Ausdehnung der Verbrennungsgase trieb einen Kolben nach oben, der sich bei der Abkühlung der Gase durch das entstehende Vakuum mit großer Kraft im Zylinder zurückbewegte und dabei über ein Seil oder einen Hebel Arbeit verrichtete. Dieses „atmosphärische“ Prinzip bewährte sich in Dampfmaschinen, besonders in Pumpanlagen für die Entwässerung von Bergwerken. Aufgrund der Schwierigkeit, die Ladung des Arbeitszylinders schnell genug zu wiederholen, erreichte de Rivaz wie Huygens keinen kontinuierlichen Arbeitszyklus. Sein Fahrzeug konnte keine längere Strecke fahren, er musste aufgeben.
Anders als de Rivaz verfolgte der 1822 geborene Franco-Belgier Jean Étienne Lenoir von vornherein das Ziel, Verbrennungsmotoren industriell herzustellen. Auch Lenoir verwendete die Verbrennungsgase „an Stelle des Wasserdampfes“, löste sich aber vom atmosphärischen Prinzip und setzte auf das Vorbild der direktwirkenden Dampfmaschinen mit Kurbeltrieb, die sich um 1850 bereits in Lokomotiven und Schiffen wie auch als stationäre Motoren allgemein durchgesetzt hatten. Mit Lenoirs Motor (Beschreibung siehe Kapitel 1.5) begann die Geschichte der Hubkolben-Verbrennungsmotoren, wie wir sie heute noch verwenden. Die elektrische Induktionszündung mit eingeschraubten Porzellan-isolierten Zündkerzen, die von zwei galvanischen Zink-Kohle-Elementen nach Robert Wilhelm Bunsen gespeist wurden, ließ eine ortsunabhängige Anwendung zu. So war es konsequent, dass Lenoir den Motor auf einen Dreiradwagen montierte. Mit einem Gas-Druckbehälter absolvierte er erfolgreiche Fahrversuche, kam aber nicht an der Erkenntnis vorbei, dass der schwere Motor und der bald verbrauchte Gasvorrat keinen sinnvollen Fahrbetrieb zuließen. In einem Zusatzpatent behielt sich Lenoir 1860 vor, statt Leuchtgas auch andere Gase zu verwenden, darunter „im Augenblick der Arbeit der Maschine mit flüssigem kohlenstoffhaltigen Wasserstoff oder reinem Wasserstoff hergestelltes Gas“, und entwickelte einen mit Abgas beheizten Oberflächenvergaser. Damit war – im Jahr 1860 – dokumentiert, welche Kraftstoffe für den mobilen Betrieb von Verbrennungsmotoren in Frage kommen.
Das Beispiel Lenoirs veranlasste den knapp dreißigjährigen Nicolaus August Otto, zusammen mit seinem älteren Bruder Wilhelm am 2. Januar 1861 ein Patentgesuch für den Antrieb von „Gefährten auf Landstraßen“ mit „Dämpfen der kohlenwasserstoffhaltigen Flüssigkeiten“ einzureichen. „Ein Quart Spiritus“ sollte „bei einer Stärke von einer Pferdekraft“ für drei Stunden Fahrbetrieb ausreichen.[1] Der Antrag wurde von der preußischen „königlich technischen Deputation für Gewerbe“ mit dem Hinweis auf Lenoir abgelehnt. Wilhelm Otto zog sich daraufhin von den Pro-

jekten seines Bruders zurück. August (den Doppel-Vornamen verwendete er erst später) wendete sich dem Bau stationärer Gasmotoren zu und steckte das von seiner 1860 verstorbenen Mutter geerbte kleine Vermögen in die ersten Versuche.
Das Fehlen der technischen Voraussetzungen für den Fahrzeugantrieb erschwerte noch zwanzig Jahre später dem französischen Spinnereibesitzer Édouard Delamare-Deboutteville und seinem Werkmeister Léon Malandin die Verwirklichung ihrer Vorstellungen. Der Bau eines Dreirades mit Lenoir-Motor soll 1881 mit der Explosion eines Gasbehälters geendet haben. 1883 rüsteten sie einen Vierradwagen mit dem langsam laufenden, elektrisch gezündeten Zweizylinder-Viertaktmotor von Thomas Powell aus Rouen aus und erhielten 1884 ein französisches Patent. Zwei 10 bar Gas-Druckbehälter hätten für eine längere Versuchsfahrt ausgereicht, doch der große, unruhig laufende Motor zerstörte das Fahrzeug, bevor das Gas aufgebraucht war. Auch in Delamare-Debouttevilles Patentschrift ist Benzinbetrieb mit einem Oberflächenvergaser vorgesehen. Er gab nicht auf, stellte später eigene Motoren her, gegen die sogar Deutz vergeblich prozessierte, und konstruierte eine „Erdöl-Straßenlokomotive". An Delamare-Deboutteville erinnert eine Gedenktafel für die angeblich erste Fahrt mit Verbrennungsmotor in seinem Heimatort Fontaine-le-Bourg.

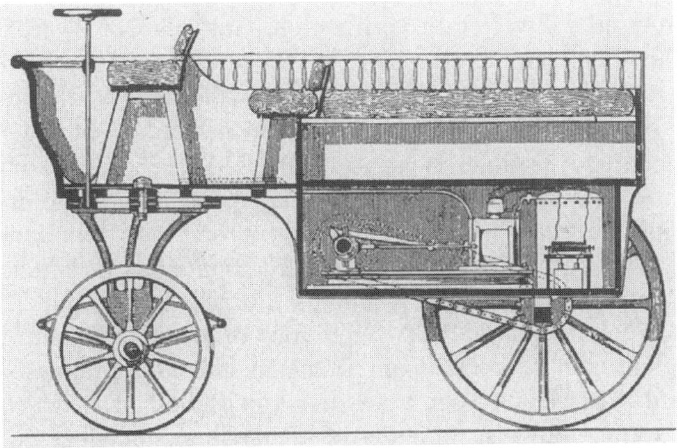

Abb. 2: Blieb ein Projekt: Kettengetriebener Lenoir-Wagen mit Benzinmotor (aus „Le Monde Illustré" 1860)

1.3 Siegfried Marcus und die Priorität

Während die Versuche von Lenoir und Delamare-Deboutteville nur Insidern bekannt sind, bewegte der Name Siegfried Marcus die technikhistorische Szene noch bis ins einundzwanzigste Jahrhundert hinein.

Der am 18. September 1831 im mecklenburgischen Malchin geborene, universell begabte Techniker Marcus wurde erst nach seinem Tod 1898 zur Zentralfigur national motivierter Prioritätsansprüche. Der nach seinen Zeichnungen 1888 gebaute Vierrad-Wagen war zwar fahrfähig, wurde aber nicht ernsthaft weiterentwickelt. Zehn Jahre später stand er als „Benzin Automobil, construiert 1877 in Wien 10 Jahre vor den ersten Französischen & Deutschen Benzin Automobilen“ im Mittelpunkt der „Collectiv-Ausstellung der Automobilbauer Österreichs“, die im Sommer 1898 anlässlich des 50. Jahrestages der Thronbesteigung von Kaiser Franz Joseph I. veranstaltet wurde.
Die Jahreszahl 1877 glaubte der Organisator der Ausstellung, Ludwig Czischek-Christen, aufgrund eines Gespräches mit Marcus angeben zu können; zur Weltausstellung in Paris 1900 verlegte der Professor der Staatsgewerbeschule Wien die Datierung dann auf das Jahr 1875 vor. 1961 stellte Gustav Goldbeck, Unternehmenshistoriker der Gasmotoren-Fabrik Deutz, bei Nachforschungen fest, dass der Wagen frühestens im Jahr 1888 gebaut worden sein kann.[2] Dies bestätigten 1968 nach gründlichen Untersuchungen der Vizedirektor des Technischen Museums Wien, Hans Seper, und 1998 die Wiener Historikerin Ursula Bürbaumer.[3] Zuvor hatte aber der seit 1950 mit der Restaurierung von Marcus-Konstruktionen beschäftigte Historiker Alfred Buberl in seiner 1994 erschienenen Marcus-Biographie versucht, das Baujahr 1875 trotz aller Zweifel zu verifizieren.[4] Im Jahr 2000 veröffentlichte das Konzernarchiv der Daimler-Chrysler AG in seiner Wissenschaftlichen Schriftenreihe unter dem Titel „Siegfried Marcus – Mythos und Wirklichkeit“ eine umfangreiche Arbeit von Horst Hardenberg, dem früheren Leiter des Bereichs „Forschung Antriebe“ der Daimler-Benz AG.[5] Der 1934 geborene, kurz vor Erscheinen des Buches verstorbene promovierte Ingenieur und Honorarprofessor an der Universität Stuttgart hatte sich eingehend mit der Motorengeschichte auseinandergesetzt. Siegfried Marcus und seine Erfindungen bewertete er aufgrund der nachträglichen Glorifizierung besonders kritisch. Das gründlich recherchierte und ausführlich dokumentierte Buch zeugt von umfassender Kenntnis der motoren- und elektrotechnischen Entwicklungen des neunzehnten Jahrhunderts, verliert aber durch seine auf Widerlegung der besonders von Buberl betriebenen Marcus-„Mythographie“ fixierte, teilweise polemische Darstellung an Überzeugungskraft.
Der Sohn des angesehenen jüdischen Kaufmanns Liepmann Marcus und der aus Schweden stammenden Rosa Philip hatte eine solide Mechanikerlehre hinter sich, als er 1848 in die ein Jahr zuvor gegründete „Telegraphen-Bauanstalt“ Siemens & Halske in Berlin eintrat. Das Gebiet der Elektrotechnik faszinierte Marcus lebenslang, aber stets im Zusammenhang mit anderen technischen Anwendungen. Er übersiedelte schon 1852 nach Wien – den Grund dafür vermutet die Wiener Technikhistorikerin Alexandra Kuhn in seinem Drang nach Unabhängigkeit oder auch im drohenden preußischen Militärdienst.[6] Marcus arbeitete zunächst im physikalischen Institut der Universität am Bau von Apparaturen, 1860 machte er sich mit

Erfindungs- und Versuchsarbeiten in einer eigenen Werkstatt selbständig. Das zunehmende Interesse an neuer Technik brachte ihm genügend Aufträge. Schon 1858 hatte er ein Österreichisches Privileg für einen magnetelektrischen Funkeninduktor erhalten, 1862 besaß er bereits fünf Patente und baute einen Zündapparat für militärische Zwecke.

Durch den Umgang mit der Auslösung von Verbrennungsvorgängen durch elektrische Funken kam Marcus mit der Technik der Gasmotoren in Berührung. Er erkannte die Vorteile der von äußeren Stromquellen unabhängigen magnetelektrischen Zündung gegenüber Lenoirs Spulen-Induktionszündung. Das Benzin als günstigste Energiequelle für die mobile Anwendung in Verbrennungsmotoren hatte auch Marcus als optimale Energiequelle erkannt. Bei seinem ersten Vergaser ließ er Luft durch ein benzingetränktes Gewebe strömen, um zündfähiges Gas zu erhalten. Diese Form des Oberflächenvergasers wurde 1865 für ihn patentiert, bald danach baute er seinen ersten Verbrennungsmotor, den er 1870 auf einen Handwagen montierte. Dass er damit die Eignung von Benzinmotoren als Fahrzeugantrieb beweisen wollte, steht außer Zweifel. Auch wenn sich die erst später bekanntgewordenen Augenzeugenberichte hinsichtlich des Zeitpunktes und der Länge der zurückgelegten Strecke widersprechen – die Fahrten im Gebiet der Mariahilfer Straße in Wien haben stattgefunden. Ihre Dauer war schon deswegen begrenzt, weil der zylindrische Vergaser keinen Kraftstoff-Zulauf hatte, so dass nur für kurze Zeit ein zündfähiges Gemisch zur Verfügung stand. Die gesamte Anordnung lässt erkennen, dass es Marcus um Versuche ging. Der stehende Einzylinder war sein erster Verbrennungsmotor. Eines der Fotos des aufgebockten Motors hat er selbst mit den Worten beschriftet: „Petroleum (Benzin) Motor zum Betriebe eines Straßenwagens mit Federvorrichtung zur Neutralisierung der Explosionsstöße – konstruiert von Siegfried Marcus 1870". Die aufwendige Technik, durch eine Wickelfeder aus Bandstahl Stöße zu vermeiden, erwies sich als unnötig – der verdichtungslose, nach dem Lenoir-Verfahren arbeitende Motor erreichte nur geringe Verbrennungsdrücke und lief so leise, dass die Fahrversuche bei Nacht stattfinden konnten. Die Absicht von Marcus, einen eigenständigen Fahrzeugmotor zu bauen, spricht dafür, dass er bereits eine magnetelektrische Zündung auf der Basis seines militärischen Zündapparates verwendet hat – auch wenn die Fotos dies nicht klar erkennen lassen.

In der Weiterentwicklung für den Fahrbetrieb unentbehrlicher Komponenten wie Zündung und Vergaser liegt das unbestreitbare Verdienst von Siegfried Marcus. Der langsame Lauf seines ersten Wagenmotors kann zu der noch heute gültigen Erkenntnis beigetragen haben, dass die Verdunstung allein nicht ausreicht, um genügend Kraftstoff-Luftgemisch zu erzeugen: In seinem Spritzbürstenvergaser beförderte die rotierende Bürste Kraftstofftröpfchen aus einem Behälter in das Ansaugrohr. Seine Magnetzündung erzeugte mit im Verbrennungsraum angeordneten Elektroden, die zum Zündzeitpunkt mechanisch voneinander getrennt wurden, einen kräftigen Funken. Sein Vergaserpatent von 1865 war allgemein bekannt und trug dazu bei, dass sich weitere Erfinder mit Benzinmotoren befassten. Bei Hardenberg findet sich das Faksimile einer „Neuheitsverneinung“, in der Franz Reuleaux, Autorität auf dem Gebiet des Maschinenbaus, als Gutachter am 28. März 1870 auf „Marcus in Wien“ hingewiesen hat. 1882 und 1883 erhielt Marcus für die magnetelektrische Abreißzündung und für seine Vergaser Privilegien in Österreich und Patente in Deutschland. Er versuchte sie zwar durch Lizenzen zu nutzen, aber sie waren meist zu umgehen oder wurden nachgeahmt, ohne dass Marcus dagegen vorging – er war eher der Typ des kreativen als des geschäftstüchtigen Erfinders. Zu seinen Bemühungen um wirtschaftlichen Erfolg zählte sein stationärer Viertaktmotor von 1884, der in verbesserter Form seit 1887 von der Firma Märky, Bromovsky & Schulz in Adamsthal hergestellt wurde. Diese Firma baute dann 1888 nach Zeichnungen von Marcus den Vierrad-Wagen, der als „zweiter Marcus-Wagen“ das ganze zwanzigste Jahrhundert hindurch leidenschaftliche Prioritätsstreitigkeiten auslöste.

Abb. 3: „Zweiter Marcus-Wagen“ von 1888/89, unrestauriertes Original: Wurde im Technischen Museum Wien authentisch nachgebaut

Das Technische Museum Wien, zu dessen attraktivsten Ausstellungsstücken der Wagen zählt, ging anlässlich des 175. Geburtstages von Marcus im Jahr 2006 den Dingen auf den Grund und baute in vierzehnmonatiger Eigenarbeit mit authentischen Fertigungsverfahren und Materialien eine funktionsfähige Replika, an der auch die Nachfolgefirma von Märky, Bromovsky & Schulz beteiligt war. Während der Rekonstruktion kam der Kustos für Straßenfahrzeuge des Museums, Gerhard Schaukal, zu der Erkenntnis, dass die Arbeit damals „abgebrochen wurde, weil sie erkannt haben, dass die Kraftübertragung zwischen dem Motor und der Hinterachse einer grundlegenden Neukonstruktion bedurft hätte. Der Motor ist anscheinend recht zufriedenstellend gelaufen, nur die Motorleistung reichte nicht aus." Die 0,75 PS bei 1,57 Liter Hubraum ermöglichten kaum mehr als Schrittgeschwindigkeit. Das Wiener Museum betrachtet es als „bezeichnend für die Persönlichkeit Siegfried Marcus, dass er sich ganze zehn Jahre nicht um die nötigen Verbesserungsarbeiten an seinem zweiten Wagen bemühte". Dem authentischen Nachbau kommt nicht weniger Denkmals-Charakter zu als dem Original. Weder von der Kutsche noch vom Fahrrad abgeleitet, mit Eichenholzrahmen und langem Radstand wirkt der Marcus-Wagen wie eine frühe Skulptur des technischen Zeitalters. Das mehrere Jahre unbeachtet verstaubende Fahrzeug wurde 1898 vom neu gegründeten „Österreichischen Automobil Club" (ÖAC) erworben. Marcus hat es im Prater noch gesehen. Er starb während der Ausstellung am 1. Juli 1898.

1.4 Braytons Ready-Motor, von Selden vereinnahmt

Der Marcus-Wagen, ebenso die Gas- und Benzinfahrzeuge von Delamare-Deboutteville und Malandin, spielten nach der Jahrhundertwende eine späte Rolle bei den Prozessen um das von George Baldwin Selden im Jahr 1879 angemeldete Patent eines Vierrad-Wagens mit Benzinmotor.

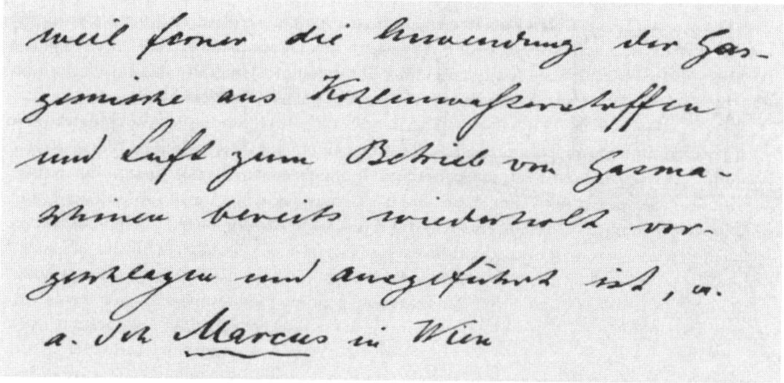
weil ferner die Anwendung der Gas-
gemische aus Kohlenwasserstoffen
und Luft zum Betrieb von Gasma-
schinen bereits wiederholt vor-
geschlagen und ausgeführt ist, u.
a. von Marcus in Wien

Abb. 4: „... u. a. von Marcus in Wien": Franz Reuleaux 1870 zum Neuheitswert des Benzinbetriebs von Gasmaschinen (aus Hardenberg, Siegfried Marcus)

Weit mehr als die klug durchdachten Konstruktionen von Marcus beeinflusste Seldens juristisches Kalkül die frühe Automobilgeschichte. Nicht nur Daimler und Benz mussten sich damit auseinandersetzen, auch Henry Ford wäre an Seldens Rechtsanspruch fast noch gescheitert.

Der technikinteressierte Rechtsanwalt in Rochester im US-Staat New York, Bekannter des Kodak-Gründers George Eastman, verband sein Patent für eine „Road

Engine“ mit rigoros durchgesetzten Lizenzforderungen. Er täuschte Gerichte und Öffentlichkeit geschickt darüber hinweg, dass er für den Motor keine detaillierten Patentansprüche geltend machen konnte. Die einzigen vor 1880 in Amerika verfügbaren und für Fahrzeuge geeigneten Benzinmotoren waren die verschiedenen Ausführungen der seit 1872 patentierten „Ready Engine“ von George Bailey Brayton. Selden formulierte den Anspruch jedoch so, dass er auf jeden Wagen übertragen werden konnte, der durch einen mit Verdichtung arbeitenden Benzinmotor („liquid hydrocarbon gas-engine of the compression type, comprising one or more power cylinders“) angetrieben wurde. Die grotesken Züge dieses nur im Amerika des neunzehnten Jahrhunderts möglichen Vorgehens werden dadurch verstärkt, dass Seldens Sperrpatent im Schatten von Verboten und Reglementierungen für solche Motoren gedieh. Die technischen Probleme schienen gegenüber den juristischen zweitrangig zu sein.
George Bailey Brayton hatte seinen Kompressions-Gasmotor in einer für Fahrzeuge geeigneten Form mit einem oder mehreren liegenden Zylindern angeboten, deren Kolben auf einer Seite als Pumpe und auf der anderen als Arbeitskolben wirkten.

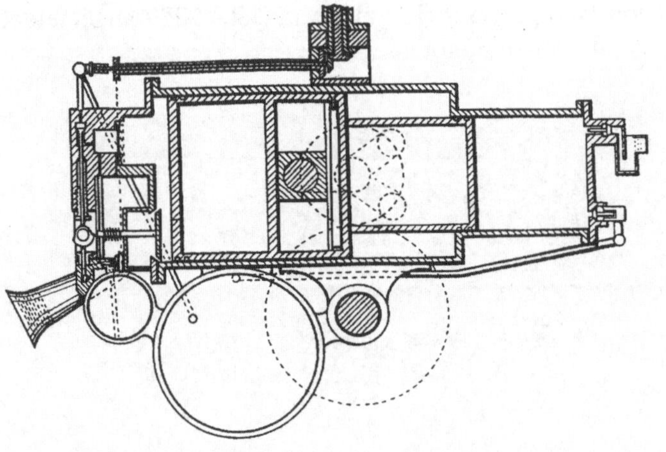

Abb. 5: Liegender Zylinder mit Kurbelzapfen (gestrichelt): Braytons „Ready-Motor“ wurde von Selden für sein Patent vereinnahmt (aus Hardenberg)

Eine stationäre Ausführung mit separatem Pumpenzylinder stand Nicolaus August Otto 1875 in Deutz bei den Vorarbeiten für die neue „Hochdruck-Maschine“ zur Verfügung, sie wird in der Motorensammlung der Deutz AG aufbewahrt.[7] Braytons benzinbetriebene „Ready Engines“ waren innerhalb von einer Minute betriebsbereit („ready“) – ein Vorteil gegenüber den kohlebefeuerten Kesseln der

Dampfomnibusse. Der geplante Einsatz im Linienverkehr von Providence nach Cranston im US-Staat Rhode Island wurde von den Behörden verboten, nachdem sich das „Congressional Committee on the Horseless Carriage“ in Washington 1875 mit dem Brayton-Motor befasst und seine Eignung bestätigt, aber vor einer Vergiftung der Atmosphäre durch die Benzin-Abgase gewarnt hatte. Auch ein Omnibus-Unternehmer in Pittsburgh erhielt 1878 keine Erlaubnis für die Verwendung eines Brayton-Motors. Um das Verbot zu umgehen, propagierte die Conelly Motor Co. Braytons Maschine 1886 als angeblich feuer- und abgasfreien „Conelly Motor“ und führte ihren mit „Naphtha“ betriebenen Bus in Brooklyn vor, ohne ernsthafte Interessenten zu finden. Dass die Busunternehmer sich nicht nachdrücklich um eine Lockerung der Vorschriften bemüht haben, kann auch damit zusammenhängen, dass die „Ready-Engines“ für die schweren Fahrzeuge zu leistungsschwach waren. Ein Erfolg ist der erste mobil einsetzbare Benzinmotor nicht geworden. Von seiner kompakten Bauweise kann man sich noch heute anhand von Seldens Wagen im Detroiter Ford-Museum überzeugen.

Dem Rechtsanwalt Selden ging es offensichtlich nicht darum, mit seiner Idee eines kleinen Wagens gleich ein Geschäft zu machen. Um das Fahrzeug auf den Markt zu bringen, hätte er Motoren von Brayton kaufen oder Lizenzgebühren zahlen müssen. Ein solches Unterfangen wäre wegen der unsicheren Verkaufsaussichten ein Risiko gewesen. Die Patentanmeldung dagegen war unproblematisch. Selden konnte die Zeit für sich arbeiten lassen, indem er die Patenterteilung durch Zusatzanträge hinauszögerte, bis Braytons Patent abgelaufen war – eine im Umgang mit technischen Neuerungen oft geübte Praxis. Der Leiter des US-Patentamts fand es unter seiner Würde, an solchen Tricks mitzuwirken: Er reichte, so berichtet der Historiker Carsten Priebe, seinen Rücktritt ein und empfahl, „das Amt zu schließen, da es seiner Meinung nach nichts mehr zu erfinden gäbe“.[8]

Seldens Stunde kam, nachdem zu Beginn der neunziger Jahre die französischen Wagen mit Daimler-Lizenzmotoren bekannt geworden waren, Steinway in New York den Bau einer Fabrik für horseless cars ankündigte, Benz in den USA Fuß fassen wollte und Charles Duryea die ersten amerikanischen Motorwagen gebaut hatte. Erst jetzt zahlte Selden die Gebühren, das Patent wurde 1895 rechtswirksam – mit achtzehnjähriger Laufzeit. Dies führte zu einer beispiellosen Eskalation. Selden betrachtete sich nunmehr als Erfinder des benzinbetriebenen Automobils; die Durchsetzung seiner Ansprüche übertrug er der „Columbia Carriage and Cycle Company“, einem von der Columbia Electric Vehicle Co. in Hartford mit weiteren Partnern gegründeten Monopoltrust. Wer künftig in den USA die Absicht hatte, Wagen mit Benzinmotor herzustellen oder zu verkaufen, musste entweder der „Association of Licensed Automobile Manufacturers“ (A.L.A.M.) beitreten, die sich mit der Selden-Gruppe verglichen hatte, oder mit gerichtlichen Sanktionen rechnen. Als der A.L.A.M.-Präsident Fred L. Smith 1903 den noch unbekannten Henry

Ford zum Beitritt aufgefordert hatte, lehnte dieser ab und bildete mit seinem Partner Malcolmson und anderen Interessenten, darunter auch europäische Firmen und der Automobile Club de France, das Syndikat der Gegner Seldens.

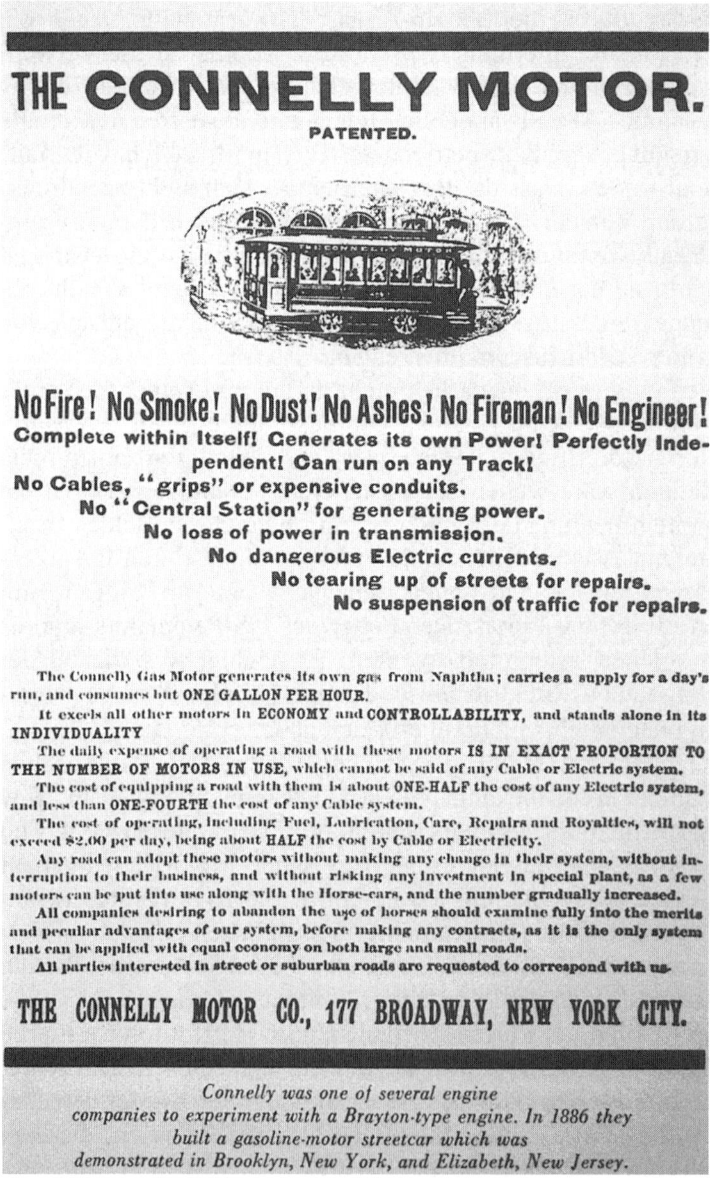

Abb. 6: No Fire, no Smoke: Werbung für den Connelly-Bus mit Brayton-Ready-Motor (aus Priebe, Auf den Spuren der Pioniere)

Die Prozesse gegen Seldens Monopoltrust sind cin Stück Welt-Automobilgeschichte: Der vom Syndikat beauftragte Anwalt Baker forschte in Europa nach frühen Motorfahrzeugen, um Seldens Prioritätsanspruch zu widerlegen – ohne Erfolg, denn die Wagen von Delamare-Deboutteville und Marcus konnten nicht vor das Jahr 1879 datiert werden. Als die Gegner Seldens bezweifelten, dass seine „Road Engine" jemals existiert hatte, forderte das Gericht ihn 1904 auf, das in seiner Patentschrift dargestellte Fahrzeug vorzuführen. Dies geschah am 19. Mai 1906 auf dem New Yorker Broadway.

Dass der mit der Jahreszahl „1877" versehene Wagen in wesentlichen Teilen neu war, bestritt Selden nicht, konnte aber nachweisen, den dreizylindrigen Motor von 1879 verwendet zu haben. Zur Schadenfreude seiner Gegner blieb der Wagen nach einer kurzen Strecke stehen, aber dies ließ sich durch das Alter des Motors erklären. Es dauerte weitere drei Jahre, bis der United States District Court am 15. September 1909 – dreißig Jahre nach der Patentanmeldung – zugunsten von Selden und der A.L.A.M entschied. Ford wurde verpflichtet, für jedes seit 1903 gebaute Auto eine Lizenzgebühr zu zahlen – eine die Existenz der Ford Motor Company gefährdende Entscheidung. Ford legte sofort Beschwerde ein; am 11. Januar 1911 hob das Oberste Bundesgericht als letzte Instanz das Urteil auf. Die Begründung: Ford baute nur Wagen mit Viertaktmotoren, während der für Seldens Patentanspruch maßgebliche Brayton-Motor als Zweitakter mit „Gleichdruckverbrennung" galt. Das Patent für den Viertakt-Otto-Motor war 1877 erteilt worden, also zwei Jahre vor Seldens Patentanmeldung.

Diesen technischen Unterschied hatten die Anwälte des Syndikats erst spät zur Sprache gebracht. Ihre Argumentation stand auf schwachen Füßen, denn das Deutzer Otto-Patent war 1886 in seinem Ursprungsland aufgehoben worden. Die Unterscheidungen des Arbeitsverfahrens der Motoren waren damit juristisch in Frage gestellt, beide fielen unter den Begriff „compression type". Vielleicht gaben für die Richter auch nicht die – im Verhältnis zu den Dimensionen des Rechtsstreites zweier großer Interessengruppen spitzfindig wirkenden – technischen Details den Ausschlag, sondern die Tatsache, dass der von Selden verwendete Motorentyp zum Zeitpunkt der Patentanmeldung für Brayton patentiert war. Die Frage, ob Selden im Jahr 1895 das Patent überhaupt hätte erteilt werden dürfen, hatten die Richter nicht zu entscheiden. Es lief im Jahr 1913 ohnehin aus. An einer Wahrheitsfindung zugunsten von Brayton, der mit seinem einbaufertig angebotenen Motor erstmals die Voraussetzung für den Benzinbetrieb von Fahrzeugen geschaffen hatte, konnte dem von Henry Ford gegründeten Syndikat auch nicht gelegen sein. Im Gegenteil: Das höchstrichterliche Urteil ließ den Eindruck entstehen, Ford sei als Erfinder des Automobils anerkannt worden. Dies stand zwar nicht im Richterspruch, entsprach aber noch Jahrzehnte später der Überzeugung einer ganzen Generation amerikanischer Großväter und Urgroßväter, für die ein Ford und ein Auto ein und dasselbe gewesen ist.

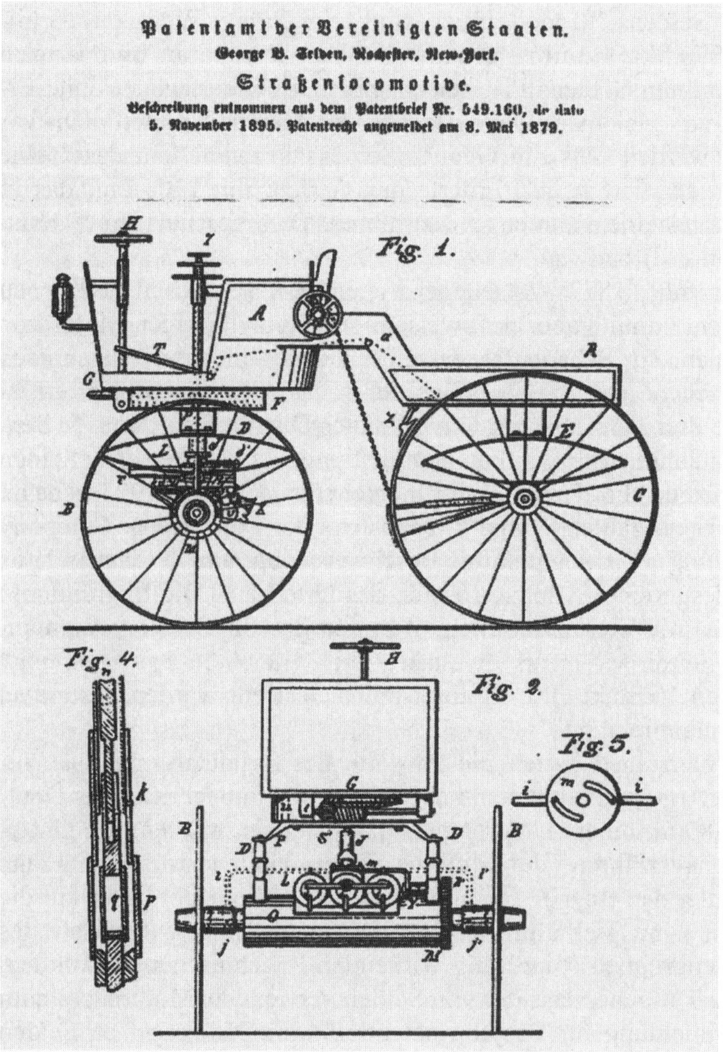
Patentamt der Vereinigten Staaten.
George B. Selden, Rochester, New-York.
Straßenlocomotive.
Beschreibung entnommen aus dem Patentbrief Nr. 549.160, de dato 5. November 1895. Patentrecht angemeldet am 8. Mai 1879.

Abb. 7: 1879 angemeldet, 1895 erteilt: Deutsche Fassung der Selden-Patentschrift

Bei dem Für und Wider um Seldens Monopolanspruch wurde seinem Wagen als dem eigentlichen Gegenstand des Rechtsstreits wenig Aufmerksamkeit zuteil. Die Konstruktion des rechtskundigen Erfinders unterscheidet sich von anderen frühen Benzin-Fahrzeugen durch den Antrieb der lenkbaren Vorderachse, war also nach heutigen Begriffen ein Frontantriebswagen. Der Frontantriebs-Experte Rainer Simons verweist auf das von Selden angewandte Prinzip des „Avant-Trains“ oder „Vorspannwagens“, das gegen Ende des neunzehnten Jahrhunderts besonders in

Verbindung mit dem Elektroantrieb oft verwendet wurde – beruhend auf dem Gedanken, mit dem Motor die Pferde zu ersetzen.[9] Das Antriebsaggregat ist in der Zeichnung zu Seldens US-Patent Nr. 549.160 vom 5. November 1895 ungenau und zu klein dargestellt. Selden hatte es offensichtlich komplett von einem der lizenzierten Hersteller gekauft, so dass ihm keine exakten Konstruktionsunterlagen zur Verfügung standen. Von Selden – oder einem von ihm beauftragten Mechaniker – kann das Lenkgetriebe stammen, das die Vorderachse samt Motor und Federung um den zentralen Drehpunkt bewegt. Es ist, dem hohen Gewicht des Antriebsaggregats entsprechend, robust ausgeführt. Das nach vorn links versetzte Lenkrad wirkt über Zahnräder auf den Drehschemel. Bemerkenswert ist die – zum Ausgleich der Einfederung – teleskopartig durch die Achsmitte geführte Motor-Regelung. Auf dem oft gedruckten Bild vom Ende der Vorführfahrt im Mai 1906 versucht Selden mit der rechten Hand, das Fahrzeug wieder in Gang zu bringen, während der Mitfahrer ihn ratlos anblickt.

Durch William Steinways Tod im November 1895 wurde verhindert, dass Selden schon 1896, also ein Jahr nach der Patenterteilung, seine Lizenzforderungen vor Gericht gegen Steinway und Daimler hätte verteidigen müssen. In Anbetracht von Steinways finanzieller Potenz und der Erfahrung seiner Anwälte ist es keine Spekulation, die besseren Chancen auf Daimlers Seite zu vermuten. Niemand konnte Daimler das Recht bestreiten, seine in den USA patentierten Motoren nicht nur in Booten und Schienenwagen, sondern auch in Straßenfahrzeugen zu nutzen. Für die gleiche Verwendung hatte Brayton zwanzig Jahre zuvor seinen „Ready-Motor" bestimmt – Selden hatte dann mit seiner Patentanmeldung die Kausalität einfach umgekehrt und konnte mit diesem Bluff die Gerichte jahrzehntelang beschäftigen.

Ebenso wie Steinways Projekt kann das Auftreten der Benz-Wagen in Amerika dazu beigetragen haben, dass Selden seine Prozess-Maschine in Gang setzte. Die inoffizielle Vorstellung des Benz Velo unter dem Namen „Eclair" 1893 auf der großen Show in Chicago blieb nicht unbemerkt. Die Versuche der nächsten Jahre, durch sportliche Aktivitäten und die Gründung einer New Yorker Filiale die Benz-Wagen in Amerika populär zu machen, hatten aber keinen dauerhaften Erfolg. So wurde die Geschichte der amerikanischen Benzin-Motorwagen bis nach 1900 von Seldens Ansprüchen überschattet, erst durch das energische Auftreten von Henry Ford kam Bewegung in die festgefahrene Situation. Allerdings erscheint die Vermutung unbegründet, die Motorisierung Amerikas wäre ohne Selden früher in Gang gekommen. Letztlich waren es nicht nur dessen Lizenzforderungen, sondern auch die behördlichen Reglementierungen, die noch nach 1900 dem Fahren mit Benzinmotoren in den USA Grenzen setzten.

Abb. 8: Trotz Motorschaden wurde das Gericht überzeugt: Das Ende von Seldens Vorführfahrt auf dem Broadway 1906 (aus Priebe)

1.5 Ottos Vorbild: Jean Etienne Lenoir

Dass die Motorenentwicklung von Außenseitern und Autodidakten vorangebracht wurde, war kein Zufall: Der Ordensgeistliche und Physiklehrer Barsanti, der Kellner Lenoir, der Kolonialwarenhändler Otto waren von der Möglichkeit fasziniert, den Dampf durch Verbrennungsgase zu ersetzen. Für ihre persönliche Existenz bot sich die Chance, dem kleinbürgerlichen Umfeld zu entkommen und an der rasanten industriellen Entwicklung mit ihrem zunehmenden Bedarf an maschineller Antriebskraft zu partizipieren. Der 1832 im kleinen Taunus-Ort Holzhausen geborene Nicolaus August Otto hatte jahrelang sein Geld als Handelsvertreter verdient. Otto kannte weder die historische Entwicklung der Verbrennungsmotoren noch die theoretischen und praktischen Grundlagen ihrer Wirkungsweise. Als er 1860 die Patente von Lenoir, vermutlich auch die Beschreibung von Lenoirs Wagen in „Le Monde Illustré", kennengelernt hatte, beeindruckte ihn nicht nur die technische Leistung, sondern auch die Tatsache, dass Lenoir seine Motoren als Autodidakt mit Hilfe professioneller Maschinenbauer verwirklicht hatte.

Denn Lenoir konnte, ohne Ingenieur zu sein, für sich die Priorität der industriellen Herstellung von stationären Gasmotoren in Anspruch nehmen. Für persönliche Bescheidenheit spricht die Tatsache, dass er nicht als Alleinerfinder der Gasmotoren auftrat, sondern sich auf einen Vorgänger berief: den Franzosen Philippe Lebon d'Humbersin, der schon 1801 ein Patent auf eine doppeltwirkende Gasmaschine angemeldet hatte. Lebon war einer der Pioniere der Gasbeleuchtung und kannte die Gefährlichkeit der Explosionskraft eines Gas-Luft-Gemisches in einem geschlossenen Raum. Er hatte offenbar keine Scheu, sie für einen Motor zu nutzen. In seiner Patentzeichnung sind zwei Pumpen vorgesehen, die Gas und Luft in einem berechneten Verhältnis in eine Verbrennungskammer fördern. Das auf diese Weise vorverdichtete Gemisch sollte durch einen elektrischen Funken entzündet und der Verbrennungsdruck, wie der Dampf aus dem Kessel einer doppeltwirkenden Dampfmaschine, über schiebergesteuerte Kanäle in den Zylinder geleitet werden. Lebon d'Humbersin starb 1804 im Alter von 37 Jahren, vor seinem Tod soll er noch eine Maschine gebaut haben.

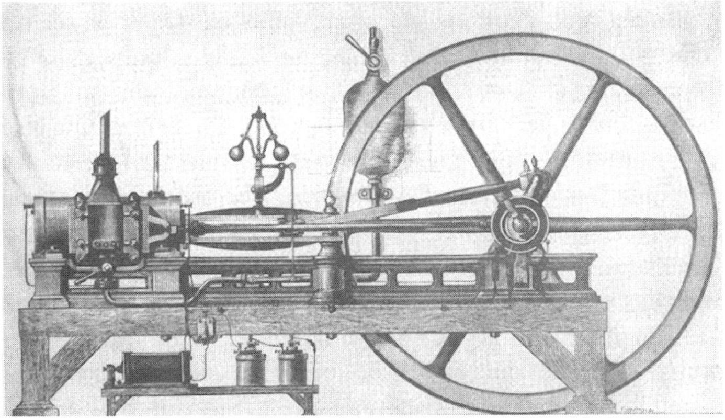

Abb. 9: Markiert den Beginn der industriellen Herstellung von Verbrennungsmotoren: Lenoir-Gasmotor von 1860 (Conservatoire National des Arts et Métiers Paris)

Falls Lenoir in seiner Anfangszeit Ähnliches probiert hat, konnte ihm nicht verborgen bleiben, dass ein vorverdichtetes brennbares Gemisch in einem geschlossenen Raum nach der Zündung einen weit höheren Druck erzeugt als das Erhitzen von Wasser im Dampfkessel – vielleicht sogar eine gefährliche Explosion. Eine dafür geeignete separate Brennkammer musste sehr dickwandig sein, die Weiterleitung der sich schnell ausdehnenden Verbrennungsgase hätte entsprechend stark dimensionierte und auf die Verbrennungstemperatur ausgelegte Kanäle und Steuerelemente erfordert. Lenoir umging dieses Problem; seine bis heute gültige Konsequenz bestand darin, Gas und Luft unverbrannt mit normaler Temperatur in den

Arbeitszylinder zu leiten und erst dort zu zünden. So war nur ein schweres, der hohen Druck- und Temperaturbeanspruchung gewachsenes Bauteil erforderlich: der Zylinder. Lenoirs Motor entsprach im technischen Aufbau einer direkt und „doppelt" wirkenden Dampfmaschine: Der Arbeitsdruck wurde beidseitig abwechselnd auf den Kolben übertragen. Dieses Prinzip der doppeltwirkenden Maschine erforderte Ein- und Auslassschieber auf beiden Seiten des liegenden Zylinders. Lenoir steuerte den Gaswechsel so, dass der Kolben auf dem ersten Teil seines Weges Gas und Luft ansaugte. Dann wurde das Gemisch – bei geschlossenen Einlassöffnungen – gezündet und bewegte den Kolben in der gleichen Richtung weiter. Auf dem Rückweg schob der Kolben die verbrannten Gase aus, während auf der anderen Seite in gleicher Weise der nächste Arbeitshub stattfand. Dies ergab, wie bei der doppeltwirkenden Dampfmaschine, zwei Kraftimpulse pro Umdrehung der Kurbelwelle.
Durch das bei der Zündung relativ große Volumen des Brennraums blieb der Verbrennungsdruck gering. Eine Verdichtung nach dem Ansaugen, wie sie Lebon vorgesehen hatte, war bei diesem Arbeitsverfahren nicht möglich und hätte den beidseitig beanspruchten, sehr kurzen Kolben zu stark belastet. Lenoirs Motor kann, entsprechend der Dampfmaschinen-Terminologie, als „Niederdruck-Gasmaschine" eingestuft werden. Auch die Konstruktion mit liegendem Zylinder, doppelter Schiebersteuerung und Kreuzkopf-Kurbeltrieb entsprach der Dampfmaschine, so dass der mit Lenoir zusammenarbeitende Konstrukteur Marinoni bewährte Bauelemente verwenden konnte. Die höheren Temperaturen erforderten Wasserkühlung des Zylinders und der Zylinderdeckel sowie reichliche Schmierung der Gasschieber – der hohe Ölverbrauch blieb ein Problem der Lenoir-Motoren. Die „Summerzündung" kombinierte Lenoir mit der Kolbenbewegung: Kontaktschienen am Zündverteiler leiteten Stromstöße, die an der Sekundärspule eines Induktionsapparates entstanden, abwechselnd jeweils an die Zündkerzen auf der mit Frischgas gefüllten Seite. Weil die die galvanischen Zink-Kohle-Elemente durch die vom Summer auch während der Ausschiebephase gelieferten Zündfunken zu schnell aufgebraucht wurden, ersetzte Lenoir den Schienen-Zündverteiler 1866 durch eine rotierende Ausführung.
Mit den ruhig und zuverlässig laufenden Lenoir-Motoren konnten sich die zahlreich entstehenden mechanisierten Industrie- und Handwerksbetriebe die Anschaffung von Dampfkesseln und Dampfmaschinen ersparen. Es trat schon bald Konkurrenz auf den Plan: Der Pariser Ingenieur und Gaswerksdirektor F. Hugon wollte den Gasverbrauch fördern und entwickelte eine ebenfalls doppeltwirkende und verdichtungslose Maschine. Die mit Leuchtgas arbeitende Flammenzündung nach Brown und Barnett erforderte keine Stromversorgung. Hugons Motoren waren in der Mechanik aufwendiger konstruiert als die von Lenoir, ihre Qualität wurde gelobt, dennoch wurden – vielleicht wegen des höheren Preises – nur wenige Exemplare verkauft.

Lenoir und seine Partner verbuchten in den sechziger Jahren einen beachtlichen wirtschaftlichen Erfolg – den ersten in der Geschichte der Gasmotoren. Dem Maschinenfabrikanten Lefèbvre als wichtigstem Hersteller verdankt die Nachwelt Informationen zur Geschichte und zur Verbreitung der Lenoir-Motoren. Als Vorläufer nannte er in einer Veröffentlichung die Namen von Robert Street, der 1794 ein englisches Patent für einen Kolbenmotor erhielt, Lebon d'Humbersin und de Rivaz. Von Lefèbvre stammen auch die Zahlenangaben in einem Bericht von G. Delabar in „Dingler's polytechnischem Journal" vom Januar 1868. Danach waren schon vor der Pariser Industrieausstellung 1867 allein in Paris 140 Lenoir-Motoren von 1,5 bis 3 PS in Betrieb, etwa die gleiche Anzahl im übrigen Frankreich, weitere in Europa und Nord- und Südamerika. „Davon kommen 9 Exemplare auf Deutschland und zwar 3 auf Wiesbaden, 2 auf Hannover, 1 auf Berlin, 1 auf Augsburg, 1 auf München und 1 auf Wien."[10]

Den Bericht von Delabar zitiert der Motorenhistoriker Friedrich Sass in der Einleitung seiner 1962 erschienenen, groß angelegten „Geschichte des deutschen Verbrennungsmotorenbaues von 1860 bis 1918". Sass, Professor an der Technischen Universität Berlin, hat die Vielfalt der Verfahren und technischen Lösungen dieser unwiederholbaren, für das moderne Technikverständnis grundlegenden Epoche akribisch und in einer bis dahin unerreichten Vollständigkeit beschrieben. Der Rückgriff auf Sass ist für die Beurteilung der Motoren-Frühgeschichte unentbehrlich, bedarf aber eines relativierenden Filters. Sass scheute vor apodiktischen, die Grenzen der Wissenschaftlichkeit erreichenden Feststellungen nicht zurück – getreu dem von ihm vorangestellten Motto des Hekataios von Milet (gestorben 476 v. Chr.): „Ich schreibe dies, wie es mir wahr zu sein scheint." Dieses Bekenntnis zur Subjektivität muß ernst genommen werden, zwingt aber zur reflektierten Betrachtung – etwa wenn Sass die thematische Begrenzung auf den „deutschen" Verbrennungsmotorenbau als Referenz-Kriterium verwendet. Im einleitenden Kapitel „Von den Anfängen bis Lenoir" schreibt Sass: „Für uns hat der Lenoir-Motor die besondere Bedeutung, dass er dem dreißigjährigen Kaufmann Nicolaus August Otto den Weg gewiesen hat, der zum Entstehen einer deutschen Verbrennungsmotorenindustrie führen sollte." Das „uns" bezieht sich auf die 1951 gegründete „Arbeitsgemeinschaft für die Geschichte des deutschen Verbrennungsmotorenbaues", die Sass laut Vorwort beauftragte, „in einem Geschichtswerk den Anteil zu beschreiben, den Deutschland an der Entwicklung der Verbrennungskraftmaschine gehabt hat". Aus heutiger Sicht besteht kein Anlass, französische, britische oder amerikanische Motoren anders einzustufen als deutsche. Schon im achtzehnten Jahrhundert kannte die technische Entwicklung keine Landesgrenzen, auch für Ottos Industriepartner Eugen Langen war Internationalität selbstverständlich. Ähnliche Aufmerksamkeit erfordert beim Studium des Werkes die Gewichtung persönlicher Leistungen, besonders derjenigen von Otto, Daimler und Maybach. Auch hier muss die Frage erlaubt sein, ob wahr ist, was Sass wahr zu sein scheint.

1.6 „Ausgangspunkt für einen Viertaktgasmotor"

Otto hat über seine ersten Versuche, die er Anfang 1861 noch während seiner Tätigkeit als Handelsvertreter unternahm, in einem 1889 geschriebenen Rückblick selbst berichtet. Sass, der die schwer leserlichen Aufzeichnungen im Deutzer Archiv aufgefunden und entziffert hat, verweist auf den großen zeitlichen Abstand zwischen „den Geschehnissen und ihrer Beschreibung"[11], und bezweifelt die Verlässlichkeit von Ottos Erinnerungen. Es spricht jedoch vieles dafür, dass Otto sich der entscheidenden Bedeutung dieser ersten Versuche durchaus noch bewusst war – selbst wenn ihm in der Zwischenzeit Zweifel gekommen sind.

Otto verwendete, vielleicht erstmals in der Geschichte, eine in der Motoren-Entwicklung noch heute übliche Methode: die Untersuchung von Verbrennungsvorgängen an einem Einzylinder-Modell. Sein Versuchsexemplar war – unter Verzicht auf die Doppeltwirkung – vom Lenoir-Motor abgeleitet und bestand aus einem liegenden, geschlossenen Zylinder mit Kolben, Kurbeltrieb, verstellbarer elektrischer Zündung und handbetätigter Gassteuerung. Gebaut hatte es Ottos erster Partner, der Kölner Mechanikermeister Joseph Michael Zons. Mit diesem Modell konnte Otto durch Drehen der Kurbel nicht nur Lenoirs Verfahren, sondern auch zahlreiche Varianten erproben. Dazu zählten sowohl die Verdichtung als auch das atmosphärische Arbeitsverfahren.

Die Erhöhung des Verbrennungsdrucks durch Verdichtung war seit Lebon bekannt. Auch die Nutzung des Atmosphärendrucks war bei Dampfmaschinen schon seit dem achtzehnten Jahrhundert Stand der Technik. Ob Otto die beiden Prinzipien, wie er es darstellte, selbst gefunden oder aber von Vorbildern übernommen hat, erscheint für die Beurteilung seiner Leistungen unwesentlich. Entscheidende Erkenntnisse brachte ihm der Versuch, die angesaugte Gemischmenge, abweichend von Lenoirs Verfahren, zu vergrößern und vor der Zündung zu verdichten. Während der Lenoir-Motor auf dem ersten, kleineren Teil des Kolbenweges ansaugte, dann zündete und auf dem verbleibenden Weg Arbeit leistete, änderte Otto die Maschine so, dass sie auf einem größeren Teil des Hubes ansaugen konnte. „Bei ½ Füllung blieb das Maschinchen in Gang, bei ¾ Füllung ging sie sogar schlechter, was ja wiederum leicht erklärlich war; ich kam dadurch auf den richtigen Gedanken, die Zündung und Verbrennung muß zu Beginn des Kolbenhubs stattfinden und so [wie] dieser Gedanke, war auch die Ausführung da. Ich saugte auf ½ oder ¾ Hub Expl.[gemisch] an, versuchte den Kolben durch umgekehrtes Drehen am Schwungrad soweit wie möglich zurückzupressen, zündete alsdann und siehe da, das Schwungrad machte dann mit großer Kraft mehrere Umdrehungen. Das war der Ausgangspunkt für einen Viertaktgasmotor."[12]

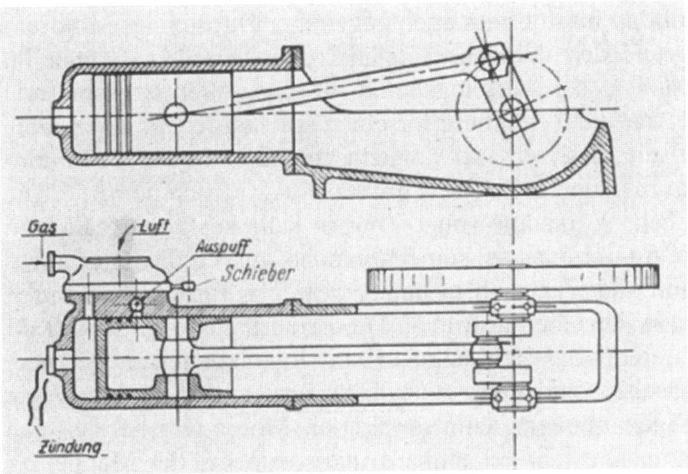

Abb. 10: Erste Erfahrungen mit Atmosphärendruck und Verdichtung: Skizze des Einzylinder-„Maschinchens“ von Nicolaus August Otto (aus Arnold Langen, Nicolaus August Otto)

Der Begriff „Viertakt“, den Otto im Jahr 1889 in diesen Erinnerungen verwendete, war erst kurz zuvor von der Gasmotoren-Fabrik Deutz im Lauf der Prozesse um das Deutsche Reichspatent Nr. 532 eingeführt worden. Gemeint ist die Durchführung der vier Vorgänge Ansaugen, Verdichten, Verbrennen und Ausschieben im gleichen Zylinder. Dies war zwar in Ottos ventillosem Versuchs-Einzylinder von 1861 noch nicht als kontinuierlicher Arbeitszyklus möglich, aber die Folge von Ansaugen und Verdichten sowie Verbrennen und Ausschieben erforderte jeweils zwei Auf- und Abwärtsbewegungen (Hübe) des Kolbens, verteilt auf zwei Umdrehungen der Kurbelwelle. Ottos nüchterne Bewertung als „Ausgangspunkt für einen Viertaktgasmotor“ trifft also durchaus zu. Sie unterstreicht aber auch die Selbstverständlichkeit, dass aus den drei Arbeitsvorgängen („Takten“) des verdichtungslosen Lenoir-Motors vier werden, wenn ein Verdichtungstakt hinzukommt.

Von Friedrich Sass wurde diese Auffassung Ottos nicht anerkannt. Er bestreitet zu Beginn des ersten Teils seines Werkes, „Ottomotoren“, auch die Schlussfolgerungen von Arnold Langen, dem Sohn von Eugen Langen und späterem Deutzer Generaldirektor, der in seinem 1949 erschienenen Buch über Nicolaus August Otto die Meinung vertrat, „dass Otto schon 1861 das Viertaktverfahren gefunden habe“. Langen hatte in Schemazeichnungen und Diagrammen Ottos Einzylinder-Versuch von 1861 rekonstruiert. Sass kommentiert diese Darstellungen mit den Worten: „Die Versuche beweisen nicht, dass Otto das Viertaktverfahren schon 1861 gefunden hat.“[13]

Die gleiche ablehnende Haltung nimmt Sass auch gegenüber Ottos erster Motorenkonstruktion ein, die aufgrund der Versuche entstand. Otto berichtet darüber im Anschluss an den Satz „Das war der Ausgangspunkt für einen Viertaktgasmotor“: „Noch in demselben Jahre war die Zeichnung für einen solchen fertig, ich glaubte meiner Sache so sicher zu sein, dass ich alle Vorsicht vergaß und anstatt eine eincylindrige Modellmaschine zu bauen gleich eine größere 4cyl. Maschine baute. Die Maschine ließ ich in der mech. Werkstätte von J. Zons in Köln ausführen.“ Es kam zu einem Fehlschlag, der Otto veranlasste, seine Versuche mit Verdichtung abzubrechen: „1862 lief dieselbe und war auch in demselben Jahr total ruiniert durch die heftigen Stöße, welche in derselben auftraten. Die Erfahrungen mit der 4 Takt Maschine waren so deprimierend, dass ich damals zweifelte, ob es jemals gelänge, eine direktwirkende Gasmaschine zu bauen.“ Otto hätte im letzten Satz die Worte „mit Verdichtung“ hinzufügen müssen, denn der Lenoir-Motor war bereits eine direktwirkende Gasmaschine. Die hier erkennbare Inkonsequenz, der Mangel an der Exaktheit im Umgang mit technischen Begriffen, zeigt auf tragische Weise, wie wenig Otto später den Intentionen seiner Frühzeit traute. Es war zwar purer Dilettantismus gewesen, im Jahr 1861 einen Vierzylinder-Viertaktmotor bauen zu wollen, aber Otto war dabei von richtigen Vorstellungen ausgegangen. Auf dieser Priorität hätte er mit allem Nachdruck bestehen können.

Die Überreste dieses ersten Versuchsmotors von Otto blieben nicht erhalten. Es gibt jedoch eine Skizze, die Michael Joseph Zons 1885 aus der Erinnerung zeichnete und während der Patentprozesse 1885 zu Protokoll gab. Seine ebenfalls protokollierte Aussage beginnt mit den Worten: „Achtzehnhundertzweiundsechzig baute ich für Herrn Otto nach dessen Angaben eine vierzylindrige Maschine, bei welcher die für Verwendung comprimierter Explosionsgemische nothwendigen vier Operationen, nämlich: a. Ansaugen des Explosionsgemisches, b. Comprimieren desselben, c. Verbrennung und Arbeitswirkung, d. Austreiben der Verbrennungsprodukte, in ein und demselben Zylinder vorgenommen wurde“. Beschreibung und Skizze von Zons lassen keinen Zweifel daran, dass es sich um einen Motor mit vier gegenüberliegenden Zylindern handelte, deren Kolben paarweise auf je einen Kurbelzapfen wirkten – einen Vierzylinder-Boxermotor. Der für Gassteuerung und Zündung eines solchen Motors erforderliche technische Aufwand ist auch nach heutigen Maßstäben nicht gerade gering.

Anstatt die Motive von Ottos Vorgehen zu überprüfen, stellte Friedrich Sass sie in Frage. Er überging die eindeutige Beschreibung des Vierzylinders durch Zons und berücksichtigte lediglich die Skizze, deren Betextung „Ansaugen, Verdichten, Ausdehnen, Ausschieben“ erst 1903 von dem Ingenieur und Autor Güldner hinzugefügt wurde. „Ohne diese Erläuterung“, schreibt Sass[14], „kann das Bild mit gleicher Wahrscheinlichkeit als vierzylindriger Zweitaktmotor gedeutet werden, was vielleicht richtiger ist, da Otto ja vom Zweitaktverfahren Lenoirs ausgegangen ist.“ Diese Feststellungen haben erhebliche Verwirrung hervorgerufen. Schon die Einstufung von Lenoirs verdichtungslosem Motor als Zweitakter steht im Widerspruch zu der üblichen Anwendung des Zweitaktbegriffs auf Motoren, bei denen Ansaugen und Verdichten außerhalb des Arbeitszylinders in separaten Pumpenzylindern oder mit Hilfe der Kolben-Unterseite im Kurbelgehäuse stattfindet. Bei Lenoir dient dagegen für alle „Operationen“ der Arbeitszylinder („Dreitakt“).[15] Das Protokoll von Zons stellt klar, dass dies – mit nunmehr vier „Operationen“ – in jedem der vier Zylinder des Versuchsmotors der Fall war, der damit alle Kriterien eines Viertaktmotors erfüllte.

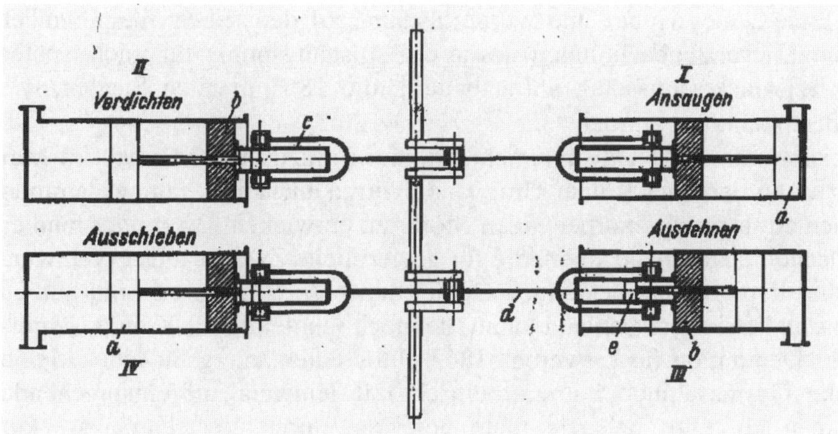

Abb. 11: Total ruiniert durch heftige Stöße: 1885 erstellte Skizze des 1861 von Michael Zons für Otto gebauten Vierzylinder-Motors mit nachträglicher Betextung von Güldner (aus Sass, Geschichte des deutschen Verbrennungsmotorenbaues)

Mit der vagen Vermutung, der Motor könne als „vierzylindriger Zweitaktmotor“ gedeutet werden, ging Sass achtlos an der Tatsache vorüber, dass Ottos kreative Leistung, die man durchaus genial nennen kann, gedanklich bereits in diesem Motor enthalten ist. Otto selbst hat aufgrund des Fehlschlages das für diese Erkenntnis nötige Selbstbewusstsein später nicht mehr aufgebracht. Sass hätte aufgrund der Aussagen von Zons und dessen Skizze die einfache Erklärung für Ottos Vorgehen finden können: Otto wollte die gleiche Zahl von zwei Kraftimpulsen („Arbeitswirkungen“) pro Umdrehung erreichen, wie sie in Lenoirs Maschine gegeben war. Da Lenoirs doppeltwirkender Zylinder nicht in Frage kam, sah Otto die in der Zeichnung von Zons dargestellten, einander gegenüberliegenden Zylinder vor, die auf einen Kurbelzapfen wirkten. Durch die Verteilung der vier „Operationen“ auf zwei Umdrehungen wurde die Zahl der Kraftimpulse halbiert, also verwendete er zwei solcher Zylinderpaare. Dies bestätigte Zons in seinem Protokoll mit den Worten: „Es erfolgten somit bei jeder Kurbelumdrehung zwei Arbeitswirkungen.“

1.7 Ottos atmosphärische Gasmaschine

Verbrennungsmotoren beherrschten zwar das Denken Nicolaus August Ottos, aber er verfolgte dabei keine bestimmten technischen Vorstellungen. Nach dem Fehlschlag seines Vierzylinder-Motorenprojekts mit Verdichtung ging er unmittelbar auf das Gegenteil über: die Nutzung des Unterdrucks. Auch diese Möglichkeit hat er nach seiner Beschreibung während seiner Versuche mit dem Einzylinder-„Maschinchen“ gefunden: „Nach jeder Wirkung [Zündung] kam der Kolben bis nahe an das Ende seines Hubes und wurde alsdann auf demselben Wege wieder zurückgezogen. Diese Beobachtungen waren der Ausgangspunkt für mich, später atm[osphärische] Gaskraftmaschinen [zu bauen], die 1863 in allen Staaten, nur nicht in Preußen, patentiert wurden.“[16]

Diese Entdeckung versuchte Otto nunmehr praktisch umzusetzen. Er gab im Mai 1862 seine Stellung bei einer Kölner Großhandelsfirma auf und begann zusammen mit Zons, einen atmosphärisch arbeitenden Motor zu entwickeln. Vorbilder fand er in atmosphärischen Dampfmaschinen, die für gewerbliche Zwecke angeboten wurden. Patente auf dem noch unbekannten Gebiet der Verbrennungsmotoren gab es im noch kleinstaatlichen Deutschland kaum, dennoch lehnte die für Köln zuständige preußische „Deputation für Gewerbe“ 1863 Ottos Patentantrag für eine „kleine atmosphärische Gasmaschine“ mit Kurbeltrieb mit Hinweis auf entsprechende Dampfmaschinen ab. Otto beharrte nicht auf dem durch Verbrennungs- statt Dampfdruck gegebenen Unterschied. Er betonte in seiner Erwiderung, er beanspruche Schutzrechte nicht für das Arbeitsprinzip, sondern für die Konstruktion. Die Maschine befinde sich seit mehreren Monaten „in fortwährender Thätigkeit“ und werde künftig „für die Industrie von besonderem Nutzen sein“. Das Patent wurde dann in anderen deutschen Kleinstaaten – Sass nennt Baden, Bayern, Sachsen, Württemberg, Hannover und Hessen – und in Österreich, Frankreich und Belgien erteilt.

Durch die preußische Ablehnung ergab sich nach Ottos Meinung ein Problem mit Zons: Otto befürchtete, Zons hätte den atmosphärischen Motor nunmehr ungehindert bauen und verkaufen können. Dieser verzichtete zwar ausdrücklich auf den Nachbau, laut Sass gegen einen Schuldenerlass von mehreren hundert Talern. Die Vorsichtsmaßnahme erwies sich doch bald als unnötig, denn die Maschine war noch keineswegs „in fortwährender Thätigkeit“. Otto trennte sich 1863 von Zons und zog in eine eigene Werkstatt am Kölner Gereonswall um.

Dieser Schritt in die Selbständigkeit – ohne eigene Kenntnisse im Maschinenbau – war ein Risiko, denn die Patentgebühren hatten Ottos Vermögen weitgehend aufgezehrt. Er verließ sich auf seinen erfinderischen Elan und seine Geschäftsverbindungen aus der Lebensmittel-Branche: Otto interessierte Eugen Langen, seit 1858 Teilhaber der väterlichen Kölner Zuckerfabrik, für den Gasmotor. Langen hatte nach einem Maschinenbau- und Chemie-Studium technische Neuerungen in der Zuckerherstellung eingeführt – unter anderem trug er durch eine neue Raffinations-

Methode dazu bei, dass die unhandlichen Zuckerhüte durch Würfel und gemahlenen Zucker abgelöst wurden. Wie Otto sah Langen eine Chance im Leuchtgas als Energiequelle für Antriebsmaschinen. Am 31. März 1864 kam es zur Gründung der Firma N. A. Otto & Cie., in die Otto gegen eine Gutschrift von 2000 Talern die bisherigen Versuchsmotoren, Werkzeugmaschinen und von Zons angefertigte Konstruktionszeichnungen einbrachte. Eugen Langen beteiligte sich als Kommanditist mit 10 000 Talern.
Langen war für Otto der ideale Partner, weil er dessen intuitive Begabung anerkannte und zugleich die praktische Ausführbarkeit im Auge behielt. So kam es bald zu der Entscheidung, vom Kurbeltrieb abzugehen und einen nach oben frei beweglichen „Flugkolben" zu verwenden. Dass dies der ältesten Form der atmosphärischen Motoren entsprach, dem Schießpulvermotor von Christiaan Huygens, dürfte beiden nicht bewusst gewesen sein.

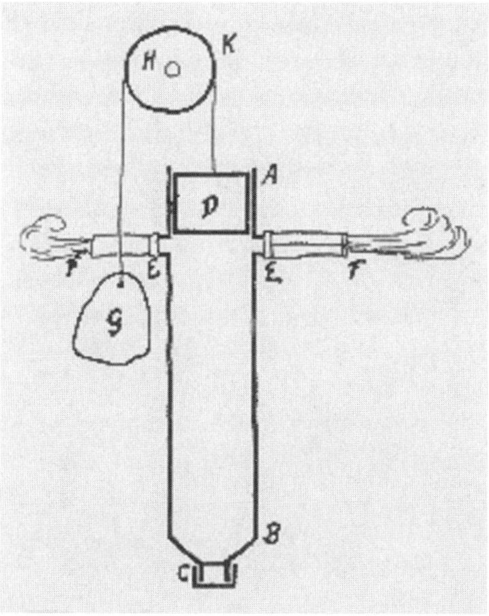

Abb. 12: Auf durch Expansion, ab durch Vakuum: Schießpulvermotor mit Flugkolben von Huygens 1673

Mit diesem einfach aufgebauten Pumpenantrieb hatte die Geschichte der Hubkolbenmotoren begonnen – der Verbrennungs- wie der Dampfmotoren. Während bei Huygens noch die sich abkühlenden Verbrennungsgase ein Vakuum erzeugten, war es bei seinem Schüler Papin wie auch beim Erbauer der ersten Dampfmaschine, Thomas Newcomen, der kondensierende Dampf. Es gab aber für Otto und Langen ein weit aktuelleres Vorbild: den atmosphärischen Gasmotor, für den

der italienische Kaplan und Physiklehrer Eugenio Barsanti und sein Freund Felice Matteucci 1857 in England ein Patent erhalten hatten.
Die Maschine von Barsanti und Matteucci kann als frühester Versuch gewertet werden, einen atmosphärisch arbeitenden Gasmotor auf den Markt zu bringen – etwa gleichzeitig mit Lenoirs direktwirkender Maschine. Der schon von de Rivaz verwendete Flugkolben, der im stehenden Zylinder vom Verbrennungsdruck nach oben geworfen wurde und bei der Abwärtsbewegung über die gezahnte Kolbenstange kraftschlüssig auf das Schwungrad wirkte, spielte für die abgegebene Leistung eine wichtige Rolle: Vom Verbrennungsdruck in kurzer Zeit auf den oberen Totpunkt gebracht, übte er durch sein Gewicht bei der Abwärtsbewegung, unterstützt durch die atmosphärische Wirkung, über die als Zahnstange ausgebildete Kolbenstange Kraft auf das Schwungrad aus.

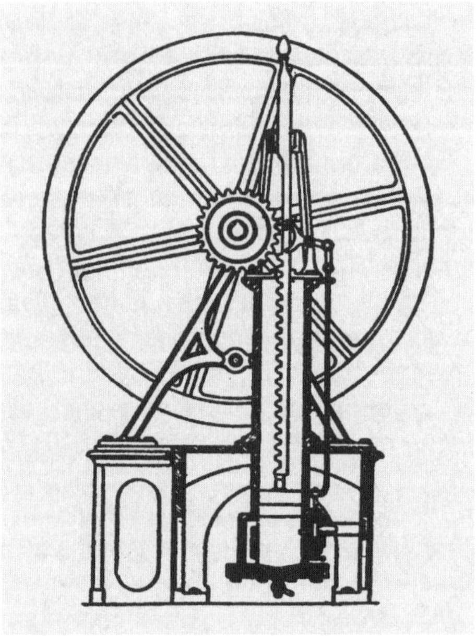

Abb. 13: Atmosphärisches Verfahren mit Flugkolben und Zahnstange: Der atmosphärische Gasmotor von Barsanti und Matteucci (aus Sass)

Der Motorenhistoriker Horst Hardenberg weist darauf hin, dass beim Motor von Barsanti und Matteucci „80 Prozent und mehr der mechanischen Arbeit aus der potentiellen Energie des hochgeworfenen Kolbens, also aus dem Verbrennungsdruck" gewonnen wurden, weshalb diese Motorenart äußerstenfalls als „teilatmosphärisch" zu bezeichnen sei.[17] Die Nutzung der Schwerkraft setzte eine senkrechte Anordnung des Zylinders und eine genaue Abstimmung von Kolbengewicht und Flughöhe voraus. Die durch langsam aufeinanderfolgende Arbeitshübe freiwerdende Energie ergab einen annähernd gleichmäßigen Lauf des Schwungrades. Barsanti hatte wie Lenoir eine elektrische Zündung verwendet. Als der Motor ein herstellungsreifes Stadium erreicht hatte und 1860 eine Verwertungs-Gesellschaft gegründet worden war, verhandelte Barsanti mit den Maschinenfabriken Escher-Wyss in Zürich und Cockerill in Seraing bei Lüttich. Die Verhandlungen mit dem belgischen Maschinenfabrikanten Johann Cockerill wurden 1864 durch den plötzlichen Tod Barsantis in Lüttich abrupt beendet.

Langen stand mit Cockerill auf dem Gebiet der Raffinerietechnik in Verbindung. Ein Zusammenhang zwischen Barsantis fast produktionsreifem Motor und dem atmosphärischen Otto-Motor liegt nahe und wird auch von Sass eingeräumt: „Dass Otto die Maschine der Italiener Barsanti und Matteucci gekannt hat", hält er für „nicht erwiesen, aber wahrscheinlich".[18] Sass nennt den Namen des britischen Patentanwalts Abel, der Otto auf das Patent der beiden Italiener hingewiesen habe – allerdings erst 1865. Cockerill wurde erster Lizenznehmer des atmosphärischen Otto-Motors. Langen war es auch, der durch eine von Barsanti und Matteucci abweichende Konstruktion Patent-Hürden überwand und die Effektivität des Motors verbesserte: Sein „Schaltwerk" mit Klemmrollen sicherte nicht nur als „Freilauf" die unbehinderte Aufwärtsbewegung des Kolbens und stellte bei der Abwärtsbewegung den Kraftschluss mit der Schwungradwelle her, sondern bewirkte anschließend auch den Ansaughub bis zur Zündung des Gas-Luft-Gemischs. So konnten die Ein- und Auslassschieber unabhängig von der Schwungradwelle gesteuert werden. Sowohl die Drehzahl der Schwungradwelle – ca. 90 pro Minute – als auch die Ansaugmenge und damit die Flughöhe des Kolbens blieben konstant, die Anzahl der Arbeitshübe dagegen ließ sich verändern. Je nach Leistungsanforderung fand das Arbeitsspiel in mehr oder weniger schneller Folge statt, blieb aber immer im für Leistung und Verbrauch günstigsten Bereich. Die vom Freilauf bewirkte gleichbleibende Schwungrad-Drehzahl war eine wichtige Voraussetzung für die Nutzung als Maschinenantrieb. Die schiebergesteuerte Flammenzündung war laut Sass ein – offensichtlich in Kenntnis von Vorbildern wie Barnett[19]entstandener – Beitrag von Otto: Eine ständig brennende Gasflamme entzündete in einem kurzzeitig freigegebenen Hohlraum ein Zündgemisch, das in den Zylinder geleitet wurde. Durch die Verwendung von Gas als Zündmedium umging Otto, ähnlich wie Lenoirs Konkurrent Hugon, die Notwendigkeit zusätzlicher Stromquellen.

1865 wurden die ersten Exemplare von „Ottos atmosphärischem Motor" in einer neuen, größeren Werkstatt in der Kölner Servasgasse gebaut, 1866 erhielten Otto und Langen ein erstes preußisches Patent. Dass der stehende Zylinder als griechische Säule dekoriert war, ging auf Ferdinand Rethenbacher zurück – einen der Lehrer Eugen Langens, der zur „Verbesserung der Kultur des technischen Publikums" für eine Verbindung von Funktionalität und künstlerischer Gestaltung eintrat.[20] Die Maschine lief mit einem laut rasselnden Geräusch, arbeitete aber zuverlässig und brachte die erhoffte Leistung. In der 1,82 Meter hohen „kleinen" Ausführung waren es sie 0,33 PS, das größere Modell brachte es bei 3,5 Meter Bauhöhe auf 1,5 PS. Mit diesen Daten konnten Otto und Langen es wagen, im damaligen Mekka der Technik anzutreten: der Weltausstellung in Paris 1867.

Abb. 14: Antik: Die atmosphärische Gaskraftmaschine von Otto und Langen 1867 (aus Sass)

Auch hier bewährten sich Eugen Langens Verbindungen: Beim Vergleichswettbewerb mit vierzehn meist französischen Gasmotoren war sein Studienfreund Franz

Reuleaux, Dozent an der Gewerbeakademie in Charlottenburg bei Berlin, offizieller preußischer Vertreter in der Jury.[21] Reuleaux forderte eine Vergleichsmessung des Gasverbrauchs, und dieser erwies sich als um mehr als die Hälfte niedriger als bei der Konkurrenz.

Die „kleine" Maschine erhielt 1867 die Goldmedaille als wirtschaftlichste Antriebsmaschine für das Kleingewerbe, das Ausstellungsstück wurde an einen Mechaniker in Paris verkauft und 1875 zurückerworben. Der Erfolg förderte die Bekanntheit des jungen Unternehmens – es gab in dieser Zeit der Mechanisierung und des Aufbruchs ein lebhaftes Kundeninteresse an neuer Technik. Die Nachfrage überstieg bald die Möglichkeiten der Werkstatt in der Kölner Servasgasse. 1868 lieferte N. A. Otto & Cie. drei Motoren in die USA, einen davon an den prominenten deutschamerikanischen Brückenbauer Roebling in Trenton. Durch die Vermittlung des Hamburger Kaufmanns Roosen-Runge, eines Partners von Langen auf dem Gebiet der Zuckerfabrikation, übernahm die Firma Crossley Brothers in Manchester 1869 die Lizenz für die Herstellung der Motoren in England.

Eugen Langen hat immer anerkannt, dass die Fabrik auf Ottos Initiative und sein intuitives Verständnis für Verbrennungsmotoren zurückging. Während der engen Zusammenarbeit war ihm aber auch klar geworden, dass Ottos technische Kenntnisse zwar für die Konzeption, nicht aber für die Konstruktion und einwandfreie Ausführung der Maschine ausreichten. Als Franz Reuleaux ihm dringend empfahl, das Unternehmen zu vergrößern, wurde die Firma N. A. Otto & Cie. liquidiert, Roosen-Runge trat mit 22 500 Talern als Teilhaber ein. Das 1869 mit einem Gesellschaftsvertrag für drei Jahre gegründete Unternehmen „Langen, Otto & Roosen" begann in Deutz auf der rechten Rheinseite mit dem Bau einer neuen Fabrik, in der 1871 schon mehr als zwanzig Maschinen monatlich gebaut wurden. Wegen des – in der Gründerzeit nicht ungewöhnlichen – schnellen Wachstums musste die finanzielle Basis bald nochmals verbreitert werden. Roosen-Runge zog sich zurück, das Unternehmen wurde in eine Aktiengesellschaft umgewandelt und firmierte ab Januar 1872 unter dem Namen „Gasmotoren-Fabrik Deutz AG". Beteiligt waren die Familie Langen mit 200 000 Talern und die Zuckerfabrikanten Emil und Valentin Pfeifer mit 100 000 Talern. Eugen Langen übernahm die Leitung, Otto war nicht mehr Teilhaber, er erhielt die Stellung eines Direktors.

Die in den Firmennamen aufgenommene Bezeichnung „Motor", französisch „moteur", bürgerte sich für nicht dampfbetriebene Antriebsmaschinen ein – wobei sich wohl kaum jemand der Tatsache bewusst war, dass der flandrische Jesuitenpater Ferdinand Verbiest, um 1670 astronomischer und physikalischer Berater des Kaisers von China, sie schon zweihundert Jahre zuvor für den Dampfstrahl-Schaufelradantrieb seines dreirädrigen Modellwagens verwendet hatte. Verbiest beschrieb das im fernen Peking verwirklichte Fahrzeug in seinem grundlegenden Werk „Astronomia Europaea", das 1687 in Dillingen an der Donau gedruckt wurde. Das Wort „Motor" (= Beweger) übernahm er aus dem Lateinischen. Präziser als der allgemeine Ausdruck „Maschine" und das englische „Engine", gilt die

Bezeichnung seit dem neunzehnten Jahrhundert nicht nur für Verbrennungsmotoren, sondern auch für Dampf- und Heißluftmotoren, für die wärmelose elektrische Alternative und sogar für die jeder Mechanik entbehrenden, auch schon aus dem alten China stammenden Raketenmotoren.

1.8 Direktoren in Deutz

Das Köln-Deutzer Unternehmen erreichte auf dem schnell wachsenden Markt für Antriebsmaschinen in Industrie, Handwerk und Gewerbe innerhalb von nur fünf Jahren eine führende Stellung. Die atmosphärischen Otto-Motoren konnten überall verwendet werden, wo Leuchtgas zur Verfügung stand – und das war auch in kleineren Städten meist der Fall. Die Anwender ersparten sich damit die Anschaffung eines Dampfkessels. Dennoch blieben die stationären Dampfmaschinen die wichtigste Konkurrenz. Ihre Leistung nahm unter dem Einfluss der Hochdruck-Dampferzeugung („überhitzter Dampf") ständig zu. Hochdruck wurde dann auch zum – durch Franz Reuleaux ins Spiel gebrachten – Stichwort für einen neuen Gasmotor mit höherer Leistung durch Verdichtung.

Zuvor waren andere Aufgaben zu lösen: Nach dem Erfolg auf der Pariser Ausstellung 1867 und der Auslieferung der ersten, noch in der Kölner Servasgasse gebauten atmosphärischen Maschinen traten Mängel und Störungen auf. Je mehr Exemplare verkauft wurden, umso wichtiger wurde die Beseitigung der Mängel. Zur Klärung der Ursachen und zur Abhilfe durch Konstruktionsänderungen konnte Otto wenig beitragen. Dies war Sache von Eugen Langen, der zunehmend von der Führung des Unternehmens in Anspruch genommen wurde. Langen leitete nach der Umwandlung in eine Aktiengesellschaft das mit heutigen Vorstandsgremien vergleichbare Direktorium, vertrat aber als Hauptaktionär auch die Kapitalseite. Mit seinem technischen Sachverstand, seiner Fähigkeit zum Ausgleich und seiner Autorität in grundsätzlichen Entscheidungen wurde er eine der großen Unternehmerpersönlichkeiten des neunzehnten Jahrhunderts.

Otto hatte für sein Ausscheiden als Mitinhaber eine Vergütung erhalten. Nach Feststellung des Deutzer Unternehmenshistorikers Dietmar Voß war er im Entwurf zum Gesellschaftsvertrag zunächst als „Mitglied für den technischen Teil der Geschäfte" vorgesehen, sein endgültiger Vertrag als Direktor enthielt keine genauen Angaben zum Tätigkeitsbereich.[22] Er galt als Erfinder des atmosphärischen Motors. Als dessen Namensgeber und als Mitgründer gestand ihm Eugen Langen, der seit der Anfangszeit Ottos Begabungen und Grenzen genau kannte, eine repräsentative Funktion gegenüber Personal, Kunden und Lizenzpartnern zu. Sie kam im Direktorentitel zum Ausdruck.

Als neue Herausforderung erwies sich neben der Notwendigkeit, Zuverlässigkeit und Qualität der Motoren zu verbessern, die Erweiterung und Rationalisierung der Produktion. Für den Aufbau einer technischen Abteilung und die Planung der

Anlagen engagierte Langen im Frühjahr 1872 den Ingenieur Gottlieb Daimler. Langen war über seinen ehemaligen Lehrer am Polytechnikum Karlsruhe, Franz Grashof, auf den 36jährigen, aus Schorndorf in Württemberg stammenden Daimler aufmerksam geworden. Dieser war seit 1868 „Vorstand sämtlicher Werkstätten" der namhaften, auf vielen Gebieten tätigen Maschinenbau-Gesellschaft Karlsruhe. Am 1. August 1872 wurde Daimler als technischer Direktor Mitglied der Geschäftsleitung in Deutz. Langen übertrug ihm „die Oberleitung der Werkstätten und des Zeichenbüros, sowie die Disposition über das zugehörige Material und Personal"[23]. Für diese Aufgaben war Daimler durch eine gründliche Ausbildung und praktische Erfahrungen qualifiziert.

Gottlieb Daimler: Kindheit und Karriere

Im Jahr 1834, als Gottlieb Daimler im Remstal-Städtchen Schorndorf in eine Bäcker- und Gastwirtsfamilie hineingeboren wurde, war seine schwäbische Heimat alles andere als ein Musterländle. Ganze Familien wanderten aus, um der Armut zu entfliehen, der Schritt von der bäuerlich-handwerklichen zur frühindustriellen Gesellschaft war noch nicht vollzogen. Der Vater bewies Verständnis für die Begabungen Gottlieb Daimlers, als er ihn nach der Schule zu einem Büchsenmachermeister in die Lehre gab. Kein anderer Metallberuf erforderte mehr Präzision und Verantwortung im Umgang mit hohen Expansionskräften als der Bau von Schusswaffen. Die Stuttgarter „Königliche Centralstelle für Gewerbe und Handel", 1848 eingerichtet, um den Verlust an kreativer Substanz im Land zu stoppen, interessierte sich für den jungen Mann. Ferdinand Steinbeis, Pionier der Berufsbildung in Württemberg, hatte Internationalität zum Ausbildungsprinzip erhoben und schickte Daimler zunächst für vier Jahre in eine elsässische Maschinenfabrik. Nach dem Ingenieurstudium am Stuttgarter Polytechnikum ging es 1859 wieder ins Ausland. Die Bandsägenfabrik von Périn in Paris, Daimlers erste Station, wurde später unter Périns Nachfolgern Panhard & Levassor seine wichtigste Lizenzverbindung. Das Denken und die Arbeitsmethoden der damals führenden britischen Maschinenindustrie lernte er in Leeds, Manchester und Coventry kennen, ein Nebenprodukt war sein perfekter Umgang mit den Landessprachen.[24] Nach Daimlers Rückkehr 1863 lockerte sich das Band zum Mentor Steinbeis. Dessen Vorschlag, sich mit einer eigenen Metallwerkstatt selbständig zu machen, hätte eine frühe Festlegung auf ein kleinbürgerliches Dasein bedeutet. Durch Vermittlung des Esslinger Maschinenfabrikanten Emil Kessler wurde Daimler Konstrukteur und „Werkstätteninspektor" in der Bruderhaus-Maschinenfabrik der christlich-sozialen Wernerschen Anstalten in Reutlingen. In der nächsten, 1868 übernommenen Position als „Vorstand sämtlicher Werkstätten" der Maschinenbau-Gesellschaft Karlsruhe festigte Daimler seinen Ruf als Modernisierer von Industrieanlagen. Hintergrund war seine Fähigkeit, technische Abläufe von Grund auf zu analysieren, Maschinenfunktionen neu zu gestalten und rationelle Produktionsverfahren zu entwickeln.

Daimler erhielt in Deutz ein Jahresgehalt von 1500 Talern, eine Gewinnbeteiligung von fünf Prozent, freie Wohnung und die Garantie, Aktien der Firma zum Nennwert erwerben zu können. Eine Bedingung Daimlers war, als persönlichen Mitarbeiter den zwölf Jahre jüngeren Wilhelm Maybach mitzubringen. Er hatte ihn 1865 im Reutlinger Bruderhaus kennengelernt, wo der 1846 in Heilbronn geborene, aus einer Handwerkerfamilie stammende Maybach nach dem Tod beider Eltern 1856 aufgenommen worden war. Bei der Lehre in der Maschinenfabrik des Bruderhauses erwies er sich als begabter technischer Zeichner, bildete sich in einer Abendschule weiter und arbeitete im Selbststudium die mehrbändigen Ingenieur-Lehrwerke von Weisbach und Bernoulli durch. Daimler vermittelte ihm eine Stelle im Konstruktionsbüro und holte ihn 1869 zur Maschinenbau-Gesellschaft Karlsruhe. Am 1. Juli 1872 kam Maybach noch vor Daimler nach Deutz, „um zunächst die Erweiterungsbauten nach dem mit Herrn Daimler in Karlsruhe durchdachten Plan zu leiten, bis die Kündigungsfrist Daimlers in Karlsruhe abgelaufen war“.[25] Nach Fertigstellung der Neubauten war es seine erste Aufgabe, „den atmosphärischen Motor für billigere Herstellung umzukonstruieren“. Schon Anfang 1873 ernannten ihn Langen und Daimler zum Leiter der Konstruktionsabteilung. Es gelang zwar nicht, das laute mechanische Geräusch zu reduzieren, aber die Reklamationen gingen zurück. Für die Leistungserhöhung erwiesen sich 3 PS – diesen Wert erreichten die stärksten Lenoir-Motoren – als physikalisch-technische Grenze; die Durchschnittsleistung aller produzierten Motoren lag laut Statistik bei 1,25 PS. Die ungleichmäßige Wärmeverteilung, die zu Schmierungs- und Lagerungsproblemen führte, bekamen Daimler und Maybach durch Verbesserung der Kühlung in den Griff. Der atmosphärische Motor begründete mit der nun erreichten Zuverlässigkeit und Anspruchslosigkeit den weltweiten Ruf der Gasmotoren-Fabrik Deutz. Bis 1876 wurden über 2600 Exemplare verkauft.

Daimler, der in Deutz seine internationalen Verbindungen auszubauen gedachte, hatte das vertragliche Recht, Auslandspatente auf seinen Namen anzumelden und mit Interessenten zu verhandeln. Langen machte ihm dieses Zugeständnis, weil er Daimlers Kompetenz und seine internationale Erfahrung hoch einschätzte. Otto bezog zwar ein um 300 Taler höheres Jahresgehalt als Daimler, hatte aber die Rechte auf seine Erfindungen für zwölf Jahre an die Firma abgetreten. So sah sich Otto in eine eher passive Rolle gedrängt, während der selbstbewusst auftretende Daimler sich beim Ausbau der technischen Abteilung, bei den Verbesserungen am Motor und der Einrichtung der Produktion mit neuen Lösungen profilieren und entsprechende Patente anmelden konnte.

Im Direktorium standen beide auf gleicher Ebene. Langen hatte ihnen zwei benachbarte, fast identische neue Wohnhäuser mit Gartenanlagen in der Nähe des Werkes zur Verfügung gestellt und hoffte, dass sich gute Beziehungen ergeben würden.[26] Eine persönliche Anziehung zwischen den beiden kreativen Köpfen hat es wohl auch gegeben, aber Daimler als der später Hinzugekommene vermochte nicht zu erfassen, worin die Verdienste und Fähigkeiten des Autodidakten Otto

eigentlich bestanden. Er unterschätzte die Tatsache, dass es nur durch Ottos Beharrlichkeit zum Bau einer marktfähigen Maschine gekommen war. Auch konnte er in der neuen hierarchischen Struktur die aus der Anfangszeit erhalten gebliebene Gemeinsamkeit zwischen Langen und Otto kaum nachempfinden.
So kam es schon bald zu Differenzen. In einer „Instruktion“ von 1874 versuchte Langen eine Klärung: „Die Stellung der beiden Direktoren ist eine koordinierte; es ist deshalb bei der Ausübung der gleichmäßig zustehenden Rechte eine gewisse Beschränkung und Unterordnung notwendig, namentlich aber ein freundlich kollegialer Verkehr in stetem Hinblick auf die Erreichung des gemeinsamen Zieles. Wenn in strittigen Fällen die Meinungen der Direktoren dauernd auseinandergehen, so ist die Ansicht der Gesamtdirektion einzuholen und der Majoritätsbeschluss maßgebend.“ Dem „freundlich kollegialen Verkehr“ stand entgegen, dass Daimler seine fachliche Überlegenheit spüren ließ. In privaten Briefen bezeichnete er Otto als „unseren Dilettanten“ – eine zwar nicht unberechtigte, aber überzogene Einschätzung.

1.9 Ein neuer Hochdruckmotor

Um die Jahreswende 1874/75 deutete sich an, dass der Erfolg des atmosphärischen Motors von kurzer Dauer sein würde: Der Verkauf ging zurück, weit stärkere Dampfmaschinen wurden zu günstigen Preisen angeboten. Franz Reuleaux, mit dem Langen in enger Verbindung stand, warnte vor der Konkurrenz der Heißluftmotoren, die auf dem von Robert Stirling 1816 konzipierten Prinzip beruhten, die Ausdehnung erhitzter Luft in Arbeit umzusetzen. Der Vorteil dieser Motoren bestand darin, dass sie mit jedem Brennstoff beheizt werden konnten, auch mit Holz und Torf – wenn auch mit geringer Leistungsausbeute. Auf der Suche nach einer Alternative konzipierte Otto zunächst einen Heißluftmotor, der mit „immer demselben Quantum Luft“ arbeiten sollte, „welche abwechselnd erhitzt und gekühlt wird“. Von solchen Ausflügen auf fremdes Gebiet riet Reuleaux ab: „Man kultiviere die Gasmaschine.“ Auch von Daimlers Vorschlag, bei der atmosphärischen Maschine durch Hilfskolben eine Vorverdichtung zu bewirken, hielt Reuleaux nichts. Am 12. Juli 1875 schrieb er an Langen: „Was also zu geschehen hat, ist, dass sofort in Eurer Fabrik die Hochdruckmaschine hervorgesucht und in eine praktische Form gebracht wird. Die Daimleriaden sind mit einem Ruck zu den Akten zu legen. Herr Otto muß auf die Hinterbeine, Herr Daimler auf die vorderen meinetwegen, aber es darf keine Zeit mehr versäumt werden.“
Die saloppen Formulierungen von Reuleaux lassen eine Gereiztheit gegenüber Daimler erkennen. Sie steigerte sich in den folgenden Jahren zum mehrfach wiederholten Rat, Daimler zu entlassen. Reuleaux hatte im Jahr 1875 mit dem Erscheinen seiner „Theoretischen Kinematik“, dem künftig maßgeblichen Standardwerk der Bewegungslehre, einen Höhepunkt seiner wissenschaftlichen Laufbahn

erreicht und war ein vielbeschäftigter Gutachter und technischer Kommissar. Die Fragen, mit denen es Langen „in seiner Fabrik" zu tun hatte, sah er vom Standpunkt der akademischen Autorität, während Langen den Nutzen des Unternehmens im Auge behalten musste und nicht daran dachte, Daimler zu entlassen. Vielleicht betrachtete er die Rivalität zwischen Otto und Daimler sogar, im Sinne von „divide et impera", als Chance für den Geschäftserfolg.
Mit der „Hochdruckmaschine", die hervorgesucht und weiterentwickelt werden sollte, meinte Reuleaux Ottos ersten Vierzylindermotor, von dem ihm Langen berichtet hatte. Dessen Überreste existierten nicht mehr, die Konzeption hatte sich als fehlerhaft erwiesen. Bei Otto wirkte der Schock der Zerstörung durch die Explosionen, die er auf unkontrollierte Verbrennung zurückführte, noch immer nach. Langen dagegen hatte allen Grund zu der Vermutung, dass der Misserfolg auf Ottos technischen Dilettantismus bei der Verwirklichung seiner grundsätzlich richtigen Ideen zurückzuführen war. Im Sommer 1875 beschloss das Direktorium die Entwicklung einer neuen „Hochdruck-Kurbelmaschine" durch Otto. Für das Projekt ließ Langen ein „Versuchslabor" einrichten, in dem Otto selbständig wirken konnte. Für die Konstruktion der Maschine und die Erstellung von Detailzeichnungen wurde auf Daimlers Empfehlung Ende 1875 ein qualifizierter Ingenieur eingestellt, der Kölner Maschinenbauer Franz Rings. Während der Arbeiten stand Rings über Maybach in Verbindung mit der technischen Abteilung.
Langen ließ im Labor zwei Konkurrenzfabrikate aufstellen: einen von der Pariser Maschinenfabrik Lefebvre hergestellten Lenoir-Motor und einen amerikanischen Brayton-Motor. Lenoirs Maschine war nicht nur Ottos Vorbild bei seinen ersten Versuchen gewesen, sie behauptete sich auch weiterhin auf dem Markt. Im Vergleich zu den atmosphärischen Otto-Motoren mit ihrem stehenden Zylinder und der nach oben herausragenden Zahnstange war sie bei etwa gleicher Leistung einfacher aufzustellen und lief ruhiger. Zu der Entscheidung, sich bei der neuen Deutzer Maschine am Lenoir-Motor zu orientieren, dürfte nicht zuletzt die konventionelle, den verbreiteten Dampfmaschinen mit liegendem Zylinder und Kurbeltrieb entsprechende Bauweise beigetragen haben. Solche Maschinen wurden zwar in Deutz bis dahin nicht gebaut, zählten aber in allen Teilen zum selbstverständlichen Repertoire der Konstrukteure.
Auf den Brayton-Motor als zweites Vergleichsobjekt war Langen durch seinen in Amerika lebenden Schwager Jakob Schleicher aufmerksam geworden. Der Motor wurde von mehreren Herstellern in Lizenz gebaut und hatte sich bei den Versuchen, den atmosphärischen Otto-Motor in den USA zu etablieren, als ernsthafte Konkurrenz erwiesen. George Bailey Brayton hatte aufgrund seiner „Ready Engine" von 1872 einen wahlweise mit Benzin oder Gas betreibbaren Stationärmotor mit Verdichtung entwickelt und dabei sein Verfahren modifiziert: Ansaugen und Verdichten fand nicht mehr auf der anderen Kolbenseite, sondern in einem separaten Pumpenzylinder statt. Wilhelm Maybach erinnerte sich viele Jahre später, in seinen Aufzeichnungen vom 12. Januar 1921, an den Beginn der Arbeiten: „Bald

darauf tauchte der amerikanische Braytonsche Kompressionsverbrennungsmotor auf, mit dem Herr Otto sich eingehend befaßte“[27]. Nach unbestätigten Berichten waren es zwei Exemplare, die Langen zu Anschauungs- und Studienzwecken in das Versuchslabor bringen ließ. Eines davon wurde zerlegt, das andere blieb vollständig erhalten. Es befindet sich, zusammen mit dem Lefebvre-Lenoir-Motor, in der Motorensammlung der Deutz AG.

Das besondere Interesse von Langen, wohl auch das von Reuleaux, galt der Tatsache, dass dieser bereits auf dem Markt befindliche Motor mit Verdichtung arbeitete, ohne dass dabei die von Otto gefürchteten „harten Verbrennungsstöße“ oder auch nur störende Geräusche auftraten. Auch war der Motor mit den beiden niedrigen, nebeneinander stehenden Zylindern fast zierlich gebaut. Die Kolben wirkten gegenläufig nach unten auf einen waagerechten Schwinghebel, der die Arbeitsleistung über einen Kurbeltrieb auf die Schwungradwelle übertrug. Die im Pumpenzylinder komprimierte Ansaugluft wurde in einem „Aufnehmer“ zwischengelagert und, mit Gas oder Benzin vermischt, in den Brennraum des Arbeitszylinders geleitet, wenn der Kolben seinen oberen Totpunkt erreicht hatte. Das Gemisch entzündete sich an einer durch Drahtgaze zum Ansaugtrakt abgedeckten, ständig brennenden Flamme. Der Brayton-Motor bewies die leistungsfördernde Wirkung der Verdichtung, arbeitete sparsamer als der Lenoir-Motor und sehr leise. Die auf zwei einfach wirkende Zylinder verteilte Arbeitsweise hatte den Vorteil, dass das Ansaugen und Verdichten im Pumpenzylinder gleichzeitig mit dem Verbrennen und Ausschieben im Arbeitszylinder stattfanden. So ergab sich bei jeder Umdrehung der Kurbelwelle eine Arbeitswirkung. Der komplizierte Aufbau der Maschine brachte allerdings Reibungsverluste mit sich und erforderte die Zwischenlagerung der Verbrennungsgase.

Für Deutz kam ein Nachbau des Brayton-Motors aus patentrechtlichen Gründen ohnehin nicht in Frage. Sowohl Ottos frühe Erfahrungen als auch Langens Forderung nach billiger Herstellung sprachen dafür, bei der neuen Maschine für den gesamten Arbeitsablauf nur einen einfach wirkenden Zylinder vorzusehen. Die im Brayton-Motor in den separaten Zylindern gleichzeitig durchgeführten je zwei Arbeitsvorgänge konnten dann nur nacheinander im gleichen Zylinder stattfinden – wie auch bei Ottos ersten Versuchen, die er später als „Ausgangspunkt für einen Viertaktgasmotor“ bezeichnet hatte. Dabei musste in Kauf genommen werden, dass lediglich auf jede zweite Umdrehung eine Arbeitswirkung entfiel. Am atmosphärischen Motor hatte sich aber bereits gezeigt, dass die langsame Folge der Zündungen durch ein entsprechend dimensioniertes Schwungrad kompensiert werden konnte. Das bestätigte sich schon bei den ersten Probeläufen im Mai 1876: Der Motor lief ruhig und gleichmäßig mit der angestrebten Leistung von etwa 3 PS.

Abb. 15: Deutzer Exemplar des Brayton-Motors: a Arbeitszylinder, b Pumpenzylinder, e Schwinghebel, f Pleuelstange, p Steuerwelle, q Brennstoffpumpe (aus Sass)

Der Verzicht auf die Doppeltwirkung betraf auch die – bei Lenoir zweimal vorhandene – Gassteuerung und Zündung.[28] Es war nur ein Gehäuse für die Schieber erforderlich, die das Gemisch von Gas und Luft und die Zündflamme in den Zylinder leiteten. Um die vier Arbeitsvorgänge auf zwei Umdrehungen der Kurbelwelle zu verteilen, musste lediglich die Drehzahl der Steuerwelle, mit der die Schieber betätigt wurden, halbiert werden. Während aber die übrigen Elemente des Motors der konventionellen Konstruktionspraxis entsprachen, sah Otto die eigentliche Neuerung in den Vorgängen der Mischung von Gas und Luft beim Eintritt in den Zylinder und im Verbrennungsablauf. Die Anpassung seiner – an Stelle von Lenoirs elektrischer Zündung – vom atmosphärischen Motor übernommenen Gasflammen-Zündung an das verdichtete Gas-Luft-Gemisch und die Gassteuerung behandelte Otto als sein persönliches Geheimnis. Seine Scheu vor einer zu starken „Explosion" des verdichteten Gemischs war keineswegs geschwunden. Um sie zu vermeiden, versuchte er durch die Gestaltung der mit Kanälen versehenen Schieber für die Gassteuerung und die Flammenzündung eine Dosierung des „Explosionsgemenges" in Form einer „Schichtladung" zu erreichen, die einen zeitlich verzögerten Verbrennungsablauf bewirkte. Er berief sich dabei auf ein „Schornsteinrauch-Erlebnis". Daimler dagegen notierte, nachdem Otto das Funktionieren der Maschine auf diese Erfindung zurückführte, in seinem Tagebuch von 1876/77 die Worte „Nicht aber Idee, gute Ausführung ist Hauptmoment".[29] Diese Einschätzung be-

ruhte auf der Tatsache, dass die Maschine durchweg aus konventionellen Teilen bestand, also keine technischen Neuerungen enthielt.
Die anschließende Weiterentwicklung des Motors zur Produktionsreife fand in Daimlers technischer Abteilung statt. Unter anderem wurde die „Tauchkolben"-Bauweise mit frei schwingendem Pleuel durch eine Kolbenstange mit Gleitbahn und Kreuzkopf ersetzt. Am 6. Juli 1876 war festgelegt worden, dass zunächst vier Ausführungen „gleich den früheren ¼, ½, 1 & 2 Pferd Maschinen" gebaut werden und dann mit einer stärkeren Version auch die atmosphärische „3 Pferd Maschine" ersetzt werden sollte. Laut Protokoll einer Direktionssitzung vom 6. September 1876 wurden „von den Kurbelmaschinen" inzwischen „4 Stück" mit einem Zylinderdurchmesser von 230 mm und je 20 Exemplare mit 170, 140 und 115 mm „in Arbeit genommen".[30] Eine bei den größeren Maschinen auftretende Klemmneigung der heiß werdenden Einlass- und Zündschieber wurde durch veränderte Metall-Legierungen und zusätzliche Schmierung behoben; 1878 meldete Daimler die Konstruktion und Erprobung auch von 4 PS- und 8 PS-Versionen als „vollkommen und vollendet".

Bild 18. Ottos erster Viertaktmotor (1876)

a Steuerwelle; *b* Stirnkurbel; *c* Antriebstange des Zündschiebers; *d* Gaseintritt; *e* Feder des Rückschlagventils in der Gaszuleitung; *f*,*g* Gaszuleitung zum Zündschieber; *h* Auspuffventil; *i* Ventilhebel; *k* Zugfeder; *l* Auspuffleitung, *m* Kühlwasseraustritt; *n* Stutzen für Schmiergefäß

Der Motor leistete 3 PS bei 180 U/min

Das Datum der ersten Inbetriebsetzung ist nicht genau bekannt; es ist wahrscheinlich auf Ende Februar bis Anfang März 1876 zu verlegen. Zeichnungen sind nicht mehr vorhanden. Der Motor steht heute im Werkmuseum der Klöckner-Humboldt-Deutz AG

Abb. 16: Ottos Versuchsmotor: „Tauchkolben" mit Gabelpleuel, vorn die mit halber Drehzahl laufende Steuerwelle (aus Sass)

Damit stand ein attraktives Programm zuverlässiger Antriebsmaschinen zur Verfügung. In der Stückzahl der ausgelieferten Motoren kam es zwar nach dem Auslaufen des atmosphärischen Motors zu einem Rückgang, der aber wertmäßig durch den höheren Preis der stärkeren Ausführungen bei weitem ausgeglichen wurde. Für die Motoren der nächsten Jahre werden von Sass Leistungswerte bis zu 50 PS genannt.

Eine in Stück und PS pro Jahr geführte Statistik nennt nach steilem Anstieg der Produktion für 1888/89 eine Jahresstückzahl von 750 Motoren mit einer Gesamtleistung von 5000 PS.

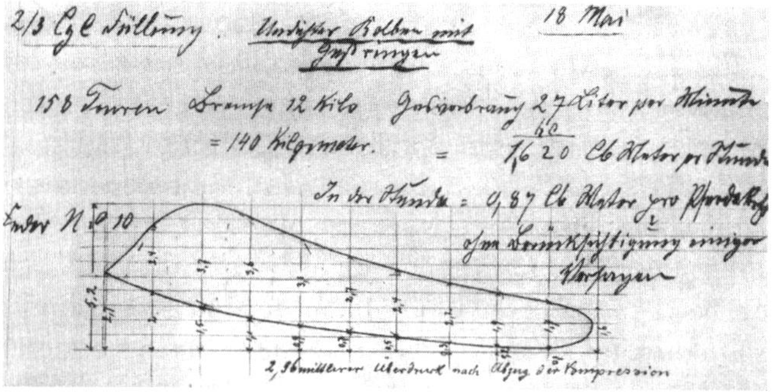

Abb. 17: „Undichter Kolben, 158 Touren": Maybach beschriftete das Diagramm vom 18. Mai 1876 (aus Sass)

1.10 Schichtladung und Viertaktverfahren

Die Entstehung des nach Otto benannten Deutzer Gasmotors wurde über das ganze zwanzigste Jahrhundert hinweg unterschiedlich dargestellt. Besonderes Gewicht muss auch in dieser Hinsicht dem ersten Teil des Werkes zur Motorengeschichte im Zeitraum von 1860 bis 1918 von Friedrich Sass zugemessen werden. Sass hatte laut Vorwort vom Oktober 1961 im Auftrag der 1951 gebildeten „Arbeitsgemeinschaft für die Geschichte des deutschen Verbrennungsmotorenbaues" die „Archive aller heute bestehenden deutschen Firmen, soweit sie einen Beitrag zur Entwicklung des Verbrennungsmotors geliefert haben, sorgfältig durchkämmt" und „Abschriften aller wichtigen Schriftstücke und Kopien genommen, die etwas über die Entwicklung aussagen". Im Archiv der Klöckner-Humboldt-Deutz AG hatte Sass Material erschlossen, das bis dahin noch nicht bekannt war – darunter Protokolle der Direktionssitzungen und Briefe von Otto und Langen. Sass ging es auch darum, die Thesen von der Daimler-Benz AG nahestehenden Historikern zu widerlegen, die Daimler die Erfindung oder zumindest Miterfindung des Viertaktmotors zuschreiben wollten.

Mit großem Nachdruck vertritt Sass im ersten Teil seines Werkes, „Ottomotoren", die These der Erfindung des Viertaktmotors durch Otto im Jahr 1876. Im Kapitel IV „Otto erfindet den Viertaktmotor (1876)" zitiert Sass unter der Abschnittsüberschrift „Die Erfindung" Ottos 1889, zum 25. Jubiläum des Unternehmens, verfasste Beschreibung seines „Schornsteinrauch-Erlebnisses": „Es war nun die

Frage zu lösen, wie kann man solche Gemenge von 1:11 bis 1:13 prompt und sicher zünden? Diese Frage beschäftigte mich sehr oft und eines Tages Anfang 1876 wieder eine Lösung suchend, beobachtete ich den Rauch, der einem Fabrikschornstein entstieg. Zuerst denselben anschauend, wie es hundertmal früher geschah und es wohl viele Tausende vor mir taten, brachte ich diesen Rauch mit einem Explosionsgemenge in Verbindung, und zunächst sagte ich mir: wenn das ein Explosionsgemenge wäre, wie würde dieses aufflammen, wie würde sich die Flamme bis in die weiteste Form fortpflanzen? Mit diesem Gedanken war mir die Erfindung gegeben."[31]

Im Anschluss an dieses Zitat führt Sass aus: „'Die Erfindung' – damit meint Otto nicht etwa den Viertakt, den wir als seine große Erfindung ansehen. Ein Zusammenhang zwischen dem Schornsteinrauch und dem Viertakt ist ja nicht denkbar. Für Otto bestand die Erfindung darin, dass er das Prinzip einer Mischung von Gas und Luft gefunden zu haben glaubte, welches den doppelten Vorteil bot, dass die Zündung gesichert ist, aber keine heftigen Explosionsstöße bis zum Kolben gelangen können." Sass beschreibt Ottos Vorstellung vom geschichteten Gasgemenge noch einmal mit eigenen Worten: „An der Zündstelle, unmittelbar am Zylinderdeckel, muß ein reiches Gemisch liegen, das leicht und sicher zu entzünden ist. Gegen den Kolben hin muß die Gaskonzentration abnehmen und am Kolbenboden der Gasgehalt am kleinsten sein. Dann ist die Zündung gesichert und der Explosionsstoß auf den Kolben vermieden."

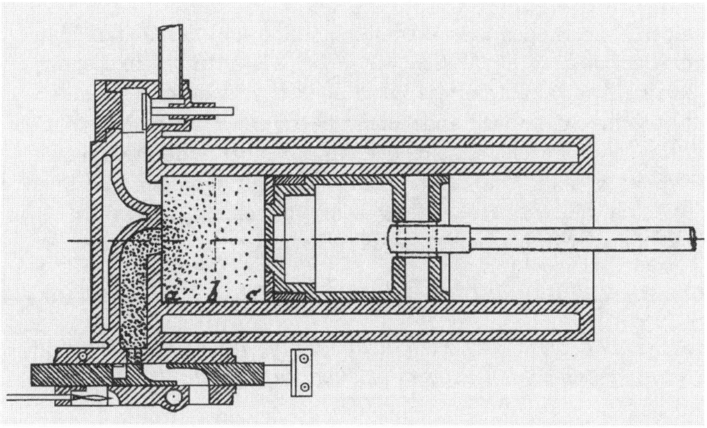

Abb. 18: Erst Luft, dann zunehmend Gas: Ottos Darstellung der Schichtung nach Anspruch 1 des DRP Nr. 532 (Zeichnung aus der Patentschrift)

Zu dieser – sinngemäß der 1876 eingereichten Patentschrift entsprechenden – Darstellung des Verbrennungsvorganges schreibt Sass weiter: „Wir wissen, dass Otto

sich geirrt hat. Die Gasmaschine braucht nicht nur die schichtenförmige Gemischbildung nicht, sondern Luft und Gas sollen möglichst gleichmäßig gemischt sein; das ergibt die beste Ausnutzung des Brennstoffs. ... Sein Irrtum hat ihn durch sein ganzes Leben begleitet und ist ihm schließlich zum Verhängnis geworden. Als andere Firmen mit ihren Zweitaktmotoren der Gasmotoren-Fabrik Deutz Konkurrenz machten, griff er sie an, weil er überzeugt war, dass auch der Zweitaktmotor die Schichtenbildung nicht entbehren könne. Die Firmen setzten sich zur Wehr und brachten das DRP 532 zu Fall, das 1886 vom Reichsgericht für nichtig erklärt wurde. Die Erregung hierüber und die unglückliche Fassung des Reichsgerichtsurteils haben zu seinem frühen Tod beigetragen.“[32]
Sass bringt also, entgegen der in Ottos eigener Darstellung als „Ausgangspunkt“ genannten Jahreszahl 1861 und den protokollierten Angaben von Zons zum Vierzylinder von 1862, Ottos auf „eines Tages Anfang 1876“ datiertes „Schornsteinrauch-Erlebnis“ in Verbindung mit einer „Erfindung des Viertaktverfahrens“. Er bescheinigt Otto, lebenslang einem Irrtum darüber erlegen zu sein, was er – während das Konzept des Motors bereits feststand und die Arbeiten schon fortgeschritten waren – erfunden habe: „Für uns gilt Otto als Erfinder des Viertaktmotors. Wann ihm der Gedanke an den Viertakt gekommen ist, wissen wir nicht. Als er mit dem Lenoir-Motor experimentierte, der im Zweitakt arbeitete, wird er sich schwerlich Gedanken über Zweitakt und Viertakt gemacht haben; andernfalls hätte er wohl das Viertaktverfahren als seine Erfindung zum Patent angemeldet.“

> Für uns gilt OTTO als der Erfinder des Viertaktmotors. Wann ihm der Gedanke an den Viertakt zum erstenmal gekommen ist, wissen wir nicht. Als er mit dem Lenoir-Motor experimentierte, der im Zweitakt arbeitete, wird er sich schwerlich Gedanken über Zweitakt und Viertakt gemacht haben; andernfalls hätte er wohl das Viertaktverfahren als seine Erfindung zum Patent angemeldet. Immer aber scheint ihm das Verfahren Nebensache gewesen zu sein. Und als er sich schließlich nach zehnjähriger Unsicherheit von seinen Zweifeln befreit hatte, hat er — wie es scheint, instinktiv — oder besser: mit dem glücklichen Griff des Genies — das Viertaktverfahren für seinen Motor gewählt.

Abb. 19: Verfahren Nebensache: Die Erfindung des Viertaktmotors in der Interpretation von Friedrich Sass in der „Geschichte des deutschen Verbrennungsmotorenbaues“ (Faksimile)

Hintergrund dieser Umwertung, mit der Sass auch die Einstufung des Lenoir-Motors als Zweitaktmotor verbindet, ist der Versuch der Gasmotoren-Fabrik Deutz, während der Prozesse um das Patent Nr. 532 den Schwerpunkt der Argumentation von der nicht nachweisbaren Schichtladung auf das direktwirkende Arbeitsverfahren zu verlegen. Seitdem wird über den von Otto verwendeten Arbeitsablauf diskutiert, der die Bezeichnung Viertaktverfahren erst in der Zeit nach der Aufhebung der zugehörigen Patentansprüche erhielt. Das Deutsche Reichspatent

Nr. 532 war am 5. August 1877 erteilt worden. Die niedrige Nummer 532 des als „Otto-Patent" bekannt gewordenen Schutzrechts erklärt sich aus den Veränderungen im 1871 gegründeten Deutschen Reich, dessen einheitliches Patentgesetz am 25. Mai 1877 rechtskräftig geworden. Die Gasmotoren-Fabrik Deutz hatte ihren Patentantrag vorsorglich schon am 5. Juni 1876 im „freien Reichsland" Elsaß-Lothringen eingereicht, so dass es bereits vorlag, als das neue Kaiserliche Patentamt seine Arbeit aufnahm. In der Patentbeschreibung und den Ansprüchen steht nicht der auf zwei Kurbelwellen-Umdrehungen verteilte Arbeitsablauf, sondern die Schichtenbildung im Vordergrund.[33]

Sass stellt unter „Otto erfindet den Viertaktmotor (1876)" nicht nur fest: „Wir wissen, dass Otto sich geirrt hat." Er bemüht sich auch, jede Beteiligung Daimlers an der Entstehung des Motors auszuschließen und unterscheidet dabei nicht zwischen dem angeblich von Otto 1876 erfundenen, tatsächlich aber längst bekannten Arbeitsablauf und der Konzeption und dem Bau des Versuchsmotors Ende 1875 und Anfang 1876. Aufgrund in Deutz aufbewahrter Akten und Protokolle berichtet Sass, der Ingenieur Franz Rings habe die Werkzeichnungen innerhalb von zwei Monaten „hinter verschlossenen Türen" angefertigt, wobei sich Otto „gegen Daimler eisern abschloss." Sass formuliert weiter: „Die beiden großen Gegner vermieden jede Begegnung, und es ist undenkbar, dass Otto über seine Erfindung mit Daimler gesprochen hat, bevor sie verwirklicht war."[34] Dies gilt für die Schichtladung, die Otto nach eigenem Bekunden als seine Erfindung betrachtete, nicht aber für das von der Direktion beschlossene Konzept der Verbindung von Direktwirkung und Verdichtung.

Abb. 20: Überarbeitete Konstruktion mit Kreuzkopf-Kurbeltrieb: „Ottos Neuer Motor", Produktionsausführung ca. 1877 (aus Sass)

Während der Versuchsarbeiten hatte Daimler keine Veranlassung, in die von Franz Rings angefertigten Werkzeichnungen Einblick zu nehmen, deren Gestaltung sich Otto vorbehalten hatte. Das galt besonders für die Details von Gassteuerung und Zündung. Kleine Versuchsteile konnten mit den im Labor vorhandenen Werkzeugmaschinen hergestellt werden. Für den Bau der tonnenschweren Versuchsmaschine mussten aber auch umfangreichere Arbeiten anfallen: Guss des Zylinders und des schweren Standgehäuses, Schmieden und Schleifen von Kolben, Wellen und Schwungrad, Fräsen von Zahnrädern. Ohne Beteiligung von Daimlers technischer Abteilung wäre dies nicht zu bewältigen gewesen. Maybach als leitender Konstrukteur hat erwiesenermaßen auch bei Untersuchungen und Messungen mitgewirkt, die – wie die Kontrolle von Leistung und Gasverbrauch – Erfahrung und Fachkenntnisse erforderten. Das Indikatordiagramm vom 18. Mai 1876 mit der Drehzahlangabe von 158 „Touren", das später als „Geburtsurkunde des Otto-Motors" galt, wurde von Maybach aufgenommen und unterzeichnet. Auch das spricht eher für reibungsloses Zusammenwirken als für eine Konfrontation der „beiden großen Gegner", die mit Eugen Langen im Direktorium ein Triumvirat bildeten.

Auf geplante Arbeitsteilung lassen auch Versuche mit einem – vielleicht vom Brayton-Motor inspirierten – zusätzlichen Pumpenzylinder schließen, mit denen Otto noch 1876 begonnen hat, also während der von Daimler geleiteten Weiterentwicklung und Produktionsvorbereitung der neuen Maschine. Otto war sich offenbar nicht sicher, schon die richtige Lösung gefunden zu haben, und nutzte sein Labor für neue Experimente. Sass stellt dazu fest: „Die Versuche befriedigten Otto nicht, und er brach sie ab." Der Abbruch war nicht endgültig, denn die Deutz AG hat für eine entsprechende Maschine ein Patent erhalten: das DRP Nr. 14254 vom 31. Dezember 1879. Die Wiederaufnahme erklärt Sass mit dem Umstand, ein „ungetreuer Angestellter" habe die Ergebnisse der Versuche an die Firma Gebrüder Lossen in Darmstadt verraten, die ein Patent auf das Verfahren anmeldete. Sass nennt den Namen des Angestellten nicht, der „für seinen Verrat einige Monate Gefängnis erhielt". Nur ein ausgebildeter Ingenieur, der mit Ottos Versuchen vertraut war, konnte Lossen die bis zur Patentfähigkeit führenden Hinweise geben. Nach einer Einigung zwischen Deutz und Lossen sei das DRP Nr. 14254 schließlich der Gasmotoren-Fabrik Deutz zugesprochen worden.

Sass beschäftigt sich mit diesem Patent auch wegen der Möglichkeit, Ottos Beharren auf der Schichtenbildung könne vielleicht nur ein Vorwand gewesen sein: Es handle sich um eine „eigentümliche Patentschrift, deren Text kaum mit dem Wortlaut des DRP Nr. 532 in Übereinstimmung zu bringen ist", denn „von einer Schichtenbildung" könne „nicht mehr die Rede sein". Laut Patentbeschreibung sollte durch die „Luftpumpe, welche letztere Gas mit Luft ansaugt", beim „Rückgang" ein „inniges Gemenge" verdichtet und dann im Arbeitszylinder mit „von der vorherigen Arbeitsperiode verbleibenden Rückständen oder Luft gleichmäßig gemischt" werden. Man könne, so Sass, „aus dieser seltsamen Patentschrift nicht

erkennen, ob Otto damals schon die Einsicht gehabt hat, dass seine Theorie der Schichtenbildung falsch ist".[35] Eine solche Einsicht von Otto ist jedoch weder für 1876 noch für die späteren Jahre dokumentiert. Auch steht Ottos Aussage von 1889, der Gedanke einer sich „bis in die weiteste Form fortpflanzenden" Flamme sei ihm durch das „Schornsteinrauch-Erlebnis" gegeben worden, zum DRP Nr. 14254 nicht in direktem Widerspruch.
Sass nennt im weiteren Verlauf auch Gründe für die Vermutung, Beschreibung und Ansprüche dieses Patents seien absichtlich unklar formuliert worden. Im Zusammenhang mit den Prozessen um das Patent Nr. 532 gibt er Aufschluss über einen denkbaren Zweck: Deutz wollte auch für Motoren mit Verdichtungspumpe – „Zweitaktmotoren" – mit dem Argument der „langsamen" Verbrennung Patentschutz beanspruchen. Im Jahr 1883, so berichtet Sass aufgrund von Deutzer Unterlagen, „versandten die Rechtsanwälte Kyll und Burgers in Köln im Auftrag der Deutzer eine Aufforderung an die Kunden der Gebrüder Körting, die Benutzung ihrer von Körting gekauften Zweitaktmotoren einzustellen. Wiederholt erboten sich die Gebrüder Körting, Lizenzen für die Motoren an Deutz zu zahlen, jedoch Eugen Langen lehnte das Angebot ab. Damit wurde es klar, dass man in Deutz beabsichtigte, alle Firmen, welche Zweitaktmaschinen bauten, anzugreifen." Damit „hatte die Gasmotoren-Fabrik Deutz es in der Hand, jedermann den Bau von Verbrennungsmotoren zu verbieten". An solchen Maßnahmen hat Otto federführend mitgewirkt – etwa mit der von ihm unterzeichneten Aufforderung an die Hannoversche Maschinenbau AG vom 10. Dezember 1880, ihre Gaskraftmaschinen, die angeblich „den Anspruch 1 unseres Patentes Nr. 532" verletzten, „unverzüglich zurückzuziehen, da wir uns andrenfalls genötigt sehen würden, zur Wahrung unserer Rechte die Angelegenheit der Staatsanwaltschaft zu übergeben".[36] Sass folgert daraus, man „könne es den Firmen nicht verdenken, wenn sie gemeinsam nach Material suchten, um das DRP 532 zu Fall zu bringen".
Hier zeigt sich die Bedeutung scheinbar nebensächlicher Formulierungen im Patentrecht. Im Jahr 1882 hatten die Gegner der Deutz AG bei der Nichtigkeitsabteilung des Kaiserlichen Patentamts eine Änderung von Anspruch 1 des DRP Nr. 532 erreicht, der die Schichtenbildung betraf.[37] Das Reichsgericht fügte 1884 in diesen Text nach dem Wort „Luftart" noch die Worte „in einer der Beschreibung der Patentschrift entsprechenden Weise" ein. Die Rechte der Gasmotoren-Fabrik Deutz blieben jedoch bestehen. 1884 erklärte das Patentamt dann auf Klage der Firmen Buss und Körting auch den Anspruch 4, der die Beschreibung des Viertaktverfahrens enthielt, für nichtig.
Nachdem beide Parteien Berufung eingelegt hatten, hob das Leipziger Reichsgericht mit seiner historisch gewordenen Entscheidung von 1886 die Ansprüche 1-4 des Deutschen Reichspatents Nr. 532 der Gasmotoren-Fabrik Deutz auf. Entscheidend für die Aufhebung der Ansprüche 1-3 war ein Gutachten des Professors Schöttler von der Technischen Hochschule Braunschweig, den das Gericht als Sachverständigen bestellt hatte. Laut Sass kam Schöttler „zu dem Ergebnis, dass

eine schichtenförmige Lagerung des Gemisches, wie das Patent sie beschreibe, im Motor nicht vorhanden sei“.[38] Der nun endgültig aufgehobene Anspruch 4 lautete: „Die Wirkungsweise des Kolbens im Cylinder eines Gasmotors mit Kurbelbewegung so einzurichten, dass bei zwei Umdrehungen der Kurbelwelle auf e i n e r Seite des Kolbens die nachstehenden Wirkungen erfolgen:

a. Ansaugen der Gasarten in den Cylinder;
b. Compression derselben;
c. Verbrennung und Arbeit derselben;
d. Austritt derselben aus dem Zylinder.“

Nach Auffassung des Gerichts konnte, wenn man die vier Ansprüche aufrechterhalten würde, Rechtsunsicherheit die Folge sein. Die Urteilsbegründung umschrieb dies mit den Worten: „Unter dem Scheine des Rechts wird Unrecht geübt; Verschleierungen und Verdunkelungen treten an die Stelle nachgewiesener Vorgänge.“[39] Auf diesen Satz bezieht sich der Hinweis von Sass, Ottos Erregung über die „unglückliche Fassung des Reichsgerichtsurteils“ habe zu seinem frühen Tod beigetragen. Nicht betroffen vom Leipziger Urteil war der Anspruch 5, der die „Ausführungsform“ des Motors mit Ottos Gas- und Zündsteuerung beschrieb, allerdings durch andere Ausführungsformen zu umgehen war. Das Reichsgericht hat also nicht das gesamte Patent Nr. 532 aufgehoben. Spätere Versuche, zu den Ansprüchen 1-3 durch Anbohren des Zylinders an verschiedenen Stellen und Entnahme von Gasproben „Aufschlüsse über den Verlauf der Verbrennung und damit der die Verbrennung bestimmenden Mischung zu erlangen“, verliefen laut Sass ergebnislos.
Den Entscheidungen des Patentamts und des Reichsgerichts waren ausführliche Recherchen vorausgegangen. Die Gegenkläger Buss, Sombart & Co. und Gebrüder Körting, die ebenfalls betroffene Hannoversche Maschinenbau AG (Hanomag) und die Ingenieure Georg Lieckfeld und Ferdinand Kindermann hatten eine Schrift des französischen Eisenbahningenieurs Alphonse Beau de Rochas vorgelegt, eines persönlichen Bekannten von Lenoir, der 1862 für eine möglichst hohe Verdichtung der Verbrennungsgase vor der Zündung plädiert hatte. Mit der Verdichtung, so de Rochas, ergäbe sich „naturellement“ bei Durchführung der „opérations“ auf einer Seite des Zylinders „dans une période de quatre courses“ diese Reihenfolge: 1. “aspiration pendant une course entiére du piston“, 2. „compression pendant la course suivante“, 3. „inflammation au pointe mort et détente pendant la trosiéme course“ und 4. „refoulement de gaz brulés hors du cylindre au quatriéme et dernier retour“.[40] De Rochas folgerte: Würde man das gleiche auch auf der anderen Seite eines doppeltwirkenden Zylinders durchführen, erhalte man eine Maschine mit „Halbwirkung“, also der Hälfte der Kraftimpulse einer doppeltwirkenden Dampfmaschine.

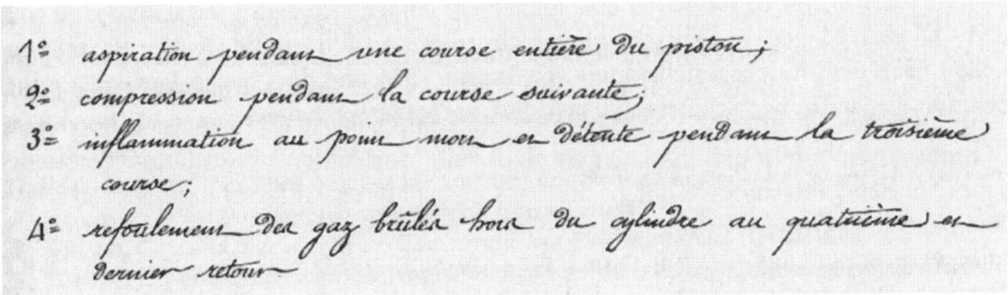
1° aspiration pendant une course entière du piston;
2° compression pendant la course suivante;
3° inflammation au point mort et détente pendant la troisième course;
4° refoulement des gaz brûlés hors du cylindre au quatrième et dernier retour.

Abb. 21: Operationen 1-4: Handschrift von Beau de Rochas (aus Hardenberg)

In der späteren Terminologie entspräche dies einem doppeltwirkenden Viertaktmotor. De Rochas ging noch weiter und nannte als Obergrenze der Verdichtung die Selbstzündung. Laut Sass scheute sich Rudolf Diesel im Hinblick auf diese Anregung, die Selbstzündung als seine Erfindung hervorzuheben – obwohl sie für ihn patentiert war. Die Schrift von de Rochas betraf kein rechtsgültiges Patent. Sass schreibt: „Da gegen die Vorveröffentlichung durch Beau de Rochas nach dem damals geltenden Patentrecht seitens Deutz nichts eingewandt werden konnte, mußte der Anspruch 4 fallen." Im Vorfeld der Entscheidungen des Patentamts und des Reichsgerichts kam auch Ottos Vierzylinder-Versuchsmotor von 1861/62 zur Sprache, als die Gasmotoren-Fabrik Deutz 1885 die protokollierte Darstellung von Ottos früherem Geschäftspartner Michael Joseph Zons vorlegte. Die abschließende Bestätigung von Zons: „Es erfolgten somit bei jeder Kurbelumdrehung zwei Arbeitswirkungen" entspricht in der Terminologie von de Rochas der „Vollwirkung" einer doppeltwirkenden Dampfmaschine.
Während bei de Rochas alle vier „opérations" im Arbeitszylinder stattfinden sollten, beschreibt ein ebenfalls von Körting vorgelegter Aufsatz zur „Theorie der Lenoir'schen Gasmaschine", den der Ingenieur Gustav Schmidt 1861 in der Zeitschrift des Vereins deutscher Ingenieure veröffentlicht hatte, die Alternative der Verdichtung in einer separaten Pumpe: „Viel günstiger würden sich aber die Resultate stellen, wenn man eigene Compressionspumpen durch die Maschine betreiben ließe, welche die kalte Luft und das kalte Gas vor dem Eintritte in die Maschine auf 3 Atmosphären comprimieren, wodurch eine weit stärkere Expansion und Ausnutzung der Verbrennungswärme möglich gemacht würde."[41] Damit war bewiesen, dass schon in der Zeit von Ottos ersten Versuchen 1861/62 beide Möglichkeiten diskutiert worden sind. Die Hersteller der Motoren mit zusätzlichen Pumpen-Zylindern konnten nach dem Reichsgerichtsurteil auf die aufwendige Technik verzichten, ohne weitere Sanktionen der Deutz AG befürchten zu müssen. Der hannoversche Prozessgegner Ernst Körting stellte seinen Körting-Lieckfeld-Motor durch einfaches Weglassen der Verdichtungspumpe auf Viertakt um.

Der Brayton-Motor als frühe Anwendung einer „Compressionspumpe“ kam in den Prozessen nicht vor und blieb in Deutschland fast unbekannt. Er wird in der Technikgeschichte meist als Zweitakter eingestuft und könnte nach der heutigen DIN-Definition als Ottomotor gelten. Umso erstaunlicher ist es, dass Sass ihn unter „Ottomotoren“ nicht erwähnt – auch nicht sein Vorhandensein in Ottos Versuchslabor. In den zahlreichen Zitaten, die Sass aus späteren Aufzeichnungen von Maybach anführt, fehlt die Erinnerung an den „amerikanischen Braytonschen Kompressionsverbrennungsmotor, mit dem Herr Otto sich eingehend befaßte“. Der Name Brayton erscheint im ersten Teil lediglich auf Seite 41 im Hinblick auf Maybachs Beschreibung seiner frühesten Versuche mit Benzin: „Eines Tages hielt ich einfach ein mit Benzin getränktes Stück Putzwolle vor die Luftsaugeöffnung eines in Gang befindlichen Gasmotors unter Abschluß des Gashahns, und der Benzinmotor war fertig.“ Dazu schreibt Sass: „So wurde die von Maybach umgebaute atmosphärische Maschine der erste Benzinmotor, der in Deutschland gelaufen ist. Im Ausland hat man das schon früher versucht; so soll Lenoir sich 1862 bemüht haben, seinen Motor für Benzinbetrieb einzurichten. Von dem Wiener Fabrikanten Julius Hock wird berichtet, dass er 1873 einen Benzinmotor auf den Markt gebracht habe; dasselbe soll um die gleiche Zeit dem Amerikaner Brayton gelungen sein. Einen dauernden Erfolg hatte keiner der Genannten.“[42]

Diese leicht abwertende und beiläufige Erwähnung Braytons unter „Ottomotoren“ steht in bemerkenswertem Gegensatz zur detaillierten, anhand von Aufriss- und Grundrissdarstellungen erläuterten Beschreibung des Brayton-Motors durch Sass im zweiten Teil seines Werkes, „Dieselmotoren“. Schon im Vorwort weist Sass darauf hin, dass Rudolf Diesel Brayton aufgrund der Kraftstoff-Einspritzung zu seinen „wichtigsten Antecedentien“ gezählt habe. Unter der Überschrift „Hatte Diesel Vorläufer?“ geht Sass auf Braytons Verfahren ein.[43] Seine Deutung „Zum erstenmal in der Geschichte des Verbrennungsmotorenbaues wird hier Pressluft zum Einspritzen und Zerstäuben des flüssigen Brennstoffs benutzt“ stimmt allerdings mit seiner Darstellung des Vorganges nicht genau überein, denn danach wird zunächst, wenn der Arbeitskolben seinen oberen Totpunkt erreicht hat, nicht durch Pressluft, sondern durch die „vom Ende der Steuerwelle angetriebene Brennstoffpumpe“ eine „abgemessene Menge Benzin“ in eine Filzschicht gedrückt. Sass bezeichnet es als „wahrscheinlich, dass Diesel die Anregung, den Brennstoff durch Druckluft in den Zylinder einzuführen, durch das Studium des Brayton-Motors erhalten hat“, spricht aber nicht von Ottos „eingehender“ Beschäftigung mit diesem Motor, der für Deutz eine ernsthafte Konkurrenz darstellte. Das von Sass auf Seite 414 seines Werkes verwendete Foto zeigt, wie im Bildtext bestätigt, das im Werksmuseum der damaligen Klöckner-Humboldt-Deutz AG aufbewahrte, 1875 aus Amerika importierte Exemplar.

Die Entscheidung des Leipziger Reichsgerichts von 1886 wurde in der Fachwelt unterschiedlich aufgenommen. Wer der Seite der Kläger zuneigte, konnte sie nur begrüßen. Die Gasmotoren-Fabrik Deutz musste sich damit abfinden, dass die

Schichtladung als nicht nachweisbar abgelehnt worden war, beanspruchte aber nach wie vor eine Priorität für den Arbeitsablauf, der als Viertaktverfahren in die Terminologie einging. Dabei spielten auch nationale Gesichtspunkte eine Rolle: Da de Rochas lediglich auf dem Papier beschrieben hatte, wie die vier „Operationen" im Arbeitszylinder stattfinden können, wurde die Erfindung des Viertaktmotors schon vor Sass in Deutschland Otto zugeschrieben.

Um eine Vielzahl von Ausdrücken wie Explosionsmotor, Vergasermotor, Zündermotor oder Benzinmotor durch einen einheitlichen Terminus zu ersetzen, schlug der Verein Deutscher Ingenieure (VDI) 1936 die Bezeichnung „Ottomotor" für Verbrennungsmotoren mit Verdichtung und „besonderer Zündvorrichtung" vor – ohne aber zwischen Vier- und Zweitakt zu unterscheiden, denn beide Möglichkeiten werden auch für Dieselmotoren genutzt. Im ersten Nachkriegjahr, 1946, wurde diese Auslegung durch ein neues Blatt des „Deutschen Instituts für Normung" (DIN) mit der Nummer 1940 bekräftigt, das den Ottomotor als Verbrennungsmotor definierte, „bei dem der Verbrennungsvorgang durch zeitlich gesteuerte Fremdzündung eingeleitet wird". 1958 kam statt „Verbrennungsvorgang" die exaktere Formulierung „Verbrennung des verdichteten Kraftstoff-Luftgemisches", an der im Rahmen der „Arbeitsgemeinschaft für die Geschichte des deutschen Verbrennungsmotorenbaues" auch Sass mitwirkte. Keines der Kriterien hat Otto erfunden, sein Name lebt im Terminus Ottomotor sozusagen honoris causa weiter – anders als beim selbstzündenden Pendant. Beim Dieselmotor besteht kein Zweifel daran, dass Name, Verbrennungsverfahren und Kraftstoffart zusammengehören.

1.11 Die Frage der Namensgebung

Das Verhältnis zwischen Daimler und Otto wurde während der Entwicklung des neuen Motors durch Meinungsverschiedenheiten über die Patentanmeldung und die Namensgebung weiter belastet. Friedrich Sass berichtet über diese Zeit unter der Überschrift „Vorübergehende Entfremdung zwischen Otto und Langen". Otto hatte während der Versuchsarbeiten die Absicht geäußert, die Patente für den neuen Motor auf seinen Namen anzumelden. Vertraglich stand ihm dieses Recht nicht zu. Langen hatte ihn daraufhin am 14. Mai 1876 in einem Brief gebeten, „nicht zu beantragen, diese Patente unter Ihrem Namen zu nehmen" und hinzugefügt: „Ihr Name soll trotzdem bekannt genug werden, dafür lassen Sie mich sorgen." Otto war, wie Sass schreibt, „schwer gekränkt", weil Daimler Patente auf seinen Namen im Ausland anmelden durfte und ihm einige Monate vorher auch eine Option auf Aktien der Firma zugestanden worden war. Dadurch fühlte sich Otto laut Sass „Daimler gegenüber in demütigender Weise zurückgesetzt". Nachdem Langen auf der Patentanmeldung in Namen der Gasmotoren-Fabrik bestanden hatte, forderte Otto die Zusage, dass der Motor nach ihm benannt würde, und eine zusätzliche Vergütung.

Ein zeitnahes und authentisches Dokument ist der von Sass in Auszügen wiedergegebene Briefwechsel zwischen Eugen Langen und Nicolaus August Otto vom Januar 1877. Als die Benennung „Ottos Neuer Motor“ zu Beginn des Jahres noch nicht feststand, verlangte Otto am 16. Januar 1877 in einem lakonisch an „Herrn Eugen Langen, Köln“ adressierten Brief nicht nur eine entsprechende Entscheidung, sondern auch eine besondere finanzielle Vergütung, und drohte mit seinem Ausscheiden: „Der neue Motor ... ist das Product langjährigen Nachdenkens und ist nicht entstanden durch irgendwelche, mit dem Gelde der Gasmotoren-Fabrik angestellte Vorversuche. Angenommen, die Gasmotoren-Fabrik sei juristisch nicht verpflichtet, mir für den Motor irgendwelche Vergütung zukommen zu lassen, moralisch hat sie jedenfalls diese Verpflichtung, und die Wege, die ich dann zu gehen habe, sind mir klar vorgezeichnet ...“
Inzwischen hatte Daimler auf seinen Vorschlag „Neuer Deutzer Motor“ verzichtet und gegen die Benennung „Ottos Neuer Motor“ keinen Einspruch erhoben. In seinem Antwortbrief vom 22. Januar 1877 erinnerte Langen Otto an die Anfangszeit, in der er selbst an der Konstruktion des atmosphärischen Motors mitgewirkt hatte, bis dieser befriedigend lief: „Haben Sie denn die zwölf Jahre nicht gelebt oder die Wechselfälle vergessen, die in diesem Zeitraum liegen? ... Ich war anfänglich nur Commanditist mit Tlr. 10000 und zu keiner Thätigkeit in dem Geschäfte verpflichtet. Wie hoch ist heute das Kapital, welches ich mit meinen Freunden aufgebracht und wie veranschlagen Sie denn die Wochen, Tage und Stunden, während welcher ich *neben* meinen übrigen *schweren* Pflichten für Sie mitgearbeitet habe?“ Langen geht dann auf die Namensgebung und das Protokoll der letzten Aufsichtsratssitzung ein, „durch dessen Fassung ich einerseits der G.M.F. das Recht wahren wollte, ihre Kinder selbst zu taufen und andrerseits der Hoffnung Ausdruck geben, dass dadurch, dass man die Maschine nach Ihnen benennt, nicht das Verhältnis zwischen den Mitgliedern der Direction gestört, sondern gefestigt werde ... Ich war gar nicht damit einverstanden, dass Herrn Daimler eine Vergütung in Form von Actienüberlassung zutheil wurde, weil ich dessen Rechtsanspruch nicht anerkennen konnte, ich fügte mich und that mit, weil ich Frieden schaffen wollte. Und weil ich nur das letztere im Auge hatte, freute ich mich darüber, dass Daimler nicht Einspruch dagegen erhob, dass die neue Maschine ‚Ottos Neuer Motor’ heißen sollte. ... Recht schmerzlich bedaure ich, dass in dem Augenblick, in welchem wir alle Ursache hätten, uns zu freuen, dieser grelle Mißton hinausschallt!“ Zu Ottos Unterscheidung juristischer und moralischer Verpflichtungen schreibt Langen: „Nach meiner Ansicht kann eine Verpflichtung immer nur eine juridische sein.“ Er schließt mit den Sätzen: „Sie deuten an, dass unsere Wege sich jetzt scheiden könnten; sollte dies geschehen in der Weise, wie es den Anschein hat, dann, Herr Otto, thut mirs leid, dass wir uns jemals im Leben begegnet sind. Kommen Sie aber nach ruhiger, reiflicher Prüfung zu einer anderen Ansicht, dann sei der Zwischenfall begraben und Sie finden in mir nicht einen neuen, aber den alten Freund. Nur keinen faulen Frieden!“ Im Gegensatz zu Ottos unhöflicher Anrede lautet die Unter-

schrift „Bis dahin Ihr ergebener Eugen Langen“. Als Otto daraufhin einlenkte und auf eine finanzielle Vergütung verzichtete, entstand im Februar 1877 die endgültige Fassung des Aufsichtsrats-Protokolls: „Nach vorheriger Beratung des Herrn Eugen Langen mit den Mitgliedern des Aufsichtsrats wurde beschlossen, die neue Kurbelmaschine unter dem Namen ‚Ottos Neuer Motor’ einzuführen.“

Dass Langen vor dieser Entscheidung das Recht der Gasmotoren-Fabrik, „ihre Kinder selbst zu taufen“, ausdrücklich hervorgehoben und auf seine Mitwirkung bei der Konstruktion des atmosphärischen Motors in der Anfangszeit hingewiesen hatte, lässt darauf schließen, dass er auch bei der neuen Maschine, die in technischer Hinsicht keine Neuerungen aufwies, die einwandfreie Ingenieursarbeit als wesentlichen Bestandteil des Erfolges betrachtete. Ottos Argument, der neue Motor sei „das Product langjährigen Nachdenkens“ und nicht durch „irgendwelche, mit dem Gelde der Gasmotoren-Fabrik angestellte Vorversuche“ entstanden, konnte Langen nur auf die Schichtenbildung beziehen, die als Anspruch 1 im Vordergrund der Patentanmeldung stand. Aus Langens Worten lässt sich nicht erkennen, ob er von Ottos Auffassung überzeugt war, doch blieb ihm nichts anderes übrig, als sich mit der Schichtladungs-Theorie zu identifizieren. Die Gasmotoren-Fabrik setzte auf den neuen Motor, sie übernahm mit der Patentanmeldung auch das Prozessrisiko. Langen stand hinter Otto, wollte sich aber nicht erpressen lassen.

Auch Daimler gegenüber verhielt sich Langen korrekt. Er musste ihm dafür dankbar sein, dass er auf seinen Benennungsvorschlag „Neuer Deutzer Motor“, mit dem die gemeinsame Leistung aller Beteiligten honoriert worden wäre, verzichtet hatte. Strategisch war die Benennung nach Otto richtig, denn der atmosphärische Motor hatte Ottos Namen schon bekannt gemacht. Die englische Bezeichnung „Otto Gas Engine“ konnte beibehalten werden, vom britischen Lizenznehmer Crossley Brothers in Manchester wurde die erheblich leisere neue Maschine auch als „Otto's Silent“ angeboten. Auf den internationalen Märkten trat „Ottos Neuer Motor“ reibungslos die Nachfolge der ersten Maschine an, so dass die Gasmotoren-Fabrik Deutz ihre führende Stellung ausbauen konnte.

Wie sein Benennungsvorschlag zeigt, hat Daimler die Bedeutung der Namensfrage nicht unterschätzt. Im Bewusstsein seines Könnens und seiner weitaus wichtigeren Stellung im Unternehmen sah er jedoch nicht die Konsequenzen voraus, die sich für seinen persönlichen Ehrgeiz aus der Verbindung der Produkte mit dem Namen Otto ergaben. Die technischen Entwicklungen, die in den nächsten Jahren zur Erweiterung des Programms und zur Qualitätsförderung betrieben wurden, gingen oft auf seine Patente zurück, betrafen aber Varianten von „Ottos neuem Motor“. Die ab 1879 gebauten Zwillingsmotoren, eine Verbindung von zwei spiegelbildlich angeordneten Einzylindermotoren mit gemeinsamer Kurbelwelle und Steuerwelle, entsprachen dem Bedürfnis nach gleichförmiger Kraftentfaltung, wie sie besonders bei der Stromerzeugung gefragt war. Sie gingen in die Geschichte ein, als beim „Kölner Dombaufest“ 1880 der endlich fertiggstellte Dom in Gegenwart von Kaiser Wilhelm I. bis zu den Turmspitzen in der blendenden Helle mächtiger Lichtbogen-Scheinwerfer erstrahlte – gespeist vom Gleichstrom eigens aufgestellter, von Deutzer Zwillingsmotoren angetriebener „Dynamos“. Auch das Berliner Schloss und die Staatsoper Unter den Linden erhielten solche Beleuchtungsanlagen. Unter den 24 000 Deutzer Gasmotoren, die bis zur Jahrhundertwende gebaut wurden, waren 1150 Zwillingsmotoren.

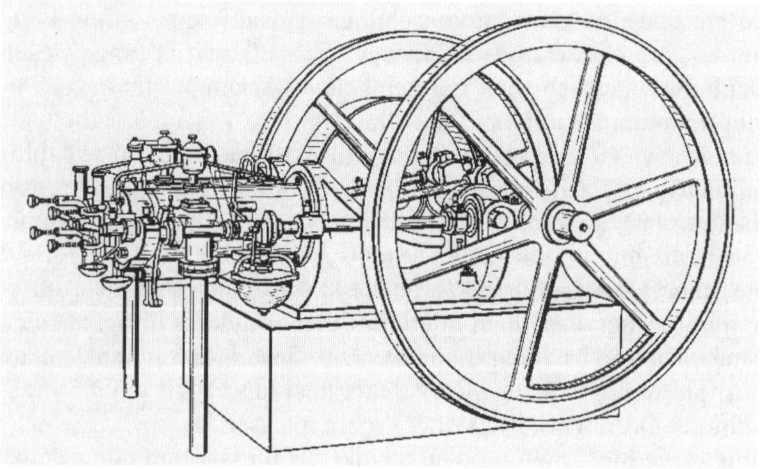

Abb. 22: Licht für das Kölner Dombaufest: Deutzer Zwillingsmotor (aus Sass)

Neue Wege ging Daimler beim „Deutzer Verbundmotor“ – konzipiert nach dem Vorbild der Verbund-Dampfmaschinen, die den Hochdruckdampf bei niedrigerer Temperatur noch einmal nutzen („Zweifachexpansion“). Nach dem im August 1879 erteilten DRP 10116 handelte es sich um „die Verbindung zweier der in der Patentschrift No. 532 dargestellten Hochdruckgasmaschinen mit gleichgehenden Arbeitskolben, aber wechselweiser Kraftwirkung auf dieselben“.[44] Das bei jeder Umdrehung abwechselnd in einem der „Hochdruck“-Zylinder entstehende Abgas wurde in einen mittig angeordneten „Niederdruck“-Zylinder geleitet, der ohne Verbrennung in „echtem“ Zweitakt arbeitete. Das englische Patent Nr. 3245 von 1879 lautete auf Daimlers Namen. Dieser frühe Versuch, durch Abgasnutzung die Leistung zu erhöhen und den Gasverbrauch zu verringern, scheiterte an den hohen Temperaturen. Die Ventile der Überleitung mussten so stark gekühlt werden, dass nicht genügend Abgasenergie übrig blieb. Die Leistung lag mit 60 PS nur um 10 PS über der des Zwillingsmotors, so dass sich der technische Aufwand nicht lohnte. Das einzige gebaute Exemplar lief mehrere Jahre hindurch in der Zuckerfabrik von Pfeifer & Langen in Elsdorf.

Dass die großen und schweren Maschinen nur wenig Leistung hervorbrachten, konnte Daimler nicht zur Last gelegt werden. Es lag an der langsamen Impulsfolge bei Drehzahlen von maximal 180 pro Minute – mehr ließ die Flammenzündung mit ihren gewichtigen Schiebern nicht zu. Verantwortlich für die Neukonstruktionen war Daimler, und Otto fiel es nicht schwer, Prestigegewinne für sich zu verbuchen, Kritik dagegen auf Daimler zu lenken. Er verbesserte seine Beziehungen zum Aufsichtsrat, dem Langens Stiefbrüder Gustav und Jakob Langen und deren Partner aus der Zuckerfabrikation, Emil und Valentin Pfeifer, angehörten. Daimler fehlte die Antenne für atmosphärische Veränderungen in den Kreisen der Unternehmenseigner, er konzentrierte sich auf technische Aufgaben und war undiplomatisch genug, seine Meinung über Otto („unser Dilettant") im geschäftlichen Umgang spüren zu lassen. Dass dahinter mehr steckte als nur persönliche Animosität, zeigte sich in den folgenden Jahren: Mit dem Projekt einer „kleinen Maschine" wurden die Grenzen dessen erreicht, was Daimler mit seiner Zustimmung zur Namensgebung in Kauf zu nehmen bereit war. Eugen Langen geriet dadurch in einen Zwiespalt, denn zugleich wuchs der Druck Ottos, Daimler in der Leitung der technischen Abteilung durch eine bequemere Person zu ersetzen.

1.12 Maybach in Philadelphia

Eine Weichenstellung an Daimler vorbei hatte es schon 1876 gegeben: Die Reise einer Deutzer Delegation zur Weltausstellung nach Philadelphia im September fand ohne den technischen Direktor statt. Es ging um die Vorstellung der atmosphärischen Motoren, zugleich um die Sondierung des Marktes für die neue „Hochdruckmaschine" in Amerika.[45] Aus der zunächst durch Jakob Schleicher, den in Philadelphia lebenden Schwager Eugen Langens, betriebenen amerikanischen Niederlassung entstand schon im nächsten Jahr mit dem Kölner Ingenieur Hermann Schumm als Gesellschafter die Firma Schleicher, Schumm & Co. Sie begann 1877 mit dem Vertrieb der neuen Motoren, später folgte eine eigene Fabrikation. Es ist nicht auszuschließen, dass Franz Reuleaux sich bei Langen gegen eine Mitreise Daimlers nach Philadelphia ausgesprochen hat, denn er war als von der Regierung beauftragter „Reichskommissar für das Ausstellungswesen" für die deutsche Beteiligung verantwortlich. Seine „Briefe aus Philadelphia" mit der Beurteilung der deutschen Erzeugnisse als „billig und schlecht" riefen Empörung hervor, trugen aber auch dazu bei, dass „Made in Germany" später zu einem Qualitätsbegriff wurde. Dagegen, dass Wilhelm Maybach an seiner Stelle am 9. September 1876 mit in die USA reiste, konnte Daimler nichts einwenden. Die technische Abteilung musste vertreten sein, um den Stand der Konkurrenz kennenzulernen und potentielle Kunden zu beraten. Auch war es Daimler wichtig, Maybach persönlich zu fördern – dafür waren die Amerika-Reise und das Weltereignis in Philadelphia eine einmalige Gelegenheit.

Karl und Wilhelm Maybach

Die Brüder Maybach waren nach dem Tod beider Eltern durch eine Anzeige der Stuttgarterinnen Louise Kaufmann und Catharine Lott, erschienen im „Stuttgarter Anzeiger“ vom 20. März 1856, aus einer verzweifelten Notlage gerettet worden: „Bitte an edle Menschenfreunde für 5 vater- und mutterlose Knaben von 12 bis 4 Jahren. Die Mutter dieser 5 Waisen starb vor 3 Jahren, und der Vater fand kürzlich seinen Tod in einem See in Böblingen.“ Der Theologe und Unternehmer Gustav Werner, der mit seinen „Werner'schen Anstalten“ in Reutlingen den „modernen Industrialismus“ mit einem „auf christlicher Bruderliebe gegründeten“ Sozialismus zu verbinden suchte, nahm den zehnjährigen Wilhelm Maybach in die „Arbeiterschule“ mit anschließender Fachausbildung auf. Karl Maybach lernte Klavierbau beim früheren Arbeitgeber seines Vaters, dem Stuttgarter Klavierfabrikanten Julius Schiedmayer, der ihm nach seiner Ausbildung eine Anstellung bei Steinway & Sons in New York vermittelte. Wilhelm Maybach wurde von Gottlieb Daimler seit der ersten Begegnung 1864 in Reutlingen beruflich und persönlich gefördert. 1867 lud ihn Daimler zu seiner Hochzeit in Maulbronn ein. Dort lernte er die sechzehnjährige Bertha Habermaaß kennen, die er 1878 heiratete. Während seiner Tätigkeit in Deutz wurden auch seine Kinder geboren. Aufgrund des mit Daimler geschlossenen Anstellungsvertrages übersiedelte Maybach im Oktober 1882 mit seiner Familie nach Cannstatt.

Für Maybach ergab sich als privater Nebeneffekt der USA-Reise ein Besuch bei seinem älteren Bruder, dem Klavierbauer Karl Maybach, in der New Yorker Klavierfabrik Steinway & Sons. Der aus dem Weiler Wolfshagen am Harz stammende Engelhard Steinweg hatte 1853 in New York klein angefangen. 1876, als die Vereinigten Staaten mit der gigantischen Weltausstellung in Philadelphia ihr hundertjähriges Jubiläum feierten, war die von William Steinway geleitete Firma bereits ein Weltunternehmen. Wie der amerikanische Industriehistoriker Richard Lieberman in seiner 1996 erschienenen Steinway-Geschichte berichtet, hatte William Steinway zwei Eisenbahnzüge gemietet, um seine Arbeiter und weitere Anhänger als Kulisse für den Steinway-Auftritt in der Haupthalle der Weltausstellung nach Philadelphia zu transportieren.[46] Die Halle galt mit acht Hektar Fläche als größtes Gebäude der Welt. Bei den Wettbewerbs-Konzerten im Kampf mit den Konkurrenten Chickering und Weber ging es für Steinway um die Führungsrolle auf dem amerikanischen Klaviermarkt. Aus Europa wurden die besten Pianisten herangeholt, für die Jury die besten Experten, darunter auch Julius Schiedmayer. Steinway erhielt Auszeichnungen für „Höchste Leistungen bei allen Klaviertypen“ und „Höchste Vollendung in Formgebung und Ausführung“.

Maybach besuchte seinen Bruder in der neuen Fabrik, die Steinway auf Long Island bei New York seit 1873 gebaut hatte. Von den modernen Anlagen zur Holz- und Metallverarbeitung berichtete er in seinem Tagebuch[47]: „Der große, zusammenhängende Bau ist von mehreren Feuerwänden mit einigen eisernen Türen durchzogen. Aller Transport in der Fabrik geschieht durch Rollwagen und Elevatoren. Die Arbeitsteilung ist bis ins kleinste durchgeführt und werden die fertigen Details in ein Controlmagazin abgeliefert. Von da gelangen sie zu den Zusammensetzern." Ebenso beeindruckten ihn die exakt „radial und senkrecht" geführten Bohrmaschinen und die Tatsache, dass „überhaupt für jedes Teil besondere Werkzeuge und Maschinen" verwendet wurden. Maybach berichtete auch über die Verkehrsprobleme, die dadurch entstanden, dass viele Arbeiter und Lieferanten jenseits des East River in New York wohnten. Als bald darauf die Firma durch Streiks der unterbezahlten Arbeiter in Gefahr geriet, entschloss sich Steinway, die Bezahlung zu verbessern und in der Nähe des neuen Werksgeländes Arbeitersiedlungen anzulegen. Er ließ Straßen und Hafenanlagen bauen und plante eigene Schiffs- und Straßenbahnlinien. Karl Maybach vermittelte auch eine Audienz seines Bruders bei Steinway. Dies dürfte auf Anregung Daimlers geschehen sein, dem an USA-Verbindungen gelegen war. Als Maybach ihm nach seiner Rückkehr berichtet hatte, entstand daraus ein Briefwechsel zwischen Steinway und Daimler. Zwölf Jahre später, bei Steinways Besuch in Stuttgart 1888, kam es zur persönlichen Bekanntschaft und zur Gründung des gemeinsamen Unternehmens „Daimler Motor Company" auf dem Steinway-Gelände in Long Island City.

1.13 Die kleine Maschine

In diese zwölf Jahre fielen die dramatische Lösung Daimlers von Deutz und die Verwirklichung seiner Motorenprojekte. Es begann mit der Absicht der Gasmotoren-Fabrik Deutz, als Nachfolger für das in Handwerk und Gewerbe beliebte „kleine" Modell des atmosphärischen Motors eine verkleinerte Ausführung von „Ottos Neuem Motor" zu bringen. Die Version mit ¼ „Pferd" war zu schwer und zu teuer ausgefallen, um diesen Kundenkreis anzusprechen. Wohl nicht ohne Ottos Zutun – es war eine Gelegenheit, Daimlers Fähigkeiten auf die Probe zu stellen – bat der Aufsichtsrat in der Jahresmitte 1878 den technischen Direktor, „recht bald der Direction Vorschläge für eine kleine, billige Maschine zu unterbreiten". Dieser scheinbar einfache Auftrag führte zu einer eskalierenden Situation. Im Mai 1879 wurde Daimler, wie Sass aufgrund der Protokolle berichtet, erneut beauftragt, „kleinere Maschinen (Ottos neuer Motor) von ¼ und ⅛ PS konstruieren zu lassen in möglichst billiger und einfacher Construction".[48] Als Daimler auch darauf nicht reagierte, folgte im Dezember 1880 eine in bestimmendem Ton formulierte, von Gustav Langen unterzeichnete Aktennotiz des Aufsichtsrats: „Herr Daimler wird die von Herrn Commerzienrat Langen empfohlenen und von der Direction und dem Aufsichtsrat beschlossenen Constructionen von billigeren sowohl als von kleineren Gasmotoren und von verschiedenen Specialanwendungen durch Herrn Rings zur Ausführung bringen lassen und darüber sowohl wie andere technische Fragen

in beständigem Verkehr mit Commerzienrat Langen bleiben, indem er wöchentlich mindestens eine Privatconferenz mit demselben abhält. Wo und wann diese Privatconferenzen abzuhalten sind, bestimmt Herr Commerzienrat Langen."
Der weitere Verlauf zeigte, dass hier eine unüberschreitbare Grenze erreicht war. Der Klammervermerk „Ottos neuer Motor" ließ keinen Zweifel daran, dass kleinere Deutzer Motoren nicht nur unter Ottos Namen laufen, sondern auch auf dem DRP Nr. 532 basieren sollten. In der Anweisung, er solle eine kleinere und leichtere Ausführung konstruieren „lassen", begegnete Daimler einer Mentalität, die er durch seinen Ehrgeiz und seine Kritik an Otto selbst herausgefordert hatte. Auch auf anderen Gebieten zeigten sich Veränderungen im Umgangston zwischen dem Aufsichtsrat und Daimler. Sie entzündeten sich schon 1877 und 1878 an Fragen der „Erweiterung der Fabrikationseinrichtungen" und der „Vermehrung der Aufträge" durch „Anstellung eines Reiseingenieurs". Hinter dieser Empfehlung vermutete Daimler, wohl nicht zu Unrecht, die Absicht, seinen direkten Umgang mit den ausländischen Lizenznehmern einzuschränken, die auch für den Verkauf der Motoren in ihren Ländern zuständig waren. Das bestätigte sich, als die Position des „Reiseingenieurs" an den aus Philadelphia zurückgekehrten Hermann Schumm vergeben wurde – Daimlers späteren Nachfolger. In Paris ersetzte eine Deutzer Tochterfirma die bisher von Daimlers Verhandlungspartner Edouard Sarazin geleitete Vertretung.
In seiner Überreaktion begegnet man einer Wesensart Gottlieb Daimlers, die später oftmals seinen eigenen Interessen zuwider zu laufen schien. Unter dem in keiner Weise „politisch korrekten" Verhalten ist ein schützender Mechanismus zu vermuten, der trotz kurzfristig negativer Folgen den Kern von Daimlers Persönlichkeit aufrechterhielt. Diese ließ sich offensichtlich selbst dann nicht verbiegen, wenn die Umstände für ein Nachgeben oder zumindest für einen Kompromiss sprachen. Am 23. April 1878 schrieb er an seinen Freund Rudolf Groß: „... Unter Führung unseres Dilettanten wird der hiesige Karren immer mehr verfahren und ich bin nicht frech genug, demselben so, wie es sich gehört, entgegenzutreten. Ich muss erst von außen die Anstöße kommen lassen, wenn meine schriftlichen, den Herren mitgeteilten Anliegen nicht berücksichtigt werden. Es ist zum Kuckuck-holen, dass überall die Leute erst durch Schaden klug werden und der ruhig denkende Techniker durch den schwungvollen Kaufmann von seiner Bahn abgelenkt wird." Nachdem er sich ähnlich deftig in einer Sitzung geäußert hatte, entschuldigte er sich bei Otto: Es sei sein Wunsch, „ein freundschaftliches Verhältnis zwischen uns angebahnt zu sehen, Unangenehmes aus der Vergangenheit zu vergessen und in der Zukunft durch förderliches Zusammenwirken den Interessen der GFD zu dienen". Otto nahm das kühl zur Kenntnis: „Nur im Interesse der Sache selbst habe ich zu Ihren wiederholten persönlichen Auslassungen geschwiegen und Ihnen nicht entsprechende Antworten gegeben, die einen unmittelbaren Bruch herbeigeführt hätten."[49]
Otto nutzte seine scheinbare moralische Überlegenheit zur Stärkung seiner Position. Die Weisung des Aufsichtsrats, der Otto unterstellte Rings und nicht Maybach

solle die Konstruktion des kleinen Motors „zur Ausführung bringen", deutet auf massiven Druck Ottos, ihm direkten Einblick in die Entwicklungen zu verschaffen und Daimler in die Rolle des weisungsgebundenen, ausführenden Technikers zu drängen. Daimler verhielt sich diesmal besonnen: Er akzeptierte die „Privatconferenzen" mit Langen und brachte die Gründe zur Sprache, die der Entwicklung eines leichten Motors auf der Grundlage des Patents Nr. 532 entgegenstanden – besonders die Notwendigkeit eines Zündsystems, das an Stelle der Flammenzündung die zur Steigerung der Leistung und Verringerung des Gewichts unerlässlichen höheren Drehzahlen zuließ.

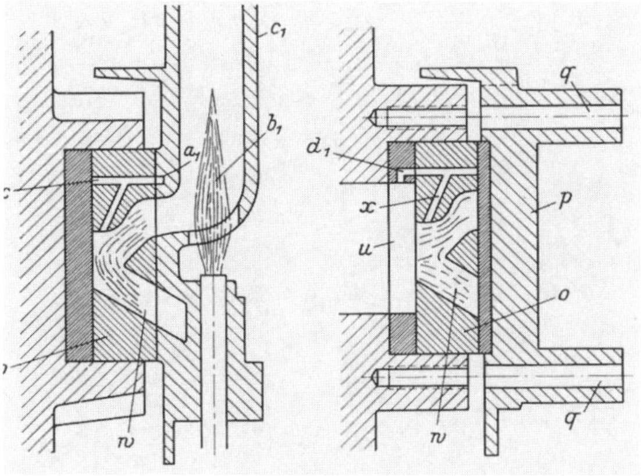

Abb. 23: Drehzahlbegrenzende Druckschleuse in Ottos Flammenzündung: Über den Zündschieber o gelangte die Vermittlungsflamme n in den Brennraum u (aus Sass)

Eine der Alternativen war die Glührohrzündung. Langen und Daimler besuchten im Januar 1881 gemeinsam in Aachen den Ingenieur Leo Funck, der 1879 ein deutsches Patent für eine gesteuerte Glührohrzündung angemeldet hatte. Funck hatte sich schon 1877 um eine Anstellung in Deutz bemüht – laut Sass vergeblich, „obwohl er Langen gefiel". Das System von Funck arbeitete mit einem fest eingeschraubten, von einer Gasflamme von außen in Rotglut gehaltenen Platinröhrchen, das zum Zündzeitpunkt über einen Schieber mit den Verbrennungsgasen in Verbindung gebracht wurde. Während für Ottos Flammenzündung eine „Schleusenkammer" und eine „Vermittlungsflamme" notwendig waren, um den Druckunterschied außen-innen auszugleichen, entstand beim Glührohr kein Druckverlust. Die Wärmebelastung des Zündschiebers war geringer, so dass er leichter und einfacher ausgeführt werden konnte.

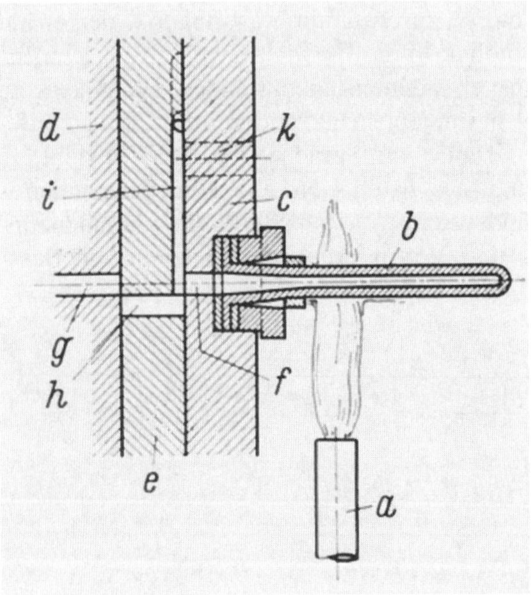

Abb. 24: Kein Druckverlust: Schiebergesteuerte Glührohrzündung von Funck 1879 (aus Sass)

Damit hätte die gesteuerte Glührohrzündung auch in den Großmotoren die vom DRP Nr. 532 geschützte Gas- und Zündsteuerung ersetzen können. Ob Otto deshalb darauf hingewirkt hat, dass Funck 1877 nicht angestellt und sein Patent nicht wenigstens versuchsweise angewandt wurde, kann nur vermutet werden. Auch die elektrische Zündung war als Alternative zur Flammenzündung 1877 nicht zum Zuge gekommen. Auf Eugen Langens Bitte hatte der ihm persönlich bekannte Werner Siemens einen Zündapparat geschickt, der im Brennraum eines Versuchsmotors eingebaut wurde. Als die funkenerzeugende Kontaktfeder nach kurzer Zeit verglühte und die Abdichtung der vom Motor angetriebenen Drehwelle versagte, wurde zwar eine eigene Deutzer Lösung ins Auge gefasst. Im Protokoll einer Direktionssitzung vom 29. April 1878 hieß es: „Es wird beschlossen, auf eine magnetelektrische Zündungsmethode Patentgesuche einzureichen. Herrn Siemens ist nach Einreichung des DR.-Patentes mitzutheilen, dass seine Methode sich nicht bewährt habe.“[50] Otto kam damit jedoch nicht weiter. Erst 1884 entstand seine „magnetelektrische Niederspannungszündung“ mit mechanischer Abreißvorrichtung im Brennraum, eine wegen ihrer Größe nur für benzinbetriebene Stationärmotoren geeignete Anlage, die keine höheren Drehzahlen als 200/min zuließ. Sie war nicht patentierbar, denn sie entsprach weitgehend den Patenten von Siegfried Marcus. Robert Bosch, der sie im Jahr 1887 bei einem Kunden in Schorndorf kennenlernte, soll dadurch zum Bau seiner ersten Niederspannungs-Magnetzündung angeregt worden sein. Im gleichen Jahr 1887 wurde dem aus Belgien stammenden Ingenieur Paul Winand, der in Deutz an der Verbesserung von Ottos Abreißzündung arbeitete, die Hochspannungs-Magnetzündung patentiert. Sass zitiert den wichtigsten Anspruch aus Winands Patentschrift Nr. 45161 vom 13. April 1887: „Bei magneto- und dynamoelektrischen Zündapparaten die Anordnung einer zweiten secundären Wickelung auf der Armatur, auf dem Feldmagnet oder auf beiden, in welcher bei Unterbrechung des primären Stromes ein secundärer Strom von hoher Spannung, der Zündstrom, induziert wird." Ihre fundamentale Bedeutung für die Automobiltechnik erhielt die Hochspannungszündung allerdings erst nach 1900.

Auch gegen die immer wieder diskutierte Benzin-Alternative, die sich mit der Flammenzündung nicht vertrug, hatte sich Otto gewehrt. Sass zitiert das Protokoll einer Direktionssitzung vom August 1880 zu der Absicht, „die Gasmotoren mit Petroleumdestillaten arbeiten zu lassen": „Es wird beschlossen, diese Versuche jetzt nicht vorzunehmen und Hrn. Berghausen [einem Kölner Fabrikanten, der einen Apparat hierzu angeboten hatte] mitzutheilen, dass wir wegen der großen Feuergefährlichkeit & der in letzter Zeit vorgekommenen Unglücksfälle mit sogen. Gassparapparaten, wenigstens nicht in der nächsten Zeit unsere Motoren für Petroleumdestillate einzurichten beabsichtigen."[51] Auch nach der Entwicklung eines voluminösen, in einem Nebenraum aufzustellenden Vergasers 1885 spielten elektrische Zündung und Benzinbetrieb in Deutz nur eine Nebenrolle.

Die von Maybach später erwähnten Versuche mit Glührohrzündung an „kleinen Modellmotoren" in Deutz, wahrscheinlich im Jahr 1881 nach dem Besuch bei Funck, wurden mit Gasbetrieb durchgeführt. Auf die zunächst geforderte Mitwirkung von Rings hat Langen anscheinend verzichtet. Otto konnte aber nicht daran gelegen sein, dass Daimler mit anderen Zündsystemen experimentierte und möglicherweise eigene Patente beanspruchte. Die Direktive, die „kleineren Maschinen" in die Patentrechte von „Ottos Neuem Motor" einzubeziehen, und die Beschlüsse, die sowohl Zündsysteme fremder Urheber als auch den Benzinbetrieb ausschlossen, waren weiter in Kraft. In der Annäherung von Langen und Daimler, die in dem Besuch bei Funck zum Ausdruck kam, muss Otto eine unmittelbare Gefahr für seine Dominanz gesehen haben. Er nutzte die gegen Daimler gerichtete Stimmung im aus persönlichen Freunden und Verwandten Eugen Langens zusammengesetzten Aufsichtrat. Weil Daimler bei Neueinstellungen Absolventen seiner heimatlichen Ausbildungsstätten bevorzugte, galt seine gut organisierte Abteilung als „Schwabennest", das ein Eigenleben führte. Die Absicht, den im Umgang schwierigen Daimler zu „entfernen" und durch Schumm zu ersetzen, nahm 1881 offenbar feste Formen an.

In dieser Situation musste Langen der Hausfrieden wichtiger sein als sein Verhältnis zu Daimler. Dessen Motorenversuche hatten bei dem guten Geschäftsgang keine Dringlichkeit, auch kann das Vordringen der Elektrizität bei den gewerblichen

Kleinmotoren eine Rolle für das Zurückstellen dieser Entwicklung gespielt haben. Langen ließ sich für den Plan gewinnen, Daimler eine Russlandreise vorzuschlagen, um die Bedingungen und Chancen für eine Niederlassung im Zarenreich zu sondieren, die Daimler übernehmen sollte. Auf diese Weise konnte die Ablösung Daimlers mit dessen Interesse an Auslandsbeziehungen verbunden werden. Finanzielle Forderungen, die Daimler bei einer völligen Trennung aufgrund seiner Auslandsrechte erheben konnte, wären dann vermieden worden. Am 15. Oktober 1881 ging Daimler auf die Reise über Polen nach St. Petersburg, das als günstiger Standort für die Filialen deutscher Firmen bekannt war. Otto genügten diese Absichten jedoch nicht. Wie schon 1877 bei der Namensgebung drohte er mit seinem Ausscheiden. In Daimlers Abwesenheit, am 22. November 1881, stellte er Langen brieflich vor die Alternative, sich entweder von ihm oder von Daimler zu trennen: Es sei sein fester Entschluss gewesen, „im nächsten Jahre unseren Aufsichtsrat zu bitten, mich im Laufe des Jahres 1883 meiner Stellung als Director der G.F. zu entbinden. Durch die jetzt schwebenden Differenzen mit D[aimler] und in Anbetracht der wahrscheinlichen Folgen ist die Möglichkeit gegeben, dass ich diesen Entschluß fallen lasse“. Es sei sein Herzenswunsch, „wenn wir auch weiter zusammenstehen könnten, wenn ich mit ganzer Seele für und nicht vielleicht gegen ein Werk sein müßte, dessen Größe mir nicht den kleinsten Teil verdankt. Die Entscheidung liegt nun in Ihren und Ihrer Freunde Händen“.[52] Der Aufsichtsrat kündigte Daimlers Vertrag am 28. Dezember 1881 zum 30. Juni 1882.

Über Berlin, Warschau und Riga hatte Daimler Ende Oktober St. Petersburg erreicht und blieb dort zwei Wochen – mit Ausflügen in das ursprünglich schwedische Schlüsselburg und nach Kronstadt. Am 16. November fuhr er weiter nach Moskau, dann über Gorki, Charkow und Kiew nach Odessa. Die erhaltenen Dokumente und das im Stuttgarter Unternehmensarchiv aufbewahrte Tagebuch lassen darauf schließen, dass er auf dieser Reise völlig entspannt war. Mit großer Unbefangenheit ließ er Land und Leute auf sich wirken, besuchte die Kunstsammlungen der Petersburger Eremitage, besichtigte Kirchen und hielt die Eindrücke einer Dampferfahrt auf der Newa in seinem Skizzenbuch fest. In Petersburg traf er einen Bekannten aus der Reutlinger Zeit: den Rottweiler Pulverfabrikanten und späteren Daimler-Aufsichtsratsvorsitzenden Max Duttenhofer, der wohl in Rüstungsgeschäften unterwegs war. Auf den weiteren Stationen der Reise befasste sich Daimler mit der industriellen Struktur, der Gasversorgung und den patentrechtlichen Voraussetzungen für den Absatz von Gasmotoren. In Warschau hatte er festgestellt, dass westliche Maschinen oft ohne Lizenz nachgebaut wurden und notierte: „Wer Maschinen bezahlt, ist in Polen ohne Geschäftssinn“. In Moskau informierte er sich über die Vorbereitungen zur Internationalen Industrieausstellung 1882, in Odessa wurde er unfreiwilliger Zeuge von Unruhen, als die Scheiben seiner Droschke eingeworfen wurden. Auf der Rückreise über Wien besuchte er den österreichischen Deutz-Vertreter, seinen späteren Geschäftspartner

Joseph Eduard Bierenz, am 15. Dezember war er wieder in Köln. In seinem detaillierten Bericht vom 22. Dezember 1881 beurteilte er die Geschäftsaussichten in den Ostländern realistisch, aber positiv.
Daimler hatte sich auf der gesamten Reise als vom Aufsichtsrat beauftragter Direktor und Repräsentant der Gasmotoren-Fabrik Deutz betrachtet. Erst die ihm kurz vor Jahresende zugestellte Kündigung machte ihm bewusst, dass er mit der Russlandreise in trügerischer Sicherheit gewiegt worden war. Was dies für ihn bedeutete, konnte lange nur vermutet werden. Erst im Jahr 2000 veröffentlichte Harry Niemann, der Leiter des damaligen Daimler-Chrysler-Konzernarchivs, in seiner Daimler-Biographie Tagebuchauszüge und Briefentwürfe aus den Monaten nach der Kündigung.[53] Die teilweise unleserlichen Notizen zeigen eine schwere seelische Erschütterung. Stichworte wie „Perlen vor die Säue", „statt rationelles Schaffen Raubbau", „im Ausland verraten und verkauft", „kleine dilettantische Politik", „bin gegen jede Dezentralisation", „Commerzienräthe die Deutschlands Handel so gut zu verschleudern wissen" lassen darauf schließen, dass die geringe Beachtung seiner Hinweise zur Auslands-Geschäftspolitik ihn tief getroffen hat. Auf die Haltung des Aufsichtsrats und die Bevorzugung verwandtschaftlicher Beziehungen durch Langen beziehen sich Notizen wie „x Millionen verdient", „der Mohr kann jetzt gehen" und „In der Zeit wo man in der G.M.F. 45 % verdient, muss man den Direktor, der die Sache gemacht, wegschicken um den Schwager herzubringen". In den Worten „Hölle siegst Du Lügenbude ... Verdummungsanstalt. Sie haben m. Frau krank gemacht … vor Gram dass Sie solche selbstmörderische Fehler machten Greis geworden" findet sich einer der seltenen Hinweise auf die jahrelange Belastung, der Daimlers Frau Emma und seine ganze Familie durch die Streitigkeiten mit dem Kollegen und Nachbarn Otto ausgesetzt waren. Erste Überlegungen über eine selbständige Zukunft zeichnen sich schon ab: „Leihweise Motoren ... oder in Wien? ... 52.000 Fl das Kapital? Hab ich zu tragen? Gaswagen Gesellschaftskapital?"
Rücksichten auf seine Familie wird man in der Kompromissbereitschaft sehen können, die Daimler in den nächsten Wochen zeigte – allerdings verbunden mit wieder erwachtem Selbstbewusstsein. Als er am 5. Januar 1882 per Gerichtsvollzieher aufgefordert wurde, vor der Auszahlung der Tantiemen aus dem Geschäftsjahr 1880/81 und des noch ausstehenden Gehalts innerhalb von 14 Tagen die auf seinen Namen lautenden Patente auf die Deutz AG zu übertragen, antwortete Daimler mit höheren Forderungen: Außer den Tantiemen für 1880/81, die rund 50 000 Mark ausmachten, verlangte er aufgrund seines erst am 30. Juni 1882 endenden Dienstverhältnisses vor der Überschreibung der Patente auch die Auszahlung von Gehalt und Tantiemen für 1881/82 in etwa gleicher Höhe. Auch sei er nicht bereit, eine Konkurrenzklausel zu akzeptieren, die ihm für fünf Jahre eine Tätigkeit auf gleichem Gebiet verbot. Die Wirkung zeigte sich sofort: Noch im Januar besann sich der Aufsichtsrat auf das ursprünglich vorgesehene Angebot an Daimler, das „in Petersburg zu gründende Zweiggeschäft" zu übernehmen. „Es wird uns freuen,

wenn Sie nach reiflicher Erwägung unseren Vorschlag annehmen, und wir dadurch dauernd im freundlichen Verkehr bleiben.“ Dieses versöhnliche Zeichen des Unternehmens, mit dem er seit Jahren eng verbunden war, das er auch von sich aus nicht zu verlassen beabsichtigt hatte, ließ Daimler nicht unbeeindruckt: „So sehr ich mich auch gegen den Gedanken einer Trennung sträubte, ... so lieh ich mein Ohr gerne einem Vorschlag, der eine friedliche Lösung in Aussicht stellte.“[54] Die Aussicht auf ein Leben im kulturell hochstehenden und wirtschaftlich aufstrebenden zaristischen Russland war für seine Frau und seine Familie nicht ohne Reiz, ihm selbst war an gesellschaftlichem Prestige durchaus gelegen.
An Gottlieb Daimlers weiterem Verhalten wird sichtbar, dass es ihm letztlich nicht um eine gesicherte, wenn auch von Deutz abhängige Existenz für sich und seine Familie ging, sondern auch um die Erweiterung seiner Auslands-Patentrechte. Er lehnte den Vorschlag des Aufsichtsrats nicht ab, stellte aber extreme Bedingungen. Am 8. März 1882 schrieb er an Eugen Langen, „dass er dazu nur bereit sei, wenn er und seine Erben den ausschließlichen Vertrieb sowie die Nutzungsrechte für die bestehenden und zukünftigen Patente im russischen Reich innehätten. Zudem sollte der Vertrag nur einseitig, von Daimlers Seite kündbar sein.“[55] Unter diesen Voraussetzungen hätte er auch von Russland aus in Deutz Einfluss nehmen können. Das wollte der Aufsichtsrat im Hinblick auf Ottos Drohung nicht akzeptieren. Dass es dadurch zur endgültigen Trennung kommen konnte, hatte Daimler offensichtlich einkalkuliert. Die Auseinandersetzungen, bei denen Daimler von dem Stuttgarter Rechtsanwalt Kielmeyer unterstützt wurde, nahmen mehrere Jahre in Anspruch. Daimler erhielt außer Tantiemen und Gehalt in Höhe von 106 000 Mark Deutz-Aktien im Wert von 112 000 Mark. Die Konkurrenzklausel erklärte das Landgericht Stuttgart am 7. Dezember 1888 für ungültig, weil die Kündigung nicht von Daimler ausgegangen war. Die persönliche Rivalität mit Otto war mit Daimlers Weggang von Deutz beendet, Ottos Verfügungsrecht über Neu- und Weiterentwicklungen wurde nicht mehr angefochten – wenn auch Daimlers Cannstatter Motoren und die schon 1882 beginnenden Streitigkeiten um das Patent Nr. 532 seine Erfinder-Autorität bald aufs neue in Frage stellten. Daimler hat Ottos starre Haltung auch nach der Deutzer Niederlage vor dem Reichsgericht 1886 respektiert. Als Otto am 26. Januar 1891 im Alter von 56 Jahren gestorben war, schrieb Daimler an seine Witwe: „Auch ich habe ihm viel zu danken, die ganze Vergangenheit steigt mir wieder vor der Seele auf, und mein späteres Lebensschicksal ist mit durch ihn bestimmt worden. Ach wie nichtig, ach wie flüchtig ist des Menschen Leben! Aber sein Gedenken bleibt in Segen und seine Werke folgen ihm nach.“

2 Die Ära Gottlieb Daimlers

2.1 Daimler in der Technikgeschichte

Noch von Deutz aus hatte Daimler im Frühjahr 1882 mit dem Erwerb einer Villa in der Taubenheimstraße die Weichen zur Übersiedlung nach Cannstatt gestellt. Das Gartenhaus auf dem großen Grundstück eignete sich als Werkstatt für die Versuchsarbeiten. Der detailliert ausgearbeitete Anstellungsvertrag, den Daimler am 18. April 1882 mit Maybach für zunächst zwei Jahre abschloss, lässt erkennen, dass er bereits feste Vorstellungen von Maybachs Tätigkeit in Cannstatt hatte. In dem von Daimler handgeschriebenen Vertrag übernahm Maybach „die Stelle als Ingenieur und Konstrukteur zur Ausarbeitung und praktischen Durchführung diverser Projekte und Probleme im maschinentechnischen Fache". Er verpflichtete sich, „seine ganze Zeit und Kraft den Interessen des Herrn Daimler zu widmen, Verschwiegenheit in Bezug auf obige Projecte gegenüber Anderen zu bewahren, auch nach eventuellem Austritt während der darauffolgenden drei Jahre". Die Bezahlung wurde im Paragraph 3 geregelt: „Für die Zeit seiner Dienstleistung erhält Herr Maybach pro Jahr einen fixen Gehalt von Mark 3 600,– in monatlichen Raten ausbezahlt; Reiseauslagen werden ihm besonders vergütet."

Hinzu kam im Paragraphen 4 eine Beteiligung am zu gründenden Unternehmen: „Um die Interessen des Herrn Maybach mit denen des Herrn Daimler dauernd zu verbinden, setzt Herr Daimler eine Summe von Mark 30 000,– in Worten Dreißigtausend Mark, aus, zu dem besonderen Zwecke der Betheiligung des Herrn Maybach an einem aus den obigen Problemen resultierenden Fabrikationsgeschäfte in der Weise, dass Herr Maybach vorerst, während seiner ersten Dienstzeit, jährlich 4 % Zinsen aus obiger Summe von 30 000 Mark, das ist 1 200 Mark, erhält, bis die Beteiligung mit dieser Summe, je nach der Entwicklung des zu errichtenden Geschäfts teilweise oder ganz ermöglicht ist." Nach Ablauf der ersten zwei Jahre galt eine halbjährliche gegenseitige Kündigungsfrist. Der Eintritt Maybachs wurde auf „möglichst bald, spätestens bis 1. Januar 1883" festgelegt.

Die damit definierten vertraglichen Verpflichtungen Maybachs gegenüber Daimler wurden später von Maybach selbst, seit der Mitte des zwanzigsten Jahrhunderts auch in der Historiographie zu einer Führungsrolle Maybachs hinsichtlich der technischen Konzeptionen umgedeutet. Ausschlaggebend für die dadurch herbeigeführten Unsicherheiten in der Bewertung Gottlieb Daimlers waren die Darstellungen von Friedrich Sass in der 1962 erschienenen „Geschichte des deutschen Verbrennungsmotorenbaues von 1860 bis 1918". In seinem Vorwort, in dem er die Verantwortung des Ingenieurs als „Geschichtsschreiber“ auf dem Gebiet der technischen Entwicklungen eingeht, äußert sich Sass mit Entschiedenheit zu Daimler und Maybach: „Wilhelm Maybach ist der eigentliche Schöpfer des raschlaufenden Verbrennungsmotors; alle konstruktiven Einzelheiten, welche die Entwicklung gefördert haben, stammen von ihm, dem ‚Roi des Constructeurs‘. Gottlieb Daimlers großes Verdienst bleibt es, als erster und früher auch als Wilhelm Maybach erkannt zu haben, dass der Verbrennungsmotor als Schnellläufer gebaut werden kann, mit größter Zähigkeit dieses Ziel verfolgt und es dem mittellosen Wilhelm Maybach ermöglicht zu haben, seine wundervollen schöpferischen Leistungen zu vollbringen.“

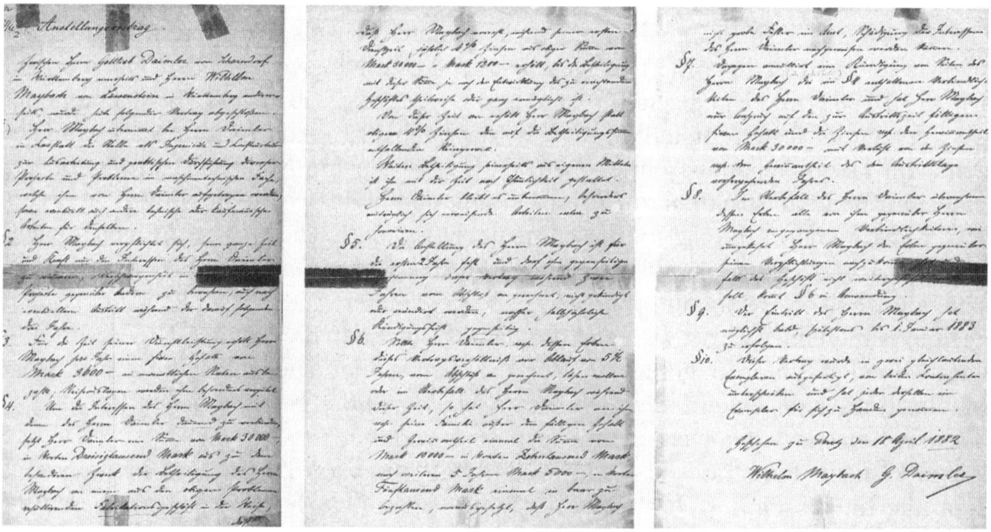

Abb. 25: Ausarbeitung diverser Projekte im maschinentechnischen Fache: Am 16. April 1882 unterschriebener Vertrag Daimlers mit Maybach (aus Harry Niemann, Gottlieb Daimler)

Es handelt sich hier nicht um eine private Meinungsäußerung, sondern um das wichtigste, mit dem Anspruch wissenschaftlicher Autorität verfasste und herausgegebene Werk zur Geschichte der Verbrennungsmotoren. Die Folgen für das Ansehen Daimlers erfordern es, der von Sass als sein Anliegen betonten, auf die Quellen, „d. h. auf die ältesten erreichbaren Dokumente“, zurückgehenden „geschichtlichen Wahrheit“ im Detail nachzugehen. Da sich Sass, aufgrund der Deutzer Archivunterlagen und gestützt auf Aussagen von Maybach, ähnlich auch im Zusammenhang mit Otto und Daimler geäußert hat, müssen die Deutzer Jahre Daimlers und Maybachs in die vergleichende Betrachtung einbezogen werden. Berücksichtigt werden dabei in erster Linie die von Sass und anderen Autoren zitierten Quel-

len und wiedergegebenen Dokumente, weniger die späteren, von den Interessen der beteiligten Unternehmen nicht immer unberührten Deutungen.
In populären Darstellungen von Daimlers Leben wurden die Deutzer Jahre entweder gar nicht oder nur im Sinne einer Vorbereitungszeit erwähnt. Fehleinschätzungen entstanden auch durch den ungenügenden Abstand der Technik- und Unternehmenshistoriker der ersten Hälfte des zwanzigsten Jahrhunderts zu den Erfinder- und Gründermythen der Zeit vor 1900. Eine nüchterne Bestandsaufnahme der Voraussetzungen, die durch Ausbildung und berufliche Qualifikation, durch schnelles Wachstum der Unternehmen und die damit verbundenen Veränderungen in personellen Strukturen und in der Hierarchie bedingt sein können, fand in legendenhaften Darstellungen ohnehin nicht statt. Aber auch Sass differenziert nur wenig zwischen den Persönlichkeits-Merkmalen des Erfinders und Autodidakten Otto, der nichts anderes kannte als die Fabrik, die er zusammen mit Langen gegründet hatte, des vielseitigen, auf dem Gebiet der Zucker-Raffinerietechnik erfolgreichen Ingenieurs Langen und des umfassend ausgebildeten Maschinen- und Anlagenbauers Daimler, der aus einer leitenden Industrieposition nach Deutz kam und dort die künftig das Unternehmen prägende technische Abteilung aufbaute. Der von Daimler geförderte hochbegabte Techniker Maybach stand in der Hierarchie als leitender Konstrukteur eine Ebene unter den gleichgestellten Direktoren Otto und Daimler. Beide waren an die – nach sorgfältiger Erörterung getroffenen – Entscheidungen Eugen Langens gebunden, der auch die Kapitalseite vertrat. Aus diesem Rahmen konnte sich keiner der Beteiligten herausbewegen.
Es war Maybach, der vier Jahrzehnte später diese Strukturen ignorierte und Daimlers Deutzer Tätigkeit in ein ungünstiges Licht rückte: „Obgleich G. Daimler mir in alle meine Versuche und Erfindungen in Deutz nichts dreinredete, war er andererseits sehr eifersüchtig darauf aus, unter jede meiner Zeichnungen seinen Namen zu setzen, gleichsam als Genehmigung zur Ausführung; im Ernste war es aber offenbar nur Ehrgeiz. Ich war dies aber so gewöhnt, dass ich mir gar nichts daraus machte; jetzt aber, nachdem ich erfahren muss, dass er sich den Seinigen gegenüber, wie es scheint, als der Alleserfinder ausgab, muss ich meine Zurückhaltung sehr bedauern.“[56] Als der fünfundsiebzigjährige Maybach dies im Januar 1921 an die Gasmotoren-Fabrik Deutz schrieb, zwei Jahrzehnte nach Daimlers Tod und vierzehn Jahre nach seinem Ausscheiden aus der Daimler-Motoren-Gesellschaft 1907, war er selbst zur legendären Gestalt geworden und hatte sich von Daimler, seiner Familie und seinen Nachfolgern losgesagt. Seine Annäherung an Deutz hatte schon 1913 begonnen, als das fünfzigjährige Jubiläum der Gasmotoren-Fabrik bevorstand und sich der Deutz-Direktor Carl Stein, der übernächste Nachfolger Daimlers, mit Maybach in der Absicht in Verbindung gesetzt hatte, ihn als Miturheber des Benzinmotors hervorzuheben. Ein im Maybach-Archiv des Stadtarchivs Heilbronn aufbewahrter Brief des damaligen Generaldirektors Arnold Langen an Wilhelm Maybach vom 20. 9. 1913 enthält laut Inhaltsangabe des Archivs „die Mitteilung Dr. Langens, dass er aus dem Briefwechsel zwischen Direktor

Stein und WM [Wilhelm Maybach] neue Kenntnisse über die Urheberschaft am Benzinmotor gewonnen habe. Er schlägt vor, in der geplanten Festschrift zum 50jährigen Bestehen der Gasmotoren-Fabrik die Verdienste WMs um den Benzinmotor zu würdigen.“[57]
Maybach hatte zuvor in seinem Antwortbrief an Carl Stein bedauert, dass 1882 nicht versucht wurde, ihn in Deutz zu halten: „Es hat mir sr. Zt. sehr wehe getan, dass die Herren Langen, Otto und Schumm, die mich doch alle sehr gut kannten, nach Verabschiedung des H.[errn] D.[aimler] mit mir keine Fühlung genommen haben, die mich hätte bestimmen können, in Deutz in meiner Stellung zu bleiben, denn ich kannte die Eigenschaften des H. D., die auch zu seiner Entfernung aus seiner dortigen Stellung führten, zu gut, ich selbst kam öfters mit ihm in Widerspruch. Aber Herr Schumm, mit dem ich vielleicht nur zu bekannt war, schenkte sein Vertrauen dem H. Bela Wolf u. so blieb mir kein anderer Ausweg als schließlich der Aufforderung Daimlers Folge zu leisten“[58]. Dass es diese Aufforderung war, durch die Maybach in die Technikgeschichte einging, war ihm offenbar nicht bewusst. Wohl deshalb ergänzte Sass: „Die zehn Jahre, die Wilhelm Maybach in Deutz verbracht hat, sind für ihn eine unvergleichliche Lehrzeit gewesen. Sie hat ihn befähigt, mit Gottlieb Daimlers Hilfe sein großes Lebenswerk zu vollbringen.“
Zur nachträglichen Umkehrung von Ursache und Wirkung haben in der ersten Hälfte des zwanzigsten Jahrhunderts auch Daimler-Biographen beigetragen – ohne es zu wollen. Unter der Überschrift „Waren Daimler und Maybach an Ottos Erfindung beteiligt?“ bezichtigt Sass den Stuttgarter Industriehistoriker Paul Siebertz des Versuches, in seiner 1941 veröffentlichten, in letzter Auflage 1950 erschienenen Biographie „Gottlieb Daimler – Ein Revolutionär der Technik“ den „Nachweis zu führen, dass Daimler der Miterfinder des Viertaktverfahrens gewesen sei“.[59] Zwar schrieb Siebertz in seinem glorifizierenden Buch lediglich, Daimler habe an der „endgültigen Gestaltung des Viertaktmotors wesentlich mitgewirkt“, aber er begründete dies mit ungeeigneten Mitteln: Die als Beweis angeführte, von Daimler am 19. Mai 1876 unterschriebene Zeichnung „verbesserter atmosphärischer Motor von 1866“ hatte mit dem neuen Motor nichts zu tun. Siebertz gab Sass damit Gelegenheit zu der Feststellung, dass Daimler, „wie die Protokolle der Direktionssitzungen ausweisen“, während der Hälfte der Entwicklungszeit des neuen Motors verreist gewesen sei. Sass folgert daraus: „Jeder Versuch, Gottlieb Daimler an der Erfindung des Viertaktmotors zu beteiligen, bleibt aussichtslos“[60]. Dass solche Versuche ohnehin überflüssig waren, weil Otto nicht das Viertaktverfahren, sondern die Schichtladung als seine Erfindung betrachtete, konnte Sass aufgrund der überzogenen Darstellung von Siebertz ignorieren. Daimlers Anwesenheit war nicht in der Entstehungsphase des Versuchsmotors erforderlich, in der Otto allein bleiben wollte, sondern erst während der anschließenden Weiterentwicklung. Auch hat Daimler den Ausdruck „Viertaktmotor“ nicht akzeptiert, er hielt sich 1894 in der Erwiderung auf eine Klage der Deutz AG an die 1876 verwendete Terminologie und sprach vom „ersten direkt wirkenden Kompressions-Gasmotor“. Beide Merk-

male, die von Lenoirs Maschine übernommene Direktwirkung und die zusätzliche Kompression des angesaugten Gemischs, waren schon vor den Versuchsarbeiten vom Direktorium beschlossen worden. In Hinblick auf sein Nachgeben in der Frage der Namensgebung nach Fertigstellung des Motors fügte Daimler 1894 hinzu: „Dass der selbe ausschließlich nach Otto benannt wurde, ist meiner Bescheidenheit zu verdanken.“[61] Diese selbstgerecht erscheinende Bemerkung kann nur vor dem Hintergrund der gesamten Umstände gewertet werden. Dazu waren weder Daimlers Biograph Siebertz noch sein Kritiker Sass in der Lage.

Die Chronologie von Daimlers ersten Arbeiten im Cannstatter Gartenhaus ergibt sich aus den vorhandenen Werkstücken, Dokumenten und Aufzeichnungen sowie den Reichspatenten Nr. 28022 vom 16. Dezember 1883 (Motor mit „pneumatischer“ Zündung) und Nr. 28243 vom 22. Dezember 1883 (Motor mit „Kurvennutensteuerung“ der Ventile und Luftkühlung der verrippten und ummantelten Zylinder). Zunächst wurde zur Erprobung der Glührohrzündung ein Versuchsmotor mit liegendem Zylinder gebaut, es folgten erste Ausführungen der sogenannten „Standuhr“ – jenes Motors mit stehendem Zylinder und geschlossenem Kurbelgehäuse, der zum Vorbild der modernen Automobilmotoren wurde. Zylinder, Kolben und weitere Gussteile lieferte die Stuttgarter Glockengießerei Kurtz. Alle Motoren hatten die im Patent Nr. 28022 beschriebene ungesteuerte Glührohrzündung und erreichten ca. 600 Umdrehungen in der Minute. In der zeitüblichen Terminologie wurden sie, nach heutigen Begriffen etwas übertrieben, im Unterschied zu den langsam laufenden stationären Gasmotoren als „Schnellläufer“ eingestuft. Bis zur Mitte des zwanzigsten Jahrhunderts galt es als unbestrittenes Verdienst Gottlieb Daimlers, mit den benzin-betriebenen, leichten und schnell laufenden Motoren eine neue Ära des Fahrzeugantriebs begründet zu haben.

Bei dieser Einstufung Daimlers in die Technikgeschichte blieb es jedoch nicht. Schon zu Beginn des neuen Jahrhunderts, beim Prestigestreit um die Erfindung des Automobils zwischen den Firmen Daimler und Benz, gerieten beide Seiten in Gegensatz zur Gasmotoren-Fabrik Deutz, die sich auf Ottos Priorität für den Viertaktmotor berief. Die Deutzer Sicht wurde von Wilhelm Maybach unterstützt, der für sich in Anspruch nahm, durch Verkleinerung des Otto-Motors und Einführung der ständig beheizten Glührohrzündung die „Schnellläufer“ betriebsfähig gemacht zu haben. Maybachs Auffassung untermauerte Sass 1962 mit so gewichtigen Argumenten, dass kein Technikhistoriker mehr wagte, zugunsten Daimlers eine andere Meinung zu vertreten. Seitdem gelten Daimlers Motoren als „miniaturisierte“ Otto-Motoren.

Vor dem Hintergrund dieser technikhistorischen Widersprüche ist es unumgänglich, sowohl Maybachs spätere Darstellungen als auch die Interpretation von Sass in die Rückschau einzubeziehen. Das gilt schon für die Vorgeschichte in Deutz: Daimler konnte keinen „kleinen“ Otto-Motor entwickeln „lassen“, weil dies auf der Basis des DRP Nr. 532 nicht möglich war. Dass er in der Glührohrzündung einen Weg zur Drehzahlsteigerung und damit zur Verbesserung des Verhältnisses von

Gewicht und Leistung erkannte und sich darüber mit Langen verständigte, führte zu Ottos Ultimatum, entweder Daimler oder er müssten das Unternehmen verlassen. Langen musste sich damit abfinden, dass es nach Daimlers Ausscheiden keinen kleinen Deutzer Motor geben würde – dieser wäre nach Lage der Dinge kein Otto-Motor, sondern ein Daimler-Motor gewesen. Daimler entschied sich bewusst, wenn auch aus einer nicht vorausgesehenen Situation heraus, die Entwicklung selbst in die Hand zu nehmen. Er war dabei auf Maybachs Mitwirkung angewiesen, klärte aber mit der Verpflichtung Maybachs, „seine ganze Zeit und Kraft den Interessen des Herrn Daimler zu widmen", von vornherein die Bedingungen der Zusammenarbeit. Maybach sichtete in Cannstatt, wie zuvor schon in Deutz, Patentschriften und führte aufgrund von Daimlers Angaben die Konstruktionsarbeiten durch. Es war eine Begleiterscheinung dieses – in der Technikgeschichte einmaligen – symbiotischen Verhältnisses, dass Maybach oft technische Aufgaben zu lösen hatte, deren Sinn ihm Daimler nicht erläuterte. Oft ließ Daimler Maybach auch gewähren, ohne von seinen Ideen überzeugt zu sein. Dies führte in den neunziger Jahren zu einer wachsenden Distanz, hob aber die persönliche Abhängigkeit Maybachs von Daimler nicht auf. In seinen Aussagen nach Daimlers Tod stellte er vieles als seine Erfindung dar, ohne den konzeptionellen oder patentrechtlichen Zusammenhang ganz verstanden zu haben. Für das posthume Ansehen Daimlers hatte dies besonders nachteilige Folgen, als Sass Maybachs Sicht in wesentlichen Punkten übernahm.

Dies gilt auch für den Wechsel Daimlers von Deutz nach Cannstatt. Selbst Daimler zugewandte Autoren bezweifelten, dass dieser zu Beginn des Jahres 1882 zielbewusst gehandelt hat. Noch in der neueren Unternehmensgeschichte findet sich die Vermutung, dass Daimler sich „erst durch die Umstände der so rasch erfolgten Kündigung Gedanken hinsichtlich erfolgversprechender technischer Konzeptionen für die Zukunft machte und seine erste Wahl auf den kleinen und leichten Verbrennungsmotor fiel", so dass es auf Maybach „höchst verwunderlich gewirkt haben" müsse, wenn sich Daimler „auf einmal so sehr für den kleinen, hochdrehenden Motor interessierte, denn in seiner Deutzer Zeit hatte er das noch nie getan". An anderer Stelle taucht der Gedanke der Miniaturisierung des Otto-Motors auf: „So schuf erst der Ottosche Viertaktmotor die Voraussetzung für die Motorisierung von Fahrzeugen, und es ist Daimlers großes Verdienst, die Tragweite der Ottoschen Erfindung erkannt und umgesetzt zu haben. Durch den mit Verdichtung arbeitenden Motor war, im Gegensatz zu den atmosphärischen und verdichtungslosen Motoren, eine Motorenbauart entstanden, die es auch in miniaturisierter Form ermöglichte, genug Leistung zu erzeugen. Erst diese Miniaturisierung der Motoren machte den Einbau in Fahrzeuge möglich."

Maybach hatte diese Auffassung 1913 in einem Brief an die „Württemberger Zeitung" formuliert: „In der ersten [Cannstatter] Zeit handelte es sich darum, den schweren Ottoschen stationären Viertaktmotor in einer für Fahrzeuge geeigneten leichten Konstruktion auszuführen, was mir auch leicht gelang, da ich in Deutz

schon des öfteren kleine Modellmotoren ausführte. Zur Erzielung eines rascheren Ganges wandte ich anstelle der damaligen Flammenzündung die seit 1881 bekannte Watsonsche Zündung mittelst Glührohr an und als Vergaser einen von mir erfundenen Schwimmervergaser“[62]. Mit der Erwähnung der „des öfteren“ in Deutz ausgeführten Modellmotoren stellt Maybach seine behauptete Urheberschaft selbst in Frage, denn die Versuche in Deutz wurden auf Daimlers Veranlassung durchgeführt, wahrscheinlich aufgrund der Vereinbarungen mit Langen.
Eine Vorstellung von diesen Modellmotoren vermittelt Daimlers erster Cannstatter Versuchsmotor von 1883, der auch in den Büchern der Glockengießerei Kurtz als der „kleine Modellmotor“ bezeichnet wurde. Er ging, wie Maybachs Aussage bestätigt, auf die Deutzer Versuche zurück – vielleicht sogar auf die in Deutz angefertigten Zeichnungen. Der 1903 beim Brand des Cannstatter Werkes zerstörte Motor wurde nach einem Foto rekonstruiert. Mit seinem liegenden Zylinder und dem zierlichen Schwungrad stellt er ein verkleinertes Modell des Otto-Motors dar, der wiederum der üblichen Bauweise der stationären „Kurbelmaschinen“ entsprach. Nicht nur die Glührohrzündung, auch die Ventilsteuerung durch eine Nutenscheibe am Schwungrad wurden an diesem einfach aufgebauten Modell erprobt. Die anschließend entstandenen, den Patenten vom Dezember 1883 zugrundeliegenden Cannstatter Motoren sind völlig anders konzipiert. Sie weisen weder optisch noch in den Konstruktionsmerkmalen eine Verwandtschaft mit dem Otto-Motor auf.

Abb. 26: Zur Erprobung der Glührohr-Zündung: Der erste Cannstatter Versuchs-Gasmotor entsprach den von Maybach in Deutz gebauten „Modellmotoren“ (Daimler AG)

Was nach Maybachs Erinnerung „leicht gelang“, erweist sich anhand der Daten als grundlegend für den Unterschied zwischen stationären und mobilen Verbrennungsmotoren. Sass nennt für den Deutzer 10-PS-Motor ein Gewicht von 4600 kg, für die 20-PS-Version 6800 kg. Die Leistung wurde bei einer Drehzahl von maximal 180/min erreicht, so dass pro Sekunde nur wenig mehr als eine Zündung erfolgte. An Stelle der fast unverkäuflichen, weil zu schweren Ausführung mit ¼ PS entwickelte Daimler einen eher zierlich gebauten, nur 520 kg schweren Motor, der 1 PS leistete. Mit dieser Gewichts- und Leistungsoptimierung war die Forderung nach einer „kleinen Maschine" so weitgehend erfüllt, wie es das Arbeitsverfahren nach DRP 532 zuließ.[63] Entscheidendes Kriterium für den Schritt zum Fahrzeugmotor war die Glührohrzündung: Daimlers zum 3. April 1885 unter der Nummer 34926 patentierter Cannstatter Motor leistete ebenfalls 1 PS, ereichte aber eine Drehzahl von 600/min und wog nur 92 kg. Dies war erst ein Anfang, weit entfernt von heutigen Drehzahlen und Leistungswerten, und dennoch ein „Quantensprung" – ermöglicht durch das „Glührohrpatent" DRP Nr. 28022 von 1883. Mit ihm nahm Daimler eine Schlüsselstellung ein.

2.2 Glührohrzündung nach Patent Nr. 28022

Der Anspruch 1 des mit Wirkung vom 16. Dezember 1883 erteilten Deutschen Reichspatents gilt dem „Verfahren, eine Ladung brennbaren Gemisches (Luft mit Gas oder Oel etc. gemischt) in einem geschlossenen heissen Raum rasch zu comprimiren, damit es sich erst im Augenblick der höchsten Spannung von selbst entzündet und Explosion oder rasche Verbrennung durch die ganze Masse erfolgt". Bereits im ersten Satz der Patentbeschreibung betont Daimler ausdrücklich, „dass am Ende des Kolbenhubes durch die Wirkung der Compression eine Selbstzündung, sozusagen pneumatische Zündung, und rasche Verbrennung durch die ganze Masse des Gemisches" eintreten soll. Daimler verwendet hier – wohl erstmals in der Motorengeschichte – das Wort „Selbstzündung" und formuliert das etliche Jahre später von Diesel verwirklichte Prinzip. Der Motor sollte ungekühlt arbeiten und sich durch Isolierung mit „schlechten Wärmeleitern" so stark erwärmen, dass die Zündung „pneumatisch" erfolgen konnte. Da er es in der beschriebenen und in der Patentzeichnung dargestellten Form nicht verwirklichen konnte, wurde sein Konzept auch in positiven Beurteilungen des Patents Nr. 28022 als unrealistisch verworfen.

Verständlich wird Daimlers Gedankengang erst durch die am Schluss der Patentbeschreibung vorgenommene unterschiedliche Formulierung der beiden Ansprüche. „Damit am Anfang der Arbeit, wo die Wände des Verbrennungsraumes noch kalt sind, das Gemisch doch explodirt, wird ein metallener Zündhut f, dessen Inneres in fortwährend offener Verbindung mit dem Verbrennungsraum ist, mittelst Flammen von außen so erwärmt, dass die Zündung erst am Ende des Compressionshubes eintritt, so lange, bis die Selbstzündungen ohnedies stattfinden." Dieses mit einer

KAISERLICHES PATENTAMT.

Ausgegeben den 4. August 1884.

PATENTSCHRIFT

№ 28022.

CLASSE 46: Luft- und Gaskraftmaschinen.

G. DAIMLER in CANNSTATT.

GASMOTOR

Patentirt im Deutschen Reich vom 16. Dezember 1883 ab.

Die Neuerungen in Gas- und Oelmotoren bestehen in dem Verfahren, in einem geschlossenen, wärmegeschützten oder nicht gekühlten Raum am Ende eines Cylinders Luft mit brennbaren Stoffen (Gasen, Dämpfen, Oel etc.) gemischt durch einen Kolben so zusammen- oder gegen die heissen Wände des Raumes zu pressen, dass am Ende des Kolbenhubes durch die Wirkung der Compression eine Selbstzündung, sozusagen pneumatische Zündung, und rasche Verbrennung durch die ganze Masse des Gemisches eintritt, und die dadurch entstandene erhöhte Spannung als Triebkraft zu verwenden.

In Fig. 1 der Zeichnung ist *A* ein Cylinder, in dem sich der Kolben *B* luftdicht bewegt. Das eine Ende des Cylinders ist durch einen Hut *C* geschlossen, der mit schlechten Wärmeleitern (Lehm, Schlackenwolle etc.) umhüllt ist, und von dem Cylinder möglichst wärmeisolirt ist.

Der Kolbenboden ist ebenfalls nach aussen mit schlechten Wärmeleitern belegt.

Beim Anhub des Kolbens *B* wird durch das Ventil *d* Luft mit Gas oder Oel gemischt, eingesaugt oder eingepresst.

Durch den Rückgang des Kolbens wird das Gemisch in den Raum *C* gepresst und entzündet sich am Ende des Kolbenhubes.

Durch Verbrennung und Ausdehnung des Gemisches wird der Kolben mit bedeutender Kraft zurückgetrieben und kann dann seine Kraft, sei es durch Kurbel oder andere Mechanik, übertragen.

Beim zweiten Rückgang des Kolbens werden die Verbrennungsprodukte ganz oder theilweise durch das Auslassventil *g* ausgetrieben; nachher beginnt ein neues Spiel u. s. f.

Nach einigen Wiederholungen dieses Spieles nehmen die Wände des Raumes *C* und der Kolbenboden eine normale erhöhte Temperatur an, bei welcher sich das Gemisch regelmässig in oder um den todten Punkt des Kolbenweges in innerster Kolbenstellung infolge der Compression entzündet, nach dem Erfahrungssatz, dass brennbare Gemische, die unter Atmosphärendruck nicht oder nur langsam verbrennen würden, bei rascher Compression wieder rasch verbrennen und sogar explodiren. Damit am Anfang der Arbeit, wo die Wände des Verbrennungsraumes noch kalt sind, das Gemisch doch explodirt, wird ein metallener Zündhut *f*, dessen Inneres in fortwährend offener Verbindung mit dem Verbrennungsraum ist, mittelst Flammen von aussen so erwärmt, dass die Zündung erst am Ende des Compressionshubes eintritt, so lange, bis die Selbstzündungen ohnedies stattfinden.

Patent-Ansprüche:

1) Bei Gas- oder Oelmotoren das Verfahren, eine Ladung brennbaren Gemisches (Luft mit Gas oder Oel etc. gemischt) in einem geschlossenen heissen Raum rasch zu comprimiren, damit es sich erst im Augenblick der höchsten Spannung von selbst entzündet und Explosion oder rasche Verbrennung durch die ganze Masse erfolgt, und die durch die Verbrennung erhöhte Spannung auf dem Rückwege des Kolbens als Triebkraft zu verwenden.

2) Der mit dem brennbaren Gemisch in fortwährender offener Verbindung stehende Zündhut *f*, welcher so erwärmt wird, dass die Zündung erst am Ende des Compressionshubes eintritt. —

Abb. 27: Selbstzündung, sozusagen pneumatische Zündung: Daimlers „Glührohr"-Patent 28022 wurde zur Grundlage internationaler Verträge und hielt allen Anfechtungsklagen stand

Wärmeisolierung des Brennraums verbundene, nach der Anwärmphase selbstzündende Verfahren, das Daimler vergeblich zu erreichen versuchte, ist Gegenstand von Anspruch 1. Der Anspruch 2 enthält die verwirklichte Variante, wonach der „mit dem brennbaren Gemisch in fortwährender offener Verbindung stehende

Zündhut f" nicht nur in der Anwärmphase, sondern dauernd erwärmt wird. Dabei tritt ebenfalls „die Zündung erst am Ende des Compressionshubes ein". Diese weder durch einen Funken, eine Flamme oder einen anderen Einfluss von außen, also „ungesteuert" im Augenblick der größten Verdichtung (oberer Totpunkt des Kolbens) stattfindende Zündung nannte Daimler „pneumatische Zündung". Der Ausdruck Zündhut wurde später durch das Wort Glührohr ersetzt, weil es sich um ein mehrere Zentimeter langes, von einem Brenner erwärmtes Platinrohr handelte.
Das Patent überstand mit beiden Ansprüchen alle Anfechtungen. Der Anspruch 1 wurde oft als Vorwand angesehen, um von einer nicht lizenzierten Nutzung des britischen Watson-Patents abzulenken. Die Wärmeisolierung des Brennraums nennt Sass „natürlich unausführbar" und kommentiert nicht ohne Ironie Daimlers Beschreibung: Damit solle „erreicht werden – so behauptet Daimler –, dass nicht, wie bei anderen Motoren, ein Teil der Verbrennungswärme nutzlos das Kühlwasser erwärmt, sondern diese möglichst vollständig in Arbeit umgewandelt wird." Im von Daimler – nach Ansicht von Sass „völlig nach Gutdünken" – der Patentschrift

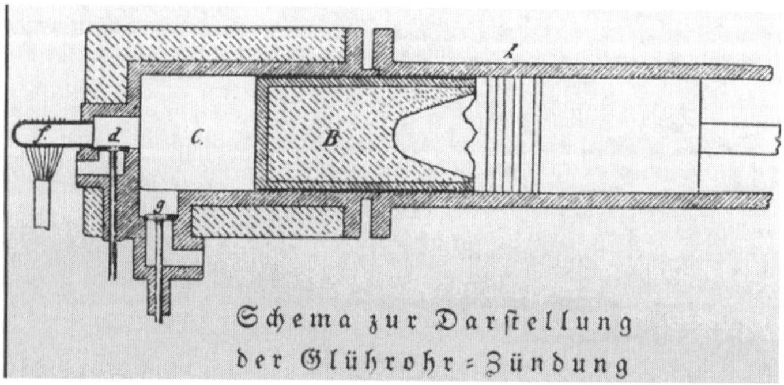

Abb. 28: Entspricht nicht der Definition für „Ottomotoren": Den Zündzeitpunkt bestimmte das Zusammenwirken von offenem Glührohr (links) und Verdichtung (Daimler AG)

beigefügten Indikator-Diagramm wird allerdings keine vollständige Umwandlung der Wärme in Arbeit dargestellt, sondern nur ein hoher thermischer Wirkungsgrad. Sass stellt fest, es sei „beträchtlich größer als das Diagramm, wie man es bis dahin erreicht hatte. Natürlich ist diese seltsame Maschine nie gebaut worden". Sass wiederholt hier, verstärkt durch die Worte „natürlich" und „seltsam", eine Aussage von Maybach: „Die von Herrn Daimler zum Patent angemeldete Gasmaschine D.R.P. Nr. 28022 wurde, da praktisch nicht verwendbar, nicht ausgeführt". Es wurde aber lediglich die Variante mit Wärmeisolierung nicht ausgeführt, nachdem Daimler die Selbstzündungen nicht erreicht hatte.
Dass das Patent Nr. 28022 als Ganzes bestehen blieb und historische Bedeutung erlangte, ergibt sich erst aus dem engen Zusammenhang der Ansprüche 1 und 2.

Beide beziehen sich auf die Abhängigkeit des Zündzeitpunkts vom Verdichtungsdruck und unterscheiden sich hinsichtlich der Zündung nur durch die temporäre (Anspruch 1) oder dauernde (Anspruch 2) Nutzung des Glührohrs. Mit seinem Indikatordiagramm hatte sich Daimler dem für Diesel grundlegenden Gedanken der „isothermischen Ausdehnung" (thermischer Wirkungsgrad 100 Prozent) angenähert – wenn auch aufgrund praktischen, nicht wissenschaftlichen Denkens. Dass die Selbstzündung mit vollständiger Wärmeisolation des Brennraums nicht erreichbar war, stand in dieser frühen Phase der Motorenentwicklung keineswegs fest.

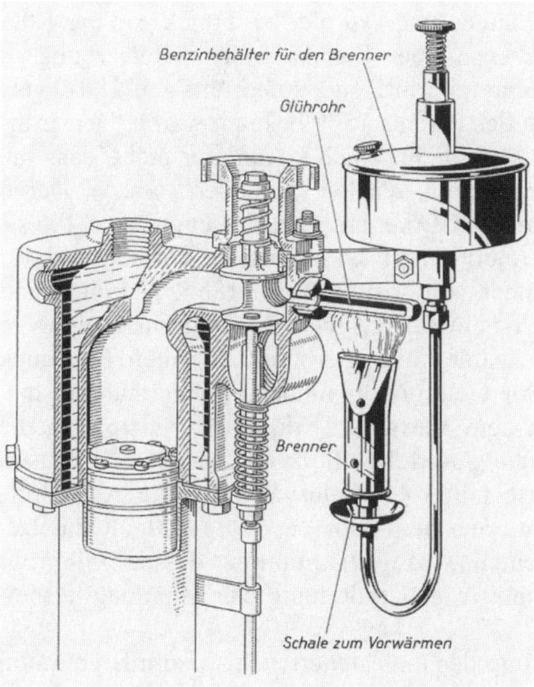

Abb. 29: Das meistverbreitete Zündsystem der Frühzeit: Platin-Glührohr, Brenner mit Benzinbehälter (Daimler AG)

Seit Einführung der elektrischen Zündsysteme um 1900 galt nichts als so veraltet wie Daimlers „ungesteuerte" Glührohrzündung. Kaum jemand hat sich dann noch damit beschäftigt, wie und warum dieses anderthalb Jahrzehnte dominierende, stromlos arbeitende Zündverfahren überhaupt funktionierte. So stieß Maybachs Darstellung von 1913 „Zur Erzielung eines rascheren Ganges wandte ich anstelle der damaligen Flammenzündung die seit 1881 bekannte Watsonsche Zündung mittelst Glührohr an." auch nicht auf Widerspruch. 1918 vereinfachte Maybach noch weiter: „Die Glührohrzündung stammt von mir“.[64] Dem schloss sich Sass 1962 an: „Dass der zu erbauende Schnellläufer mit der ungesteuerten Glührohrzündung versehen wurde, ist Maybachs Verdienst“. Laut Sass hat Maybach in Cannstatt „von Anfang Oktober 1882 bis Mitte 1884 … mehrere tausend Patentschriften durchgesehen, von vierhundert ihm wichtig erscheinenden Dokumenten hat er Auszüge gemacht“. Erst dabei sei er auf die Glührohr-Patente von Funck aus dem Jahr 1879 und von Watson aus den Jahren 1881 und 1882 „gestoßen“.

Diese Feststellung steht nicht nur im Widerspruch zu Maybachs Aussage, er habe „kleine Modellmotoren“ schon in Deutz „ausgeführt“ und dabei „die seit 1881 bekannte Watsonsche Zündung mittelst Glührohr“ angewendet. Auch über den dokumentarisch belegten Besuch von Langen und Daimler bei Funck Anfang 1881 berichtet Sass im gleichen Absatz, ebenso über Funcks frühere Bewerbung in Deutz und die Einzelheiten seines Patents, die in Deutz spätestens seit 1881, vermutlich aber schon seit der Anmeldung des Patents 1879 bekannt waren. Den Erinnerungsfehler von Maybach korrigiert Sass nicht. Auch erwähnt er nicht, dass die Glührohrzündung weder von Funck noch von Watson „erfunden“ wurde. Deren Patente basierten auf seit langem bekannten Erkenntnissen des englischen Physikers William Henry („The Action of Finely Divided Platinum on Gaseous Mixtures“, 1824) und auf dem Glührohr-Patent von Alfred Drake 1855. Daimlers und Maybachs Versuche mit Funcks durch Schieber gesteuerter Glührohrzündung in Deutz scheinen keine ausreichende Drehzahlerhöhung erbracht zu haben. Da Funck seinen Patentanspruch „aus Mangel an Geldmitteln nicht aufrechterhalten“ hat, versah Maybach die Patentschrift mit dem Vermerk „Erloschen“. Es folgten die Versuche mit der „Watsonschen Zündung mittelst Glührohr“. Auch bei Watson handelte es sich um schiebergesteuerte Glührohr-Zündsysteme. Eine Ausnahme machte lediglich eines der vier Patente aus dem Jahr 1881. Es enthielt die Beschreibung eines – nicht verwirklichten – Zweitaktmotors, dessen Glührohr „selbstthätig“ und ohne „Steuerzeug“ bei jeder Umdrehung eine Zündung herbeiführen sollte.

Die von Watson vorgesehene Verbindung des ungesteuerten, also zum Brennraum ständig offenen Glührohrs mit einem Zweitaktmotor wurde in der umfangreichen Literatur über die angebliche Verletzung des Watson-Patentes durch Daimler meist übersehen. Da bei Verdichtung außerhalb des Zylinders (Zweitakt) die komprimierten Verbrennungsgase erst nahe dem oberen Totpunkt des Kolbens in den Brennraum geleitet werden und bei jeder Umdrehung eine Zündung stattfindet, hätte das offene Glührohr in der von Watson vorgesehenen Form keine Frühzündungen herbeiführen können. Bei Verdichtung im Arbeitszylinder (Viertakt) besteht dagegen das Risiko, dass sich das Gemisch am Glührohr schon entzündet, wenn sich der Kolben noch auf dem Weg zum oberen Totpunkt befindet. Diese Schwierigkeit ignoriert Sass mit seiner Feststellung, Maybach habe Watsons zum Brennraum hin offenes Glührohr „sogleich als die richtige Lösung erkannt“. Mit der Verwendung des offenen Glührohrs begannen die Probleme erst.

Auch Maybachs Argument, die Glührohrzündung „stamme“ von ihm, weil er bei den Versuchen „von vornherein“ dafür plädiert habe, das Glührohr nicht nur bei kaltem Motor, sondern dauernd zu beheizen, geht am Gehalt des Patents Nr. 28022 vorbei. Mit der Selbstzündung im Augenblick der höchsten Verdichtung, erreicht durch entsprechende Temperatur des wärmeisolierten Brennraums nach Anspruch 1, hoffte Daimler auf die dauernde Beheizung verzichten zu können. Erst als er diese Absicht – vielleicht nur vorläufig – aufgeben musste, galt es herauszufinden, ob und in welchem Maße die Unterstützung des Zündvorgangs durch das Glührohr erforderlich war, wobei der Zündzeitpunkt immer noch – „ungesteuert“ – durch die Verdichtung bestimmt wurde. Diesen schwierigen Weg beschrieb Daimler 1894 in seiner Erwiderung gegen die Deutzer Nichtigkeits-Klage: Es habe „unendlich viele Versuche und unablässige zielbewußte Arbeit“ erfordert, die Frühzündungen zu vermeiden, „welche sich immer und immer wieder einstellten“ und „beim Komprimieren vor dem toten Punkt unerwartet und unvorhergesehen das Schwungrad wieder zurückwarfen, statt es vorwärts zu treiben“[65]. Die dauernd brennende, aus einem separaten Behälter mit Benzin versorgte, abgeschirmte Brennerflamme blieb ein Nachteil von Daimlers Glührohrzündung, erwies sich aber nicht als Hindernis für deren weite Verbreitung.
Die Anwendung des offenen Glührohrs im Zusammenwirken mit der Verdichtung war weder durch Watsons noch durch ein anderes Patent abgedeckt, so dass Daimler das DRP Nr. 28022 lebenslang verteidigen konnte. Sass erkennt Daimlers Urheberschaft dennoch nicht an und fällt in der „Geschichte des deutschen Verbrennungsmotorenbaues“ das Urteil: „Falsch ist es, die Erfindung der ungesteuerten Glührohrzündung Daimler zuzuschreiben“. Er billigt Daimler lediglich „meisterhafte Dialektik“ und „Beredsamkeit“ zu: „So schützte das DRP 28022 auch das ungesteuerte ‚offene‘ Glührohr, was später manchem Patentverletzer zum Verhängnis wurde und Gottlieb Daimler hohe Lizenzgebühren einbrachte.“ Die Lizenzgebühren haben die Nachwelt mehr beschäftigt als das Zündverfahren selbst. Eine Pointe liefert die VDI-Definition des „Ottomotors“, die eine „zeitlich gesteuerte Fremdzündung“ verlangt. Sass stufte Daimlers Motoren dennoch unter „Ottomotoren“ ein.

2.3 Daimler, Maybach und das Benzin

Noch im Jahr nach Daimlers Weggang von Deutz, fast gleichzeitig mit dem DRP Nr. 28022, folgte am 22. Dezember 1883 das DRP Nr. 28243 für einen Motor mit „Kurvennutensteuerung“ des Auslassventils und Luftkühlung der verrippten und ummantelten Zylinder. Das Auslassventil wurde durch ein von Nuten im Schwungrad betätigtes Gestänge zwangsgesteuert, das Einlassventil stand unter Federdruck und öffnete sich durch den Ansaug-Unterdruck (“Schnüffelventil“). Das verkleidete und mit angegossenen Ventilatorschaufeln versehene Schwungrad fungierte als Kühlgebläse. Mit diesen Vereinfachungen, darunter die Mehrfachnutzung des Schwungrades, kam Daimler ohne aufwendige Steuerwellen und Schieber aus. Dies rechtfertigte seine an die Deutzer Adresse gerichtete Aussage: „Der Daimler-Motor bildet ein neues und selbständiges Glied in der Entwicklungsphase des Oel- und Petrolmotorenbaus".

Als die beiden Patente erteilt wurden, war die Rechtslage zwischen Daimler und Deutz noch ungeklärt. Über die von der Gasmotoren-Fabrik gegen ihn angestrengte Klage auf Einhaltung der Konkurrenzausschluss-Klausel entschied das Landgericht Stuttgart erst 1888 zu Daimlers Gunsten, weil die Kündigung nicht von ihm ausgegangen war. Die deutschen Reichspatente Nr. 28022 und Nr. 28243 beruhten auf den in Deutz – im Einverständnis mit Eugen Langen – begonnenen Versuchen. Es war nicht Daimler zuzuschreiben, dass er die Arbeiten mit Maybach nicht in Deutz fortsetzen konnte. Einige Merkmale der Motoren fielen noch unter Deutzer Patentansprüche; deren DRP Nr. 532 war 1883 zwar schon umstritten, aber in allen Ansprüchen gültig. So brachte Daimler in der Patentschrift zum DRP Nr. 28243 den Vermerk an „Abhängig vom Patent No. 532" und bot beide Patente der Gasmotoren-Fabrik Deutz zur Verwertung an. Deutz lehnte ab, prozessierte aber nach dem Fall des Patents Nr. 532 wieder gegen Daimler, um seine Patente nutzen zu können – nun aus einer ungünstigeren Situation heraus und ohne Erfolg. Daimler hat sich vor Gericht immer wieder durchgesetzt: Die Urteile zur Konkurrenzausschluss-Klausel und zum DRP Nr. 28022 bestätigten die Verantwortung der Gasmotoren-Fabrik Deutz für die Folgen der Kündigung. Die sich daraus ergebenden Verpflichtungen zeigen sich auch im Umfang der Zahlungen und Aktien-Überlassungen, die Daimler die Gründung seines eigenen Unternehmens ermöglichten.

Daimlers Unabhängigkeit von der Gasmotoren-Fabrik ist bis heute nicht in ihrer ganzen Tragweite erkannt worden; noch immer spukt in der Literatur die – nicht ohne Maybachs Zutun entstandene – Auffassung, Daimler habe das Viertaktverfahren unrechtmäßig verwendet. Zur Verschwommenheit der Argumente hat Paul Siebertz mit seiner Biographie „Gottlieb Daimler – Ein Revolutionär der Technik" beigetragen, als er zu Daimlers Angebot, Deutz die Patente Nr. 28022 und Nr. 28243 zu überlassen, schrieb: „Es spricht ungemein für seine edle Menschlichkeit, die bereit war, über erlittene Unbill hinwegzusehen und alles persönliche Empfinden weit hinter die sachlichen Forderungen der Allgemeinheit zurückzustellen, dass er die Auswertung des Geschaffenen der Gasmotoren-Fabrik Deutz anbot". Sass, der diese Sätze zitiert, geht auf ihren sachlichen Gehalt nicht ein, sondern rügt lediglich, dass Siebertz die beiden Patente nicht auch Maybach zuschreibt: „Der Verfasser bemüht sich nachzuweisen, dass Daimler allein den raschlaufenden Verbrennungsmotor geschaffen habe. Dem überragenden Verdienst Wilhelm Maybachs wird er nicht gerecht."[66]

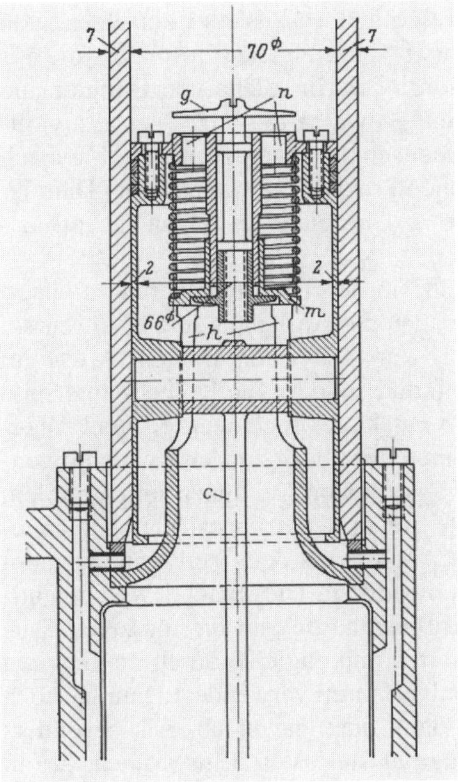

Abb. 30: Vereinfachtes Lade- und Spülverfahren: zylindrischer Kolben mit Kolbenventil g (hier geöffnet) und feststehendem Anschlag h nach Daimler-Patent Nr. 34926 (Daimler AG)

Sass ignoriert damit die Arbeitsteilung, die im Vertrag vom 18. April 1882 festgelegt worden war. Sie erforderte von Daimler keine Erklärungen; er zahlte Maybach ein Gehalt und beteiligte ihn an den Erträgen des geplanten „Fabrikationsgeschäfts", nicht an den – kaum voraussehbaren – Einnahmen aus Lizenzen für die Patente. Maybachs durch sein Studium der Patentliteratur erworbenes Detailwissen befähigte ihn nicht, die patentrechtlichen Überlegungen zu beurteilen, die Daimler der Formulierung seiner Patentansprüche zugrunde legte. Dass Maybach den technischen Hintergrund der Patentanmeldungen oft nicht verstanden hat – dafür ist die ungesteuerte Glührohrzündung ein anschauliches Beispiel. Als Gegenbeispiel kann die Patentschrift für den „Reitwagen" gelten, die Maybach mitverfasst hat. Sie enthält Widersprüche und Unklarheiten, die Daimler selbst nicht unterlaufen sind.

Maybachs vertragliche Bindung an Daimler schließt es aus, die einzelnen, von Maybach nicht immer zu Recht als „Erfindungen“ bezeichneten Lösungen, die aus der Zusammenarbeit im Lauf der Jahre hervorgingen, in solche von Daimler und solche von Maybach auseinander zu dividieren. Es waren die Interessen erst Gottlieb Daimlers, dann der Daimler-Motoren-Gesellschaft, denen zu dienen Maybach verpflichtet war. Für die auf Sass zurückgehende Praxis, von Maybach bei Daimler konstruierte Motoren als „Maybach-Motoren“ zu bezeichnen, fehlen die historischen und rechtlichen Voraussetzungen.

Daimler baute die Patente vom Dezember 1883 in den nächsten Jahren zu einem System von Schutzrechten aus. Dazu gehörte auch die Aufladung, die er in seinem ersten Fahrzeugmotor zusätzlich einsetzte. Er verwendete dafür nicht – wie im Deutzer Verbundmotor – einen separaten Zylinder, sondern die Kolben-Unterseite und das geschlossenes Kurbelgehäuse. Um ein Patent des Ingenieurs Konrad Angele aus Hannover von 1878 zu umgehen, zeichnete Maybach zunächst eine aufwendige Lösung mit „Stufenkolben“ und einem System von Leitungen und Ventilen. Im dann gebauten, vereinfachten Motor spülte die an der Kolben-Unterseite angesaugte und verdichtete Luft abwechselnd die Abgase aus dem Verbrennungsraum und führte unter Druck zusätzliche Verbrennungsluft zu. Dies brachte zwei wichtige Neuerungen mit sich: das abgedichtete Kurbelgehäuse und die massiven Kurbelwangen, die das Gehäuse-Volumen reduzierten und zugleich durch ihr Gewicht das Schwungrad ersetzten. Das Lade- und Spülverfahren verwendete Daimler noch bei den ersten Zweizylinder-Motoren, ging dann aber davon ab. Als besonders empfindlicher Bestandteil erwies sich das federbelastete Ventil im Kolben, das in der tiefsten Kolbenstellung durch einen fest eingebauten Anschlag geöffnet wurde und die verdichtete Luft aus dem Kurbelgehäuse in den Zylinder leitete. Es war den hohen Temperaturen nur für kurze Zeit gewachsen und erlaubte keine Steigerung der Drehzahl.

Der Motor von 1884, wegen des auf dem Kurbelgehäuse stehenden Zylinders „Standuhr“ genannt, erreichte seine Leistung von ca. 1 PS bei 600/min mit einem Hub von 120 mm und einem Zylinder-Durchmesser (Bohrung) von 70 mm – entsprechend einem Hubraum von 462 ccm. Mit diesen Grunddaten und 92 kg Gewicht setzte er Maßstäbe für mobil einsetzbare Verbrennungsmotoren. Mit Wirkung vom 3. April 1885 wurde er vom Kaiserlichen Patentamt unter der Nummer 34926 patentiert. Spätere Ausführungen des Motors leisteten bis zu 1,5 PS. Während die Vorgängermodelle überwiegend mit Leuchtgas und nur versuchsweise mit Vergaser betrieben wurden, ist der „Standuhr“-Motor vollständig auf den Benzinbetrieb ausgelegt. Die gekapselte Glührohrzündung, der Vergaser-Behälter neben dem Zylinder und das geschlossene Kurbelgehäuse mit Ölvorrat und „Schleuderschmierung“ ergaben das typische Bild der bald weltweit patentierten Daimler-Motoren.

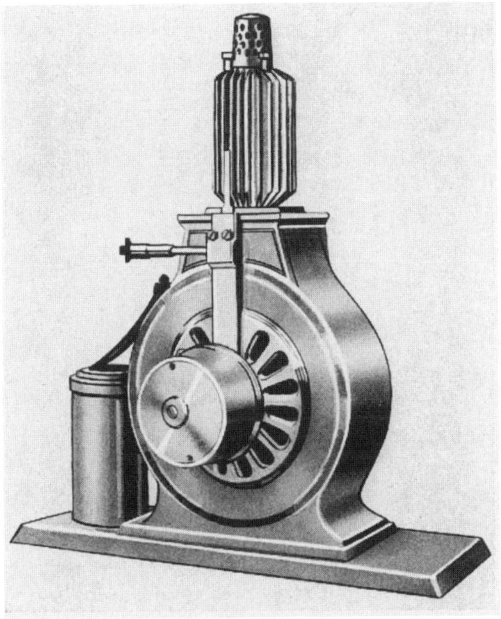

Abb. 31: Vorbild künftiger Automobilmotoren: „Standuhr" mit stehendem Zylinder und geschlossenem Kurbelgehäuse (Daimler AG)

Der Benzinbetrieb war von vornherein Bestandteil der Cannstatter Motorenprojekte. In den ersten Patentschriften hießen sie noch „Gas- und Oelmotoren", später nur noch „Oel- und Petrolmotoren". Die Bezeichnungen „Benzin" oder – von Franz Reuleaux eingeführt – „Ligroin" wurden in der Frühzeit noch vermieden, weil man hoffte, auch weniger feuergefährliche Kraftstoffe für Verbrennungsmotoren verwenden zu können. Mit der Einstufung seiner Motoren als „selbständiges Glied in der Entwicklungsphase des Oel- und Petrolmotorenbaus" betonte Daimler die Andersartigkeit gegenüber den stationären Gasmotoren. Wahrscheinlich hatten Daimler und Langen bei ihren Gesprächen in Deutz schon vorgesehen, dass die geplanten „kleinen" Motoren wahlweise durch Benzinbetrieb mobil einsetzbar sein sollten – es war Otto, der sich gegen Benzin und gegen andere Zündsysteme als die Flammenzündung wehrte. Bei den Deutzer stationären Motoren hatten mehrere Ansätze zur Verwendung von Benzin zu problematischen Resultaten geführt. Maybach wollte 1913 seinen Anspruch auf Miterfindung des Benzinmotors mit einem Versuch begründen, den er im Jahr 1875 unternommen hatte, als in Deutz eine vom Gasnetz unabhängige Version des atmosphärischen Motors diskutiert wurde: „Eines Tages hielt ich einfach ein mit Benzin getränktes Stück Putzwolle vor die Luft-

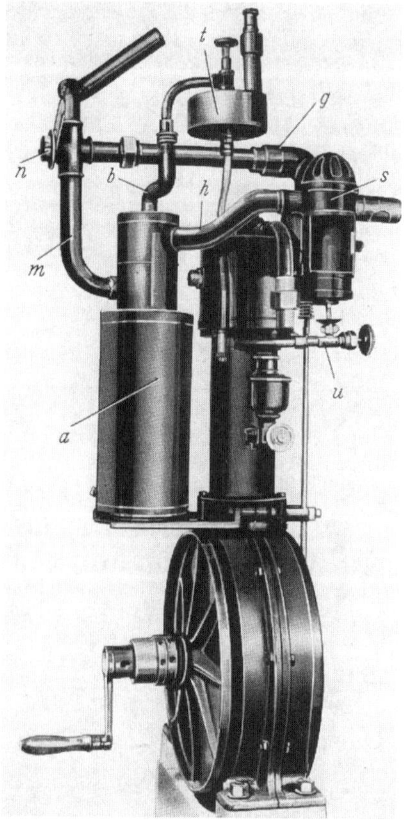

Abb. 32: Erster Daimler-Benzinmotor: links seitlich der „Vergaser" a, rechts oben das Gehäuse s für den Brenner der Glührohrzündung (Daimler AG)

saugeöffnung eines in Gang befindlichen Gasmotors unter Abschluss des Gashahns, und der Benzinmotor war fertig." Obwohl dieses „fertig", gemessen an damals bereits existierenden Motoren und Vergasern etwa von Marcus, mehr als übertrieben war, schränkte Sass lediglich ein: „So wurde die von Maybach umgebaute atmosphärische Maschine der erste Benzinmotor, der in Deutschland gelaufen ist. Im Ausland hat man das schon früher versucht". Dafür stand in Deutz schon 1876 mit dem Brayton-Motor ein konkretes Beispiel zur Verfügung. Dass Maybach an weiteren Deutzer Benzin-Versuchen beteiligt wurde, ist nicht belegt. Die Skizze eines Oberflächenvergasers, die Eugen Langen im Jahr 1876 an einen belgischen Geschäftspartner – vermutlich Cockerill – schickte, stammt wahrscheinlich nicht von Maybach. Sie zeigt einen benzingefüllten Behälter, der von der Ansaugluft des Motors durchströmt wurde. 1880 stand dann laut Sass für die Versuche, „die Gasmotoren mit Petroleumdestillaten arbeiten zu lassen“, der „Apparat des Kölner Fabrikanten Berghausen“ zur Diskussion. Weitere Vergaservorschläge fanden sich unter den in- und ausländischen Patentschriften, die Maybach im Zusammenhang mit dem geplanten „kleinen“ Motor in Deutz gesichtet hat. Es fehlte also nicht an Vorbildern, als Maybach in Cannstatt mit der Entwicklung eines für den mobilen Betrieb geeigneten Vergasers begann.

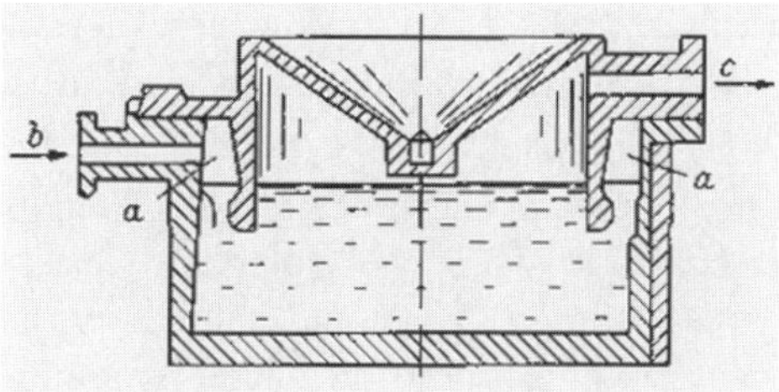

Abb. 33: Oberflächenvergaser nach Eugen Langen 1876: Im Ringraum a angesaugte, bei c austretende Luft reichert sich mit Benzindämpfen an, durch den Trichter wird nachgefüllt (aus Sass)

Daimlers Konzept, den Motor als autarkes System anzubieten, führte zu einer Kombination von Vergaser und Vorratsbehälter, dem „Schwimmervergaser“. Als Oberflächenvergaser diente ein zylindrischer hohler Blechkörper, der auf dem Benzin schwamm. Er veränderte mit abnehmendem Benzinspiegel seine Höhenlage; ein oben herausragender Messstab zeigte den Vorratsstand im „Oelreservoir“ an. Eine – laut Patentschrift – „mit dem Petroleumvorrath communicirende zentrale Mulde“ in diesem „Schwimmer“ enthielt eine stets gleich bleibende Benzinmenge, durch die über eine Teleskopröhre vorgewärmte Luft gesaugt und angereichert wurde. Die Benzindämpfe passierten dann Prallbleche, um überschüssige Tropfen zurückzuhalten, und eine Drahtgaze zur Sicherung gegen zurückschlagende Flammen. Dass, wie Sass anmerkt, der Vergaser „größer als der Motorzylinder“ war, ergab sich aus seiner Funktion als Benzinbehälter. Wenn der Vorrat von ca. zwei Litern aufgebraucht war, musste von Hand nachgefüllt werden. Der Brenner zur Beheizung des Glührohrs wurde aus einem eigenen, kleineren Behälter gespeist. Der „Verdunstungsapparat, glz. Benzin-Vorrat“ war Bestandteil des Patentanspruchs 3 der Patentschrift Nr. 36423 für das Zweirad („Reitwagen“) von 1885; er prägte das typische Bild der Daimler-Motoren für viele Jahre. Die seit 1888 gebauten Zweizylinder erhielten vergrößerte Behälter, um eine längere Betriebszeit ohne umständliches Nachfüllen zu erreichen. Das auf dem Benzin schwimmende

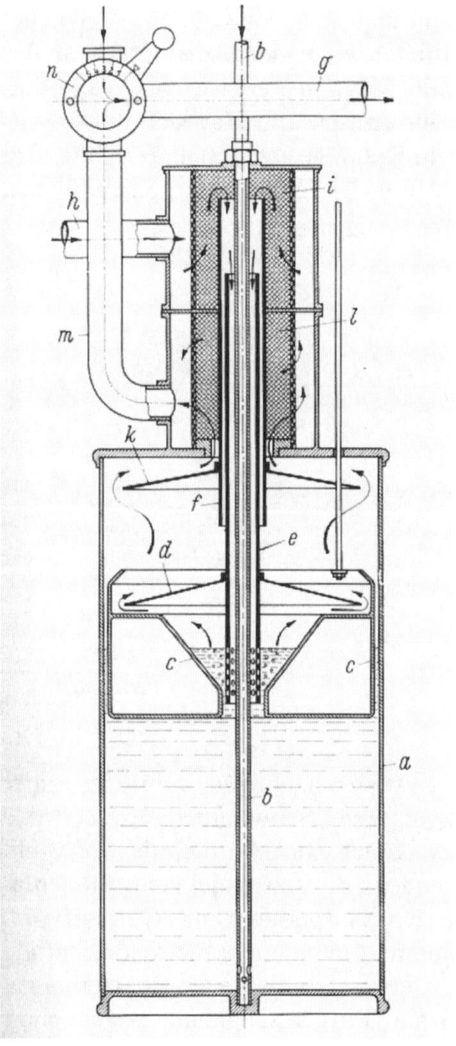

Abb. 34: Maybachs Oberflächenvergaser mit Benzinvorrat: Aus dem Teleskoprohr e durch den schwimmenden Hohlkörper c angesaugte Luft gelangt über Prallblech d und Filter l angereichert in Ansaugrohr g (aus Sass)

Blechgehäuse mit „zentraler Mulde“ hätte eigentlich „Schwimmvergaser“ heißen müssen – im Unterschied zum fest eingebauten Schwimmervergaser von Carl Benz, bei dem, wie später allgemein üblich, der Schwimmer mit Nadel den Benzinzulauf regelte. Zu dieser Technik, die einen getrennten Benzintank erfordert, ging Maybach erst bei seinem „Spritzdüsenvergaser“ von 1893 über. Im „Reitwagen“-Patent war alternativ eine „Zerstäubungspumpe“ an Stelle des „Verdunstungsapparates“ vorgesehen, oder „bei Einrichtung des Motors für Gas“, die nicht näher beschrieben wird, „statt des Oelreservoirs ein Gasreservoir“.

2.4 Maybachs Projekt: Der Reitwagen

Der Gedanke, aus dem Bau leichter Fahrzeug-Benzinmotoren ein Unternehmensziel zu machen, hat Daimler in seiner letzten Deutzer Zeit beschäftigt – darauf lassen die Stichworte „Gaswagen“ und „Gesellschaftskapital“ schließen, die in seinen

Abb. 35: Motor statt Pferd: Die Vision der Motorrad-Zukunft wurde mit dem Reitwagen noch nicht Wirklichkeit (Daimler AG)

Notizen nach der Kündigung mit der Frage „oder in Wien?“ verbunden sind. Vielleicht hat er daran gedacht, zusammen mit seinem Geschäftspartner Eduard Bierenz, den er kurz zuvor auf der Rückreise aus Russland in Wien besucht hatte, ein Unternehmen für die Herstellung von Motorfahrzeugen zu gründen.
In Cannstatt reichte Daimlers Kapital zunächst nur für den Motorenbau aus. Der Vorteil der kleinen Motoren lag in ihrer vielseitigen Verwendbarkeit – sie waren nicht für bestimmte Zwecke oder Fahrzeuge konstruiert. Nun ging es darum, ihre Möglichkeiten publik zu machen. Vielleicht konnte man sogar mit einem eigenen Produkt – wie Daimler es ausdrückte – „ein Feld belegen“. Noch fehlte in Deutschland das Interesse an leichten Motorfahrzeugen. Ohne praktisch sinnvolle Beispiele waren keine Käufer zu finden.

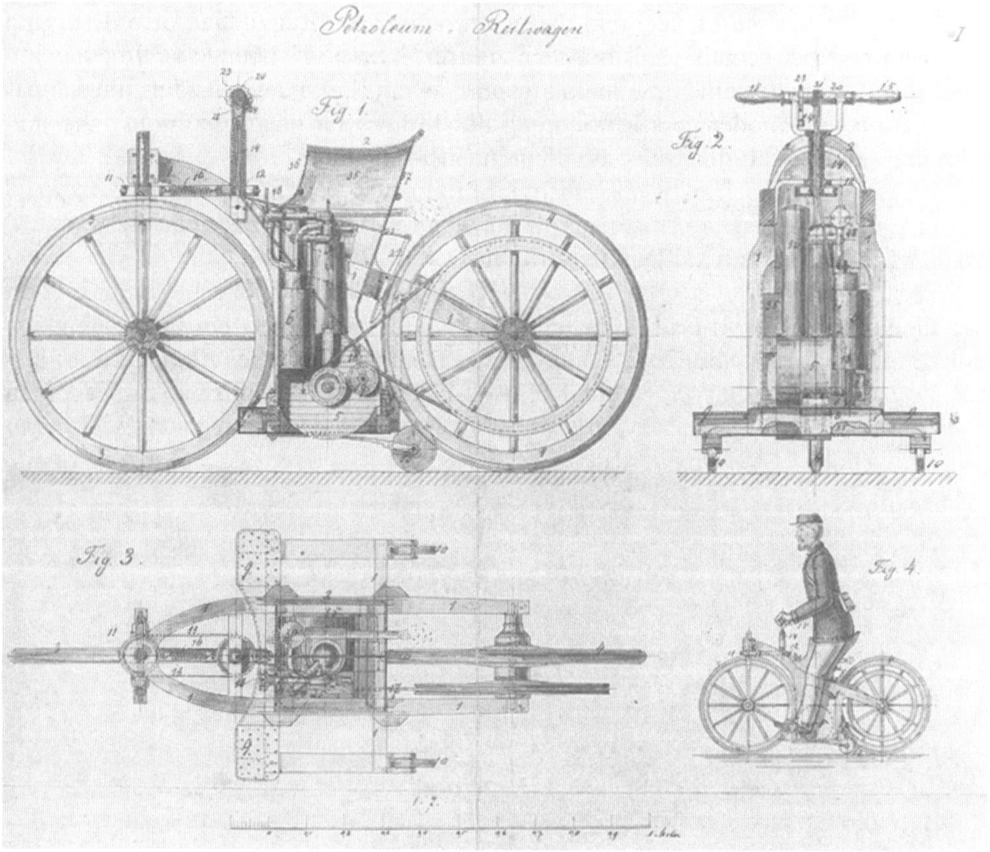

Abb. 36: Aufrechterhaltung, gleichwohl Schiefstellung: Lenkmechanik, Schnurantrieb und kleine „Balancierrollen“ mit breiter Spur unterscheiden den Wagen der Patentzeichnung von der späteren Ausführung

Der Gedanke, ein Motor-Zweirad als neuartiges und billiges Alltagsfahrzeug zu entwickeln, stammte offenbar von Maybach. Mit Ehrgeiz ging er an die Konstruktion eines einspurigen und einsitzigen Fahrzeuges mit seitlichen Stützrädern. Die umfangreichen Vorarbeiten und die ausführliche Patentschrift für das „Fahrzeug mit Gas- bezw. Petroleum-Kraftmaschine“ von 1885 lassen auf die Absicht schließen, es auf den Markt zu bringen und zusätzlich Lizenzeinnahmen zu erzielen. Eine kolorierte Ausführung der Patentzeichnungen ist mit „Petroleum-Reitwagen“ überschrieben, später findet sich auch die Bezeichnung „Reitrad“. Maybach muss von seiner Idee sehr überzeugt gewesen sein: Auf Skizzen hat er sich selbst als Fahrer dargestellt, ein Zeichner lieferte – wohl für Werbezwecke – eine Straßenverkehrs-Szene. Vorgesehen waren Versionen als Winterfahrzeug mit Lenkkufen und Hinterrad-Spikes und ein Lieferfahrzeug mit Transportkorb. Gebaut wurde 1885 ein in vielen Details von der Patentbeschreibung und den Zeichnungen abweichendes Exemplar der Zweirad-Ausführung. Das Original ging beim Werksbrand von 1903 verloren, aufgrund der Abbildungen entstand in den 1920er Jahren eine genaue Kopie.

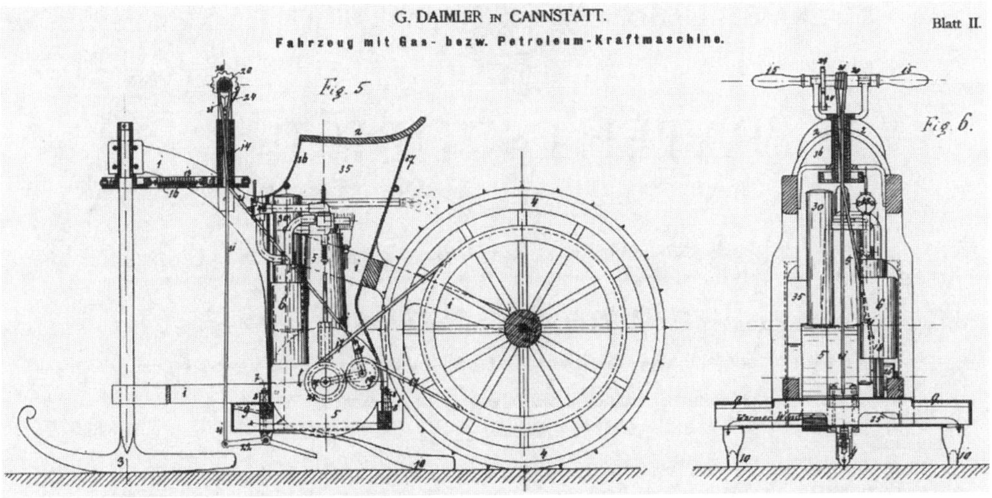

Abb. 37: „Hauptlast auf der Mittelspur“: Schlittenversion mit Leit- und Stütz-„Schuhen“ und Bremskralle

Die Patentbeschreibung zeugt von Maybachs Sinn für verzwickte Detailkonstruktionen: Der luftgekühlte Einzylindermotor mit 0,264 Liter Hubraum und 0,5 PS, verkleinerte Version der „Standuhr“, ist samt Nebenaggregaten unter dem Sitz auf kleinstem Raum zwischen den Rädern untergebracht. Dass der Radabstand beim Bau des Fahrzeuges vergrößert wurde, kam dem Gesamtbild zugute und verbesserte sicher auch die Fahrstabilität. Die Kraftübertragung sollte laut Absatz 3 der Patentbeschreibung „mittelst loser Schnur“ erfolgen, im fünften Absatz ist jedoch von einem Treibriemen die Rede. Verwirklicht wurde ein aufwendiger Flachriemenantrieb mit Vorgelegewelle. Der Riemenspanner diente als Anfahrkupplung, die beiden unterschiedlich großen Riemenscheiben auf den An- und Abtriebswellen sollten durch Umlegen des Riemens zwei Übersetzungen ermöglichen. Sie sind in der Patentschrift noch nicht vorgesehen, ebenso der Hinterradantrieb über ein Ritzel und einen Innen-Zahnkranz. Die ausgeführte Form der Kraftübertragung deutet auf gründliche Versuche und diente als Vorbild für die Motorkutsche des nächsten Jahres. Mit seinem soliden Holzrahmen, der die Mitwirkung eines professionellen Wagenbauers erkennen lässt, weist der „Reitwagen“ ästhetische Qualitäten auf – ein eindrucksvolles Museumsstück.

KAISERLICHES PATENTAMT.

AUSGEGEBEN DEN 11. AUGUST 1886.

PATENTSCHRIFT

— № 36423 —

KLASSE 46: LUFT- UND GASKRAFTMASCHINEN.

G. DAIMLER IN CANNSTATT.

Fahrzeug mit Gas- bezw. Petroleum-Kraftmaschine.

Patentirt im Deutschen Reiche vom 29. August 1885 ab.

Dieses Fahrzeug besteht im wesentlichen aus dem Fahrgestell 1 mit Sitz 2, einem Lenkrad 3 und einem Triebrad 4 in derselben Spur, Fig. 1 bis 4.

Die Triebkraft, der Gas- bezw. Petroleummotor 5 mit dem Petroleumreservoir 6, ist zwischen diesen Rädern möglichst tief und federnd aufgehängt, indem an den Befestigungsschrauben 7 Gummischeiben 8 untergelegt sind; dieses letztere zu dem Zweck, dafs die Explosionsstöfse weniger auf das Wagengestell übertragen werden. An den Trittbrettern 9 zu beiden Seiten ist je eine pendelartig federnde Balancierrolle 10 zur Aufrechthaltung des Wagens angebracht, welche gleichwohl eine Schiefstellung desselben beim Curvenfahren zulassen. Das Lenkrad 3 wird durch Uebertragung mittelst über die Scheiben 11 und 12 gelegter Kette oder Bandes 13 von der hohlen Drehachse 14 aus mit dem Lenkhebel 15 gesteuert. Durch die in die beiden Scheiben 11 und 12 gespannt eingehängte Zugfeder 16, welche ihre kleinste Länge hat, wenn die beiden Räder 3 und 4 in gerader Spur laufen, wird das Lenkrad beim Freilassen in dieser Stellung gehalten.

Die Uebertragung der Kraft vom Motor auf das Triebrad geschieht mittelst loser Schnur 17, welche durch die auf dem drehbaren Hebel 18 sitzende Rolle 19 gespannt wird.

Von dem Ende des Hebels 18 aus geht durch die hohle Achse 14, einigemal um die Handgriffachse 20 geschlagen und wieder zurück, eine Schnur 21, deren anderes Ende mit dem Bremshebel 22 verbunden ist, so dafs beim Drehen der Handgriffe 15 nach der einen oder anderen Richtung die Spannrolle angezogen und die Bremse gelöst wird, oder umgekehrt. Durch das gezahnte Rädchen 23 mit Falle 24 kann die drehbare Handgriffachse in jeder Stellung festgehalten werden.

Ist die Bremse angezogen, so ist der Treibriemen lose und gleitet auf seinen Scheiben, während der Motor leer weiter läuft.

Die auf der Kurbelachse lose Antriebsscheibe 25 wird mittelst der Frictionsscheiben 26 und 27, Fig. 9 und 10, mitgenommen, die durch Feder 28 und Stellschraube 29 so gegen einander geprefst werden, dafs bei Ueberschreitung der Maximalkraft des Motors die Kupplung gleitet, wodurch ein Stillstehen des Motors während der Fahrt vermieden wird.

Der Ausblasetopf 30, Fig. 1 bis 3, dient gleichzeitig zur Heizung.

Durch den Schraubenventilator 31, Fig. 9 und 10, seitlich am Motor auf der Kurbelachse 32 wird frische Luft durch den Mantelraum 33 des Arbeitscylinders 34 zur Kühlung desselben getrieben, welche nach der Erwärmung zur Heizung des Wagensitzes 2 etc. dient und an den Fufstritten 9 wieder entweicht.

Der Wagensitz bildet zum Zweck der Heizung und zum Schutz der Apparate gegen Staub mit dem Gestell einen geschlossenen Kasten 35, welcher oben mit den umlegbaren Klappen 36 und 37 versehen ist, zur Lüftung bei Entbehrlichkeit der Heizung.

Der Motor wird vor Besteigung des Wagens mittelst der Kurbel 38, Fig. 9, leer laufend in Gang gesetzt. Dieselbe ist mit Sperrzähnen 39 versehen und wird bei der Beschleunigung der Umdrehung der Kurbelachse von selbst ausgelöst und abgenommen.

Der Petroleumapparat besteht hauptsächlich aus dem Petroleumreservoir 6, Fig. 11 und 12, ferner dem Schwimmer 40 mit Teleskopröhre 41, 42. Rohr 41 ist im Schwimmer und Rohr 42 am Reservoirdeckel 43 fest. Die durch die Teleskopröhre vom Motor in den Apparat eingesaugte Luft ist zur besseren Verdunstung dem warmen Luftstrom aus dem Cylindermantel 33 entnommen und wird durch die Löcher 44 in die oberen Schichten des Petroleums im Schwimmer geführt, tritt, mit Oeldämpfen geschwängert, durch die Verdunstungsräume 45, 46 und 47 in die Rohrleitung zum Motor und empfängt im Regulirhahn 48 die zur vollständigen Verbrennung nöthige Luft. Der Raum 47 ist durch Sieb 49 von Raum 46 getrennt und befindet sich auf derselben das Ventil 50, damit bei etwaigem Einschlagen einer Flamme dieselbe nicht tiefer in den Apparat dringen und der entstandene Druck durch das Ventil entweichen kann.

An Stelle des Verdunstungsapparates kann auch eine Zerstäubungspumpe verwendet werden, wie auch bei Einrichtung des Motors für Gas statt des Oelreservoirs ein Gasreservoir auf dem Wagen angebracht werden kann. Auch kann das Fuhrwerk zum Transport von Lasten jeder Art verwendet werden.

Fig. 5 bis 8 zeigen die ganze Einrichtung, wie oben beschrieben, auf einen Schlitten für Eis- und Schneebahnen angewendet, nur sind an Stelle des Leitrades der Leitschuh 3 und statt der Balancierrollen die Balancierschuhe 10 angebracht; ferner ist das Triebrad 4 mit Zähnen versehen, und greift die Bremse 22 direct am Boden an.

Patent-Ansprüche:

1. Die Anordnung eines Gas- bezw. Petroleummotors unter dem Sitz und zwischen den beiden Fahrachsen eines einspurigen Fahr- oder Schlittengestelles mit dem Schwerpunkt in der Verticalebene der Spur zum Zweck gleichmäfsig vertheilter niedriger Aufhängung; die Umschliefsung des Motors durch einen Kasten, der gleichzeitig als Sitz des Fahrzeuges dient, zum Zweck allseitigen Schutzes desselben, und die Beheizung dieses Kastens durch die überschüssige Wärme des Motors.
2. Bei der unter 1. geschützten Anordnung:
   a) die am Fahrzeug seitlich angebrachten federnden Balancierrollen bezw. -Schuhe 10, um die Hauptlast auf der Mittelspur zu erhalten, auch bei unebener Fahrstrafse;
   b) die die Geradspur der Räder bezw. von Rad und Leitschuh von selbst einstellende Feder 16;
   c) die wechselseitig die Bremse oder die Riemenspannung beeinflussende Zugvorrichtung 18 bis 22, wodurch die eine gelöst, während die andere angezogen wird.
3. Bei Motoren, die zum Betrieb von Fahrzeugen der unter 1. gekennzeichneten Art dienen:
   a) die Federn 8 zwischen Motor und Gestell zur Milderung der Erschütterung des Fahrgestelles durch den Motor;
   b) die Lüftungsvorrichtung 36, 37 am Schutzkasten;
   c) der Ventilator 31 auf der Kurbelachse zur Luftkühlung des Cylinders, um Wasserballast zu vermeiden;
   d) am Petroleumapparat: die mit dem Petroleumvorrath communicirende centrale Mulde im Schwimmer 40 mit der durch den Deckel 43 hindurch sich schiebenden, unter dem Petroleumniveau durchlöcherten Saugeröhre 41 am Schwimmer, mittelst welcher erwärmte Luft durch das Petroleum in der Mulde gesaugt wird, zum Zwecke, bei Schiefstellung des Fahrzeuges die Löcher 44 noch unter dem Petroleumspiegel zu erhalten und um die Erwärmung des Petroleumvorrathes im Behälter zu vermeiden.

Hierzu 3 Blatt Zeichnungen.

Abb. 38: Patentschrift vom 29. August 1885: „die die Geradspur von selbst einstellende Feder" laut Anspruch 2b wurde im Versuchfahrzeug nicht realisiert

Mit dem Fahrwerk hatte sich Maybach auf ein Gebiet gewagt, das ihm als Motorenkonstrukteur nicht vertraut war. Zwar kannte er die Patente von Guillaume Perreaux für die Dampf-Fahrräder von 1870 (Zweirad) und 1879 (Dreirad). Perreaux hatte Fahrgestelle aus der Fahrradfabrik Michaux verwendet, während Maybach das Fahrzeug vollständig neu konstruierte, ohne sich mit dem Stand der Fahrradtechnik auseinanderzusetzen. Im Konzept wird die damals verbreitete Furcht vor der Balance auf einem Einspurfahrzeug spürbar: Maybach sah „je eine pendelartig federnde Balancierrolle zur Aufrechterhaltung des Wagens" an den Trittbrettern vor, „welche gleichwohl eine Schiefstellung desselben beim Curvenfahren zulassen". Eine Feder sollte laut Patentschrift „die Geradspur der Räder von selbst einstellen", wurde aber dann weggelassen. Die zweiradtypische Kurvenneigung nach innen („Schiefstellung") wäre trotz federnder Anbringung der Stützräder bei dem Fahrzeug der Patentzeichnung aufgrund des niedrigen Auslegers und der großen Spurweite von etwa 55 cm nicht möglich gewesen – das jeweils äußere Stützrad hätte lediglich ein Umkippen nach außen verhindern können. Das verwirklichte Fahrzeug wurde mit größeren, höher angeordneten Stützrädern mit schmalerer Spur versehen.

Abb. 39: Motoreinbau auf kleinstem Raum: Zeitungsbild von Wilhelm Maybach auf dem Daimler-Reitwagen (Daimler AG)

In der später angefertigten Zeichnung einer Ausführung für den Lastentransport ist eine Fußhebel-Mechanik dargestellt, mit der die Stützräder vom Fahrer so weit angehoben werden konnten, dass sie bei Kurvenneigung den Boden nicht mehr berührt hätten. Hier findet sich auch eine schräg gestellte Vordergabel mit korrekter Geometrie, allerdings verbunden mit erheblich höherer Sitzposition. Der Fahrer hätte das Fahrzeug „besteigen", mit Hilfe der Stützräder anfahren und sie vor dem Halten und Absteigen wieder absenken müssen. Ein sicheres Kurvenfahren wäre trotz der Verbesserungen mit den flachen Eisenreifen schwierig gewesen.

Abb. 40: Fahrradgabel, Stützräder einziehbar, hohe Sitzposition: Skizze einer Lasten-Ausführung (Daimler AG)

Die ersten Probefahrten von Maybach und den Daimler-Söhnen führten zu einem enttäuschenden Ergebnis. Verbürgt sind drei Kilometer auf der Strecke von Cannstatt nach Untertürkheim am 10. November 1885. Für Geradeausfahrt auch mit höherer Geschwindigkeit war das Fahrwerk geeignet, die Handhabung in Kurven und beim Rangieren scheint dagegen mehr Probleme bereitet zu haben, als man der Kundschaft zumuten konnte. So blieb schließlich nichts anderes übrig, als das mit großen Hoffnungen begonnene und mit hohen Kosten verwirklichte Projekt aufzugeben.

Abb. 41: Beispiel hochwertiger Konstruktions- und Handwerksarbeit: Museumskopie des „Reitwagens" mit großen Stützrädern, zwei Riemen-Übersetzungen und Zahnradantrieb (Daimler AG)

2.5 Cannstatter Sensationen

Diese Erfahrungen mit dem Versuch einer komplexen Fahrzeugentwicklung veranlassten Daimler, sich künftig auf anwendungsfähige Antriebsaggregate zu beschränken. Als Erfolg erwies sich die „Einrichtung zum Betriebe der Schraubenwelle eines Schiffes mittelst Gas- oder Petroleum-Kraftmaschine", für die das Reichspatent Nr. 39367 vom 9. Oktober 1886 erteilt wurde. Der von Maybach gebrauchsfertig durchkonstruierte, in ein leichtes Boot eingebaute und auf dem Neckar erprobte Schraubenantrieb entwickelte sogleich Faszination. „Wie von unsichtbarer Kraft getrieben", bahnte sich das Boot „mit großer Geschwindigkeit stromauf- und -abwärts den Weg durch die Fluten" (Cannstatter Zeitung vom 5. November 1886). Neben den in der Flussschifffahrt verbreiteten Raddampfern entwickelten sich die kleinen und wendigen Motorboote zur eigenen Gattung. Auch wenn das Patent nur die besondere Form der Antriebstechnik mit Umsteue-

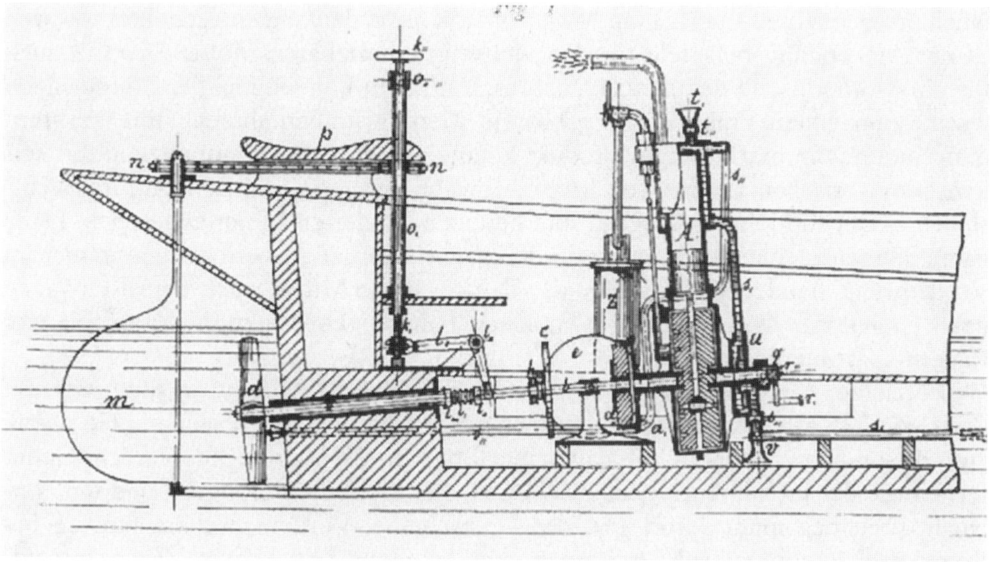

Abb. 42: Einbaufertig, leicht bedienbar: Bootsmotor und Schraubenantrieb brachten den ersten Verkaufserfolg (Patentzeichnung von 1886, Ausschnitt)

Abb. 43: Mobilität zu Wasser: Vorführfahrt auf dem Neckar mit Daimler und Maybach 1887 (Daimler AG)

rung für Rückwärtsfahrt betraf: Überall, wo er das Boot vorführte, galt es als Sensation und Daimler als sein Erfinder. Nicht anders war es bei den Versuchen der nächsten Jahre mit Straßen-, Schienen- und Luftfahrzeugen.

Nüchtern betrachtet – und Daimler war ein nüchtern denkender Techniker – waren es nur Anwendungsbeispiele für den vielseitig einsetzbaren Motor. Das gilt auch für die Motorkutsche des gleichen Jahres 1886: Ein konventioneller Pferdewagen wurde zum ersten praktisch brauchbaren Vierrad-Straßenfahrzeug mit Verbrennungsmotor. Ein marktfähiges Produkt konnte aus diesem Fremdfahrzeug mit seinem provisorischen Einbau von Motor, Kraftübertragung und Lenkung nicht entstehen. Auch enthielt der Wagen, vom bereits patentierten Motor abgesehen, keine patentfähigen Elemente. Daimler, für den patentrechtliche Überlegungen immer im Vordergrund standen, hatte weder die Zeit noch die Mittel, nach dem Reitwagen noch einmal das Wagnis einer komplexen Fahrzeugkonstruktion – nun mit vier Rädern – zu unternehmen.
Wie berichtet wird, sollte die von Daimler bei Wimpff & Sohn in Stuttgart zum Preis von 775 Mark bestellte leichte viersitzige Americaine-Kutsche ein Geschenk zum dreiundvierzigsten Geburtstag seiner Frau am 29. April 1886 werden. Geliefert wurde der in Hamburg gebaute Wagen aber erst am 28. August, und die Umbauarbeiten begannen sofort. An der Drehschemel-Vorderachse brachte die befreundete Maschinenfabrik Esslingen eine einfache und robuste Zahnsegment-Lenkmechanik an. Die Deichsel wurde zu einem Stummel verkürzt, um den Wagen auch von Hand manövrieren zu können.

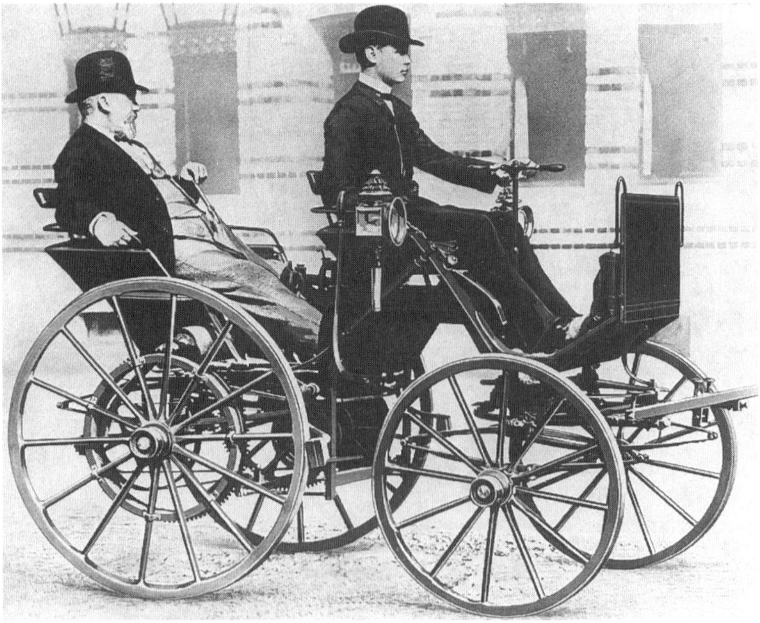

Abb. 44: Mobilität zu Lande: Daimler auf dem Rücksitz seines ersten Wagens 1886/87: Motorisierte Americaine-Kutsche, gefahren von Sohn Adolf (Daimler AG)

Abb. 45: Lamellenkühler, Schalldämpfer: Historisches Foto der Ausführung von 1887 mit eingefügten Erklärungen (Daimler AG)

Wenn auch der Einbau des Motors im hinteren Fußraum den Sitzkomfort erheblich einschränkte, er erfolgte mit schwäbischer Gründlichkeit und sicherte alle wichtigen Funktionen. Der luftgekühlte Motor mit zunächst 462 ccm Hubraum und 1,1 PS wurde über eine Handkurbel in Gang gebracht und trieb nach dem Einrücken der Holzkegel-Konuskupplung wie beim Zweirad über Flachriemen, eine Vorgelege-Welle und Ritzel die Zahnkränze an den Hinterrädern an. Auch hier standen zwei Übersetzungen mit unterschiedlich großen Riemenscheiben zur Verfügung, der Riemen konnte nur im Stillstand umgelegt werden. Mit vier Vollelliptik-Blattfedern war die Americaine-Kutsche ein komfortables Fahrzeug, die beim Einfedern auftretenden Höhenunterschiede zwischen dem fest eingebauten Motor und der Vorgelegewelle der Hinterachse wurden durch den langen Antriebsriemen ausgeglichen. Um die unterschiedliche Umdrehungszahl der Räder bei Kurvenfahrt auszugleichen, waren die Antriebsritzel in Leder-Rutschkupplungen gelagert, ein Differentialgetriebe war nicht vorgesehen. Als bei den ersten Probefahrten 1886 der Motor zu heiß wurde, kam im nächsten Jahr ein Lamellen-Wasserkühler hinzu. Die Kutsche erreichte bis zu 18 km/h und tat ihren Dienst ohne größere Probleme. Sie wurde bald zur bekannten Erscheinung auf den Straßen des Neckartals und blieb mehrere Jahre eine begehrte Attraktion für prominente Fahrgäste wie – laut „Eßlinger Zeitung“ vom 11. Dezember 1887 – „Seine Hoheit Prinz Hermann zu Sachsen-Weimar“. Seine Schlüsselfunktion in der Automobilgeschichte erfüllte der Wagen im Februar 1888, als Gottlieb Daimler ihn Louise Sarazin vorführte, der Gattin seines verstorbenen Geschäftspartners Edouard Sarazin.

Abb. 46: Antriebs-Provisorium: Kraftübertragung vom Motor über Flachriemen, Vorgelege-Welle, Rutschkupplungen und Zahnräder an die Hinterräder (Daimler AG)

1887 ging Daimler mit der Miniatur-Straßenbahn, die vom Unterstell-Schuppen „Hauptbahnhof Cannstatt" auf dem Wilhelmsplatz zum Kurpark fuhr, wieder in die lokale Öffentlichkeit. Für den professionellen Bahnbetrieb folgte im gleichen Jahr eine viersitzige Draisine, 1888 ein „Motorwagen System Daimler" für die Stuttgarter Pferde-Eisenbahn-Gesellschaft. Die erste von mehreren Ausstellungsbahnen fuhr 1889 in Bremen. Partner für die erste Feuerspritze mit Motorpumpe war der Handfeuerspritzen-Hersteller Heinrich Kurtz aus Stuttgart. Ausgestellt auf dem Feuerwehrtag 1888 in Hannover, fand das – von Hand gezogene – Versuchsexemplar großes Interesse. Nach 1890 entstanden mit dem 6-PS-Zweizylinder-Motor pferdebespannte Feuerspritzen mit beachtlicher Pumpenleistung – Marksteine der Feuerwehrtechnik. Bei allen diesen Projekten arbeiteten Daimler und Maybach mit den jeweiligen Fahrzeug- und Geräteherstellern zusammen, beide Seiten machten dabei Erfahrungen.

Von einer motorisierten Luftfahrt war noch keine Rede, aber Daimler zweifelte nicht daran, dass es sie bald geben würde. Weder Elektro- noch Dampfmotoren kamen für den Antrieb von Fluggeräten in Frage – nur Benzinmotoren waren unabhängig und leicht genug. Ein frühes Fluggerät wurde zum spektakulärsten Cann-

Abb. 47: Mobilität in der Luft: Der Mechaniker Wirsum in der Motorgondel des Wölfert-Lenkballons 1888 mit von Paul Daimler konstruiertem Antrieb der Horizontal- und Vertikal-Propeller (Daimler AG)

Abb. 48: Acht Jahre später bei Berlin: Erfolgreiche Vorführung des Wölfert-Lenkballons mit Zweizylinder „Phoenix"-Motor 1896 (Daimler AG)

Abb. 49: Ende mit Bruchlandung: Vorführung des Aluminium-Starrluftschiffs von David Schwarz mit Daimler Vierzylinder P-Motor auf dem Tempelhofer Feld 1897 (Daimler AG)

statter Versuchsobjekt: die Gondel des lenkbaren Luftballons von Wölfert. Daimler war im Oktober 1887 durch einen Bericht der Leipziger Illustrierten auf das Projekt des Buchhändlers Dr. Friedrich Hermann Wölfert aufmerksam geworden, der die Flugversuche seines verstorbenen Partners Georg Baumgarten fortsetzte. Er lud den Luftfahrtpionier nach Cannstatt ein. Die für Baumgarten patentierte Verbindung einer starren Gondel mit einem zigarrenförmigen Ballon war ein Vorläufer des halbstarren Luftschiffs, manövrierbar durch zwei mit Muskelkraft betriebene Propeller – einer horizontal, einer vertikal – und ein Seitenruder. Mit dem von Daimlers Sohn Paul eingebauten Einzylindermotor unternahm der Mechaniker Wirsum 1888 Versuchsfahrten zwischen Cannstatt und Kornwestheim. Die „Ludwigsburger Zeitung" vom 11. August 1888 schrieb: „Die Probefahrt hatte zwar nicht den gewünschten Erfolg, doch wurde der Eindruck gewonnen, dass die Sache durch Verwendung des Daimlerschen Motors, welcher bei sehr geringem Gewicht und Umfang eine enorme Kraft entwickelt, dem angestrebten Ziele sehr nahe gerückt ist. Wünschen wir dem Herrn Dr. Wölfert, welcher seine Versuche rastlos fortsetzen wird, dass er den der Luftschiffahrt bis jetzt versagten Triumph bei uns feiern möge!"[67] Der Triumph blieb Wölfert versagt. Zwar kam es mit dem stärkeren Zweizylinder „Phoenix"-Motor im August 1896 auf der Berliner Gewerbeausstellung zu einer erfolgreichen Vorführung. Doch im nächsten Jahr, am 12. Juni 1897, überlebten Wölfert und sein Mechaniker Robert Knabe die Vorstellung des 28 Meter langen neuen Luftschiffs „Deutschland" nicht. Vor großem internationalem Publikum explodierte der Ballon, die Gondel stürzte aus etwa 500 Metern Höhe ab. Ausströmendes Wasserstoffgas hatte sich an der Glührohr-Brennerflamme entzündet.

Abb. 50: Zwölf Jahre nach den ersten Versuchen begann in Daimlers Todesjahr das Zeitalter der Interkontinental-Luftfahrt: Erstflug des Zeppelin-Luftschiffs LZ 1 mit elektrisch gezündeten Daimler Vierzylinder N-Motoren am 2. Juli 1900 bei Friedrichshafen (Daimler AG)

Trotz dieses Unfalls, der durch einen Gasaustritt außerhalb der Gondel zu vermeiden gewesen wäre, bestätigte sich seitdem immer wieder die Richtigkeit von Daimlers Interesse an Fluggeräten. Noch im Jahr 1897 folgten weitere Luftschiff-Flugversuche mit einem Daimler-Motor und Glührohrzündung: Auf dem Tempelhofer Feld bei Berlin wurde das Starrluftschiff mit Aluminiumhülle von David Schwarz erprobt. Nach Darstellung des Luftfahrtautors Bruno Eckert war es mit einem Vierzylinder „P"-Motor ausgerüstet, dem von Maybach 1890 entworfenen Bootsmotor, den Daimler 1893 auf der Weltausstellung in Chicago vorgestellt hatte. Der Vierzylinder „mit einem Hub/Bohrungsverhältnis von 120/180 mm [richtig 120/80 mm], was einem Gesamthubraum von 2,4 l entspricht", einer Leistung von 5,9 PS bei 580 U/min und einem Gewicht von 210 kg war nach Eckert auch „in den Großballon von Dr. Wölfert" eingebaut[68]. Dies kann höchstens versuchsweise geschehen sein, denn für Wölferts Ballon war dieser Motor zu schwer – wenn auch in der großen Gondel genügend Platz gewesen wäre. Das Starrluftschiff mit „formgebender" Aluminiumhülle von Schwarz wurde bei einer harten Landung zerstört, geriet aber nicht in Brand. Die Arbeiten am ersten Daimler Vierzylinder-Luftschiffmotor mit elektrischer Magnet-Abreißzündung begannen schon im nächsten Jahr.

2.6 Vertrag mit Louise Levassor

1886 konnte Daimler nach den ersten erfolgreichen Anwendungsbeispielen an die Herstellung des komplett funktionsfähigen und patentrechtlich abgesicherten Einzylinder-Aggregats und die Vergabe von Lizenzen denken. Obwohl sich seine finanzielle Lage verschlechtert hatte, kaufte er für 30 200 Mark ein Anwesen auf dem Cannstatter „Seelberg" und begann dort im Juni 1887 mit Maybach, dem Sekretär und Buchhalter Karl Linck und 23 Arbeitern sein „Fabrikationsgeschäft". Seitdem werden auf dem östlichen Stuttgarter Neckarufer Daimler-Motoren gebaut.
Gleichzeitig legte Daimler den Grund für die Internationalität seiner Wirkung. Mit dem Bootsantrieb aktivierte er schon 1886 eine Auslands-Lizenzverbindung, die auf seine Deutzer Zeit zurückging. Edouard Sarazin, früherer Deutz-Vertreter und Daimlers Verhandlungspartner in Paris, bis die Deutz AG 1879 die Tochterfirma „Compagnie Francaise à Gaz" gründete, meldete am 26. Oktober 1886 das Bootsantriebs-Patent für Frankreich an, gleichzeitig auch die Motoren-Patente Nr. 28022 und 28243. Gleichzeitig knüpfte Sarazin Verhandlungen mit René Panhard und Emile Levassor an, die 1886 nach dem Tod des Gründers Périn – des Erfinders der Bandsäge – dessen Maschinenfabrik übernommen hatten. Für Daimler war es vertrautes Terrain, er hatte dort 1860 gearbeitet. Nun waren Périns Nachfolger am Lizenzbau seiner Motoren und des Bootsantriebes interessiert. Da die Motorkutsche die grundsätzliche Eignung der Benzinmotoren für Straßenfahrzeuge

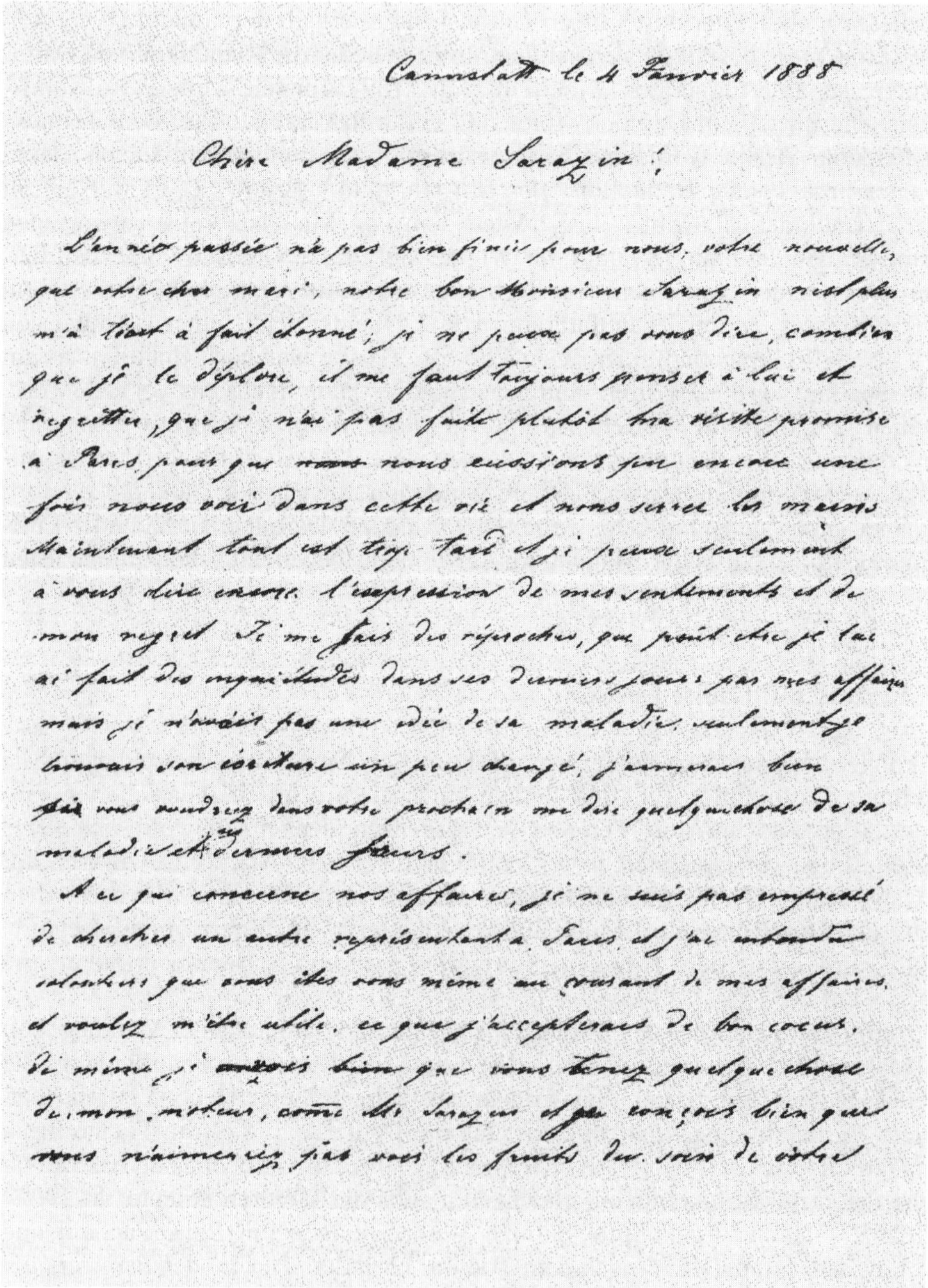

Abb. 51: „… was ich von Herzen gern annehme“: Gottlieb Daimlers Kondolenzbrief an Louise Sarazin (Daimler AG)

demonstrieren konnte, wurde auch dies eine realistische Alternative. In Frankreich waren Dampfwagen bereits etabliert, in Deutschland dagegen nahezu unbekannt. Sarazin hatte darüber schon mit seinen Partnern Panhard und Levassor gesprochen, als er am 24. Dezember 1887 im Alter von 47 Jahren an einer Nierenerkrankung verstarb. Seine Witwe Louise Sarazin informierte Daimler unverzüglich; in ihrem Brief ging sie auch auf die geschäftlichen Fragen ein: „Sie werden nun einen neuen Vertreter für Frankreich nehmen wollen; aber weil ich von allen vorausgegangenen Verhandlungen weiß und bis auf den heutigen Tag über die Einzelheiten informiert bin, so stehe auch ich Ihnen so lange für Ihre Arbeiten zur Verfügung, bis Sie einen passenden Ersatz für meinen Mann gefunden haben“[69]. In seinem Antwortbrief vom 4. Januar 1888, einem der liebenswürdigsten Dokumente von Daimlers Hand, bedauerte er, nicht früher seinen versprochenen Besuch in Paris gemacht zu haben, und machte sich Vorwürfe, Sarazin vielleicht durch seine Geschäfte Sorgen bereitet zu haben: „... ich hatte keine Ahnung von seiner Krankheit, nur seine Schrift fand ich etwas verändert.“ Daimler übertrug sein Vertrauen auf Frau Sarazin: „Was nun unsere Geschäfte anbelangt, so eilt es mir nicht, einen neuen Vertreter für Paris zu suchen und ich höre gern, dass Sie auf dem laufenden über unsere Geschäfte sind und mir nützlich sein wollen, was ich von Herzen gern annehme“. Er sicherte ihr zu, dass sie auch weiterhin an den Geschäften beteiligt bleiben werde, ohne ihren Rat werde er in der nächsten Zeit nichts unternehmen. Zur Beteiligung ihres Mannes an der Pariser Deutz-Filiale schrieb er: „Was die Papiere der Compagnie Francaise à Gaz anbelangt, glaube ich nicht, dass sie so rasch durch meinen Motor

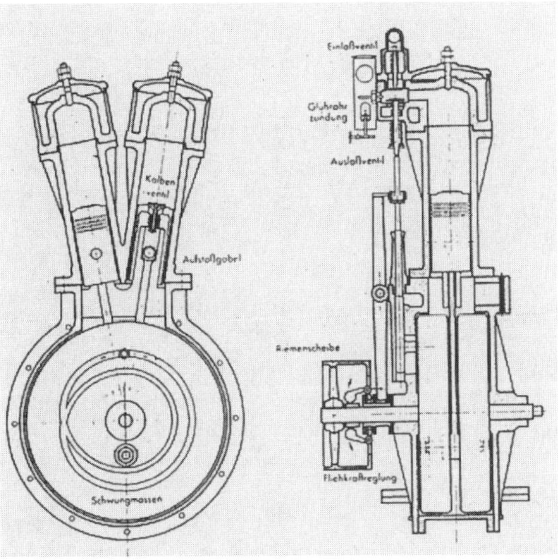

Abb. 52: Mit Kurvenscheibe und Kolbenventil: Der Zweizylinder-Motor in V-Anordnung von 1889 (Daimler AG)

fallen werden; jeder wird seine Arbeitsbedingungen haben, der meine für die beweglichen Objekte, der andere als stationärer Motor.“ Er sei noch zu sehr mit der Ausarbeitung seiner Konstruktionen beschäftigt und möchte, wenn er nach Paris kommt, „die endgültigen Pläne für den dortigen Konstrukteur mitbringen“[70].
Louise Sarazin zögerte nicht und reiste schon im Februar 1888 nach Cannstatt. Nach Probefahrten mit der Motorkutsche nahm sie einen Einzylindermotor als Muster mit nach Paris. Dort überzeugte sie ihren Geschäftspartner Emile Levassor von der Eignung des Daimler-Motors auch für Straßenfahrzeuge. Im Oktober und im Dezember des gleichen Jahres kam Levassor zu Vertragsgesprächen nach Cannstatt. Zu dieser Zeit lief bereits der Zweizylinder V-Motor mit 17 Grad Zylinderwinkel. Er wurde am 9. Juni 1889 im Deutschen Reich unter der Nummer 50839 patentiert. Gleichzeitig entstand ein neues Fahrzeug: das Quadricycle, das später unter der Bezeichnung „Stahlradwagen“ bekannt geworden ist.

Abb. 53: „Systeme Daimler“: Panhard & Levassor übernahmen die Lizenzrechte auch für den V-Motor (Daimler AG)

Daimler erhielt laut Vertrag mit Louise Sarazin vom 5. Februar 1889 12 Prozent vom Kaufpreis jedes Lizenzmotors. In einem Untervertrag gab sie die Lizenz gegen Zusicherung von 20 Prozent an Panhard & Levassor weiter. Abzüglich der

Provision für Daimler verblieben ihr also 8 Prozent – schon deswegen keine ungünstige Rechnung, weil sie Emile Levassor am 4. Mai 1890 heiratete. Vorgesehen war eine Stückzahl von 30 Motoren pro Jahr, die schon 1891 erreicht wurde. Vertragsgemäß trugen alle von Panhard & Levassor hergestellten Motoren den Namenszug „Daimler“, in den Schriftstücken und Werbedrucksachen musste auf das „Systeme Daimler“ hingewiesen werden. In einem Prospekt von 1890 wurde der Einzylinder mit seiner „grand vitesse de rotation“ als geeignet für verschiedene Fahrzeuge angeboten: „bateaux, tramways, quadricycles, etc.“.

2.7 Komplettlösung mit Problemen: Der „Stahlradwagen“

Gestalt angenommen hatte das Projekt eines Quadricycles im Lauf des Jahres 1888. Die ersten Erfolge des Boots-Schraubenantriebs von 1886 (DRP 39367) berechtigten zu der Hoffnung, dass eine einbaufertige Antriebslösung auch bei Straßenfahrzeugen die Verkaufsmöglichkeiten verbessern würde. Der improvisierte Einbau des Motors in das Heck der Kutsche war nicht auf die Bedingungen anderer Fahrzeuge übertragbar. So lag es nahe, ein eigenständiges Antriebssystem für Wagen zu entwickeln. In Frankreich gab es Interesse für leichte Motorfahrzeuge – auf diesem noch kleinen Markt sah der Partner Panhard & Levassor eine Chance. Doch der

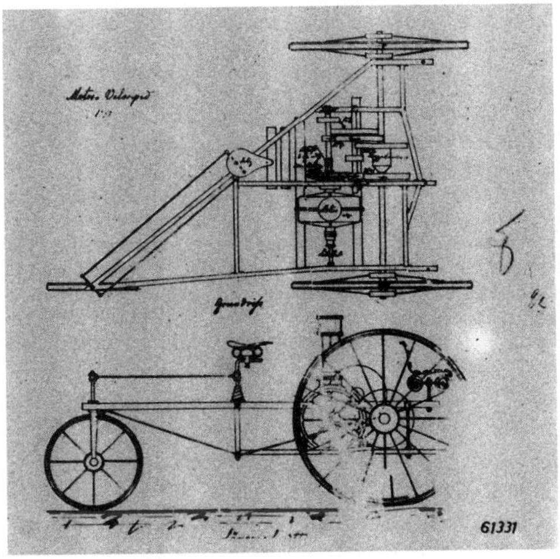

Abb. 54: „Motor Velociped“: Dem Quadricycle ging Maybachs Entwurf eines Zweispur-Dreirades mit Zahnradgetriebe voraus (Daimler AG)

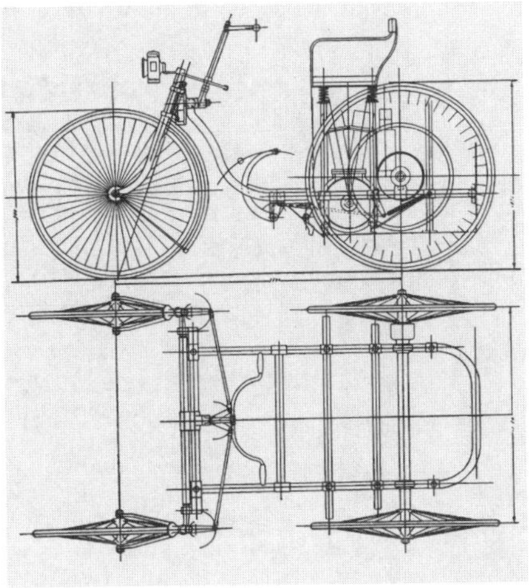

Abb. 55: Quadricycle mit Rohrrahmen und Drahtspeichenrädern: Erste Zeichnung des Neckarsulmer Fahrradkonstrukteurs Ludwig Zeidler (aus Peter Schneider, NSU 1873-1984)

Benzinmotor erzeugte, anders als die Dampfantriebe von de Dion, Serpollet und Bollée oder die Elektromotoren von Jeantaud, nur in einem begrenzten Drehzahlbereich nutzbare Antriebskraft. Für unterschiedliche Fahrbedingungen, besonders für Steigungen, reichten die beiden Übersetzungen der Kutsche nicht aus, zumal der Antriebsriemen nur im Stillstand umgelegt werden konnte. Um Geschwindigkeit und Steigvermögen den Verhältnissen anpassen zu können, konstruierte Maybach ein während der Fahrt durch Verschieben der Zahnräder schaltbares Wechselgetriebe („Schubradgetriebe“) mit Übersetzungen für vier „Geschwindigkeiten“. Eine zukunftsreiche Entwicklung: Zwei mit Stellhebeln auf der Vorgelegewelle verschiebbare Zahnradpaare ermöglichten im Drehzahlbereich zwischen 400 und 700/min vier Übersetzungen mit Geschwindigkeiten bis 5, 7, 11 und 16 km/h.

Abb. 56: Wenig Fahrkomfort: Ungefederte Einheit von Rahmen, Motor, Getriebe und Hinterachse, links die Außenbandbremse, kleine Federn unter der Sitzbank (Daimler AG)

Als Versuchsträger für die Kombination von Motor und Getriebe entwarf Maybach zunächst ein einsitziges Dreirad mit angetriebener Vorderachse und kleinem Hinterrad in der rechten Spur, das der Fahrer vom mittig angeordneten Sattel über ein Gestänge lenken konnte. Die Zeichnung überschrieb Maybach mit „Motor-Velociped“ – so hatte auch Benz sein Tricycle genannt, dessen Patentzeichnungen Daimler und Maybach seit 1886 kannten. Maybachs Dreirad-Entwurf wurde nicht weiterverfolgt, aber es blieb bei der Fahrradbauweise: Die Entscheidung fiel für ein

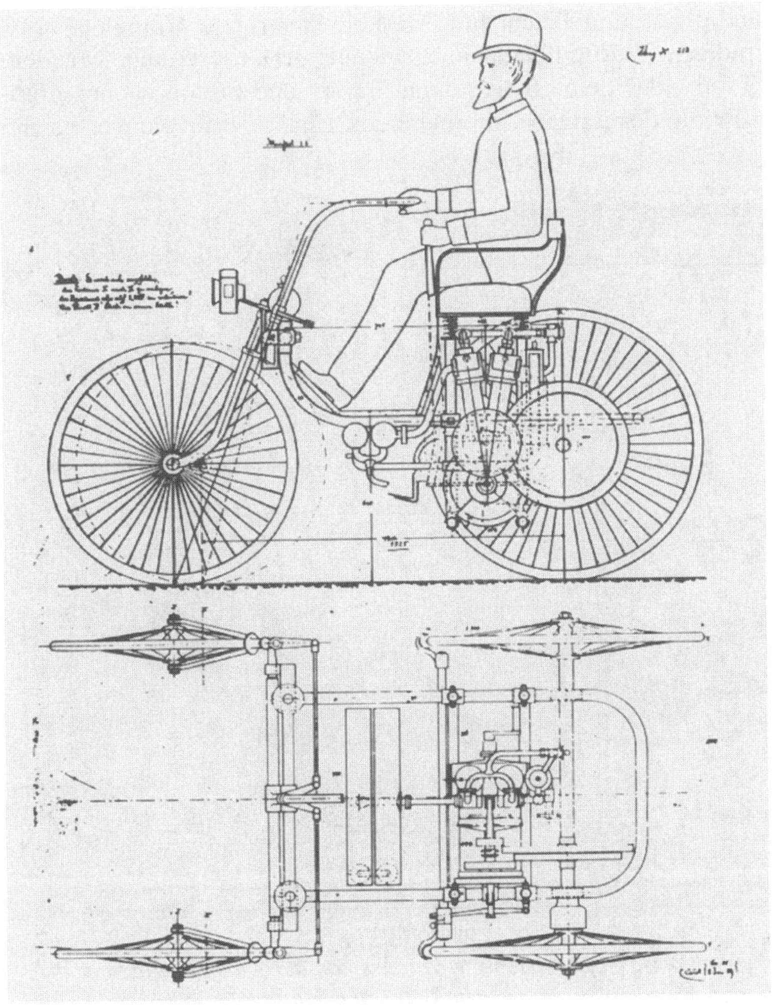

Abb. 57: Vier Räder, Mensch und Motor: Endgültige Konstruktionszeichnung mit nachträglich eingefügter Silhouette Maybachs (Daimler AG)

zweisitziges Vierrad nach dem Vorbild der in England in Mode gekommenen Quadricycles. Für den Bau von Fahrzeugen mit Rohrrahmen und Drahtspeichenrädern fehlten in Cannstatt die Voraussetzungen, auch lag die dilettantische Konstruktion des „Reitwagens“ noch nicht lange zurück. In der Nähe von Maybachs Geburtsstadt Heilbronn fand sich ein geeigneter Betrieb: die 1873 von Christian Schmidt gegründete Neckarsulmer Strickmaschinenfabrik. Nach Schmidts frühem Tod 1884 hatte sein Schwager und Nachfolger Gottlob Banzhaf 1886 eine Fahrrad-Abteilung unter dem jungen technischen Direktor Ludwig Zeidler eingerichtet, die zuerst mit aus England gelieferten Teilen das „Merkur“ baute, eine Kopie des britischen Crippen-Dreirades[71]. Württembergs Fahrradbauer lernten schnell: Mit dem Sicherheitsfahrrad „Pfeil“, das dem „Rover“ von Starley und Sutton nachempfunden war, begann der Erfolg des jungen Unternehmens. Ein Quadricycle war für ihn

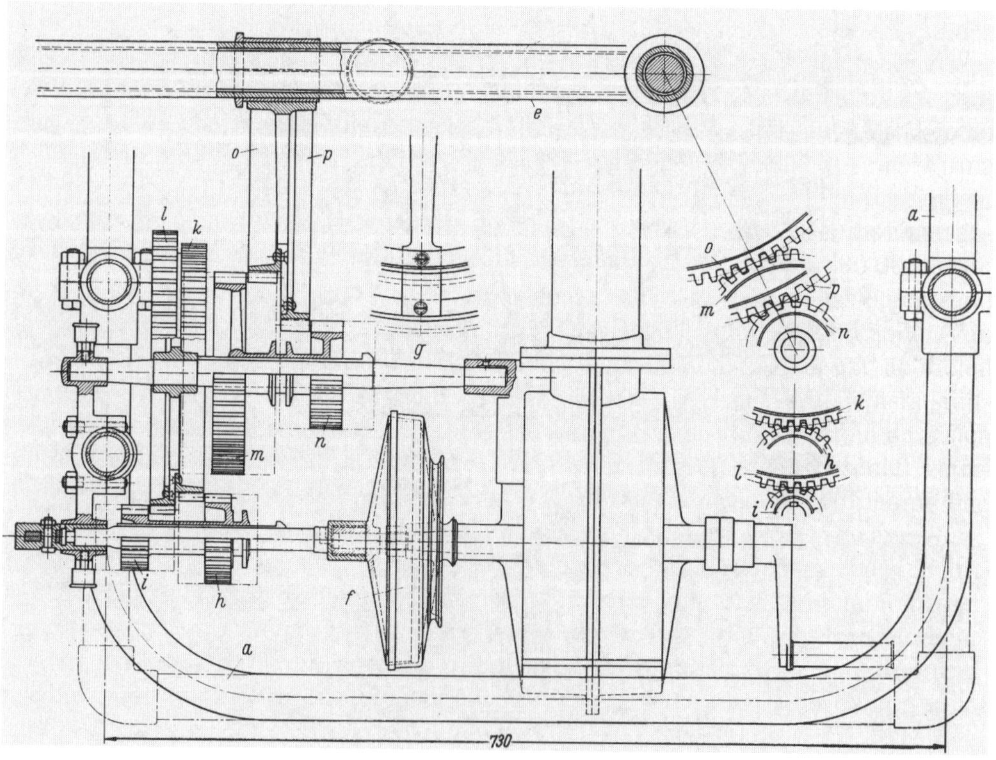

Abb. 58: Maybachs Viergang-Wechselgetriebe: Kraftfluss von der Kurbelwelle über die Reibungskupplung f, die verschiebbaren Zahnräder h oder i auf Zahnrad l oder k, von der Vorgelegewelle g über ein verschiebbares Zahnrad (m oder n) auf ein fest eingebautes Zahnrad (o oder p) auf die Hinterachse e (Demonstrationsexemplar mit Handkurbel, aus Sass)

Neuland, umso mehr engagierte sich Zeidler für das Daimler-Projekt. Sein Vierrad-Entwurf beruht auf der Verbindung von zwei Fahrrädern durch einen U-förmigen Rohrrahmen. Die an einem Querträger drehbar montierten, durch eine Stange parallel geführten Fahrradgabeln wurden durch einen in der Mitte angeordneten Lenker bewegt. Am 11. Dezember 1888 legte Zeidler in Cannstatt die erste Konstruktionszeichnung vor.[72] Aufgrund des unterdessen fertiggestellten Antriebsaggregates wurden noch einige Änderungen vorgenommen, in der letzten Ausführung liegt der – verstärkte – Rahmen nicht mehr unter, sondern über der Hinterachse.[73] Der Vorschlag von Zeidler, das Kühlwasser durch die Rahmenrohre zu leiten, wurde beibehalten.

Abb. 59: Maybach und Adolf Daimler auf dem „Stahlradwagen“: In dieser Form wurde das Daimler Quadricycle 1889 in Paris vorgestellt (Daimler AG)

Gegenüber dem Benz-Tricycle fallen drei wesentliche Unterschiede auf: Das Daimler Quadricycle hatte keinen Kettenantrieb, kein Differentialgetriebe und keine Federung zwischen Motor und Hinterachse. So war es zwar mehr als ein Versuchsträger, aber noch kein vollwertiges Personenfahrzeug. Auch im Vergleich zur vollgefederten Motorkutsche von 1886 ist ein konstruktionsbedingtes Komfort-Defizit unübersehbar: Der durchgehende Zahnradantrieb vom Motor über die Konuskupplung und das Getriebe zur Hinterachse bildete – wie beim Bootsantrieb – eine starre Einheit. Während bei der Kutsche der Motor am Rahmen montiert war und der zum Achsantrieb führende Flachriemen die Federbewegungen der Hinterachse ausgleichen konnte, war beim Quadricycle eine Achsfederung nicht möglich, es gab nur kleine Schraubenfedern unter der Sitzbank, ähnlich den Sattelfedern eines Fahrrades. Die Vorderräder waren ebenfalls ungefedert. Für an „Boneshaker" gewöhnte Radsportler reichte dies aus – den prominenten Gästen der Kutschen-Probefahrten hätte man ein solches Minimum an Komfort nicht anbieten können.
Auch für die Manövrierfähigkeit bot das Quadricycle keine guten Voraussetzungen: Da ein Differentialgetriebe fehlte, war mit erschwerter Kurvenfahrt und – trotz der Rutschkupplung an der Hinterachse – hoher Beanspruchung des Zahnradantriebs zu rechnen. Die Dreh- und Biegeelastizität der beiden Fahrradgabeln musste sich unter Einwirkung des Motorantriebs ungünstiger auswirken als bei einem pedalgetriebenen Muskelkraft-Fahrzeug. Nicht ohne Grund war Benz diesem Problem mit dem altbewährten Dreirad aus dem Weg gegangen. Es wurden zunächst zwei Exemplare des „Stahlradwagens" gebaut. Wichtigstes Ziel war die Weltausstellung in Paris im Oktober 1889.
Darüber hatte Daimler im Dezember 1888 in Cannstatt mit Levassor gesprochen. Aufgrund der Verträge mit Louise Sarazin stand die Société Panhard & Levassor als Lizenznehmer für den Motor bereits vor der Weltausstellung unter Vertrag. Für das Getriebe und den Wagen konnte kein Patent angemeldet werden. Wichtigster Motoren-Interessent war die Fahrradfabrik Peugeot, die den Bau von Motorwagen aufnehmen wollte und 1888 einen fünfsitzigen Dreiradwagen mit Serpollet-Dampfmotor als Peugeot „Typ 1" vorgestellt hatte. Emile Levassor kannte den Peugeot-Ingenieur Louis Rigoulot, der mit dem Dampfantrieb nicht zufrieden war. Er hatte Peugeot als potentiellen Kunden bei seinem Besuch in Cannstatt ins Gespräch gebracht. 1889 vermittelte er dann Probefahrten von Rigoulot mit Maybach anlässlich der Weltausstellung. Das dafür bestimmte Exemplar wurde mit der Eisenbahn zur Ausstellung nach Paris gebracht.
Den Zeitablauf der Probefahrten hat Maybach im Oktober 1889 während der Ausstellung in seinem Notizbuch festgehalten: „29. Okt. H. Louis Rigoulot Ing. bei H. Peugeot 25 km Nachmittags, ca. 15 km Vormittags". Rigoulots Eindruck vom Motor war nach diesen für damalige Verhältnisse langen Fahrstrecken offensichtlich positiv. Der ausgestellte und von Maybach vorgeführte Wagen blieb in Paris und wurde bald nach der Weltausstellung von Levassor umgebaut. Wie alle späteren französischen Ausführungen erhielt er Kettenantrieb und Achsfederung. Die

Originalausführung mit Zahnrad-Direktantrieb ohne Federung wurde weder von Panhard noch von Peugeot weiterverwendet.
Daimler musste sich damit abfinden, dass das Fahrzeug nicht unverändert übernommen wurde. Da für ihn die Vervollkommnung des Motors wichtiger war, hat er eine Weiterentwicklung des Fahrzeuges nicht veranlasst. Maybach dagegen hatte den Ehrgeiz, mit den bestellten, in Neckarsulm lagernden Fahrgestellen weitere Exemplare zu bauen. In der Geschichtsschreibung führte dies zu einer Umkehrung der Tatsachen: Sass und andere Autoren wie Werner Oswald[74] vertreten die Ansicht, Maybach habe den „Stahlradwagen" gegen Daimlers Willen verwirklicht. Dieses Missverständnis geht auf eine spätere, von Sass und Niemann[75] wiedergegebene undatierte Notiz Maybachs zurück: „Gleich nach dem ersten Riemenwagen hatte ich ein Vierrad mit reinem Zahnräderantrieb gebaut, das aber nie eine Freude Daimlers war. Es gefiel Herrn Levassor aber besser als der Riemenantrieb, und er behielt das von uns im Jahr 1889 erstmals in Paris vorgeführte Vierrad dort als Muster. Von diesem Wagen übernahm er den Stirnräderantrieb, mit den während des Ganges verschiebbaren Wechselrädern und setzte schließlich den Motor nach vorne." Bei Sass folgt noch ein weiteres Zitat von Maybach: „Diese Anordnung wurde dann auf Veranlassung des Herrn Jellinek-Mercedes von uns übernommen." Der erste Panhard mit Frontmotor wurde von Levassor 1891 gebaut, die Einführung der Frontmotor-Bauweise beim Daimler Phoenix-Wagen kam frühestens 1897.
Eine von Sass anschließend zitierte, im April 1918 von Maybach verfasste Darstellung bezieht sich in ähnlicher Weise auf den riemenlosen Antrieb des Quadricycles[76]: „Im weiteren Verlauf drängte ich auf eine bessere mechanische Ausführung in Form eines Vierrades mit Stahlgestell und Lenkung beider Vorderräder nach Art der Fahrräder u. Übertragung der Kraft vom Motor weg mittelst Zahnräder und mit Zahnrädern zum Wechseln der Geschwindigkeiten. Dieses Vierrad lief sehr gut u. wurde im Jahr 1889 gelegentlich der Weltausstellung in Paris dort der Firma Panhard & Levassor vorgeführt. Diese Firma erwarb die Patentrechte." Maybach erweckte damit den Eindruck, für das Vierrad und die Zahnrad-Kraftübertragung hätten Patentrechte existiert. Dies war nicht der Fall, Daimler konnte 1889 nur Lizenzen für den Zweizylinder-V-Motor vergeben. Diese betrachtete Maybach 1918 eher als Nebeneffekt: „Herr D. wollte damit hauptsächlich zeigen, zu was allem der Motor verwendbar sei." Das war tatsächlich der Zweck des Projekts Quadricycle gewesen.

2.8 René Panhard auf dem Rücksitz

Die Änderungen, die Levassor am Vorführexemplar bald nach der Weltausstellung vorgenommen hatte, sind in Fotos dokumentiert. Die Bilder zeigen einen weit nach unten reichenden, den Motor umschließenden Wagenkasten, der seitlich an Blattfedern aufgehängt ist. An Stelle der Fahrrad-Vordergabeln ist eine Vorderachse mit einzeln gelenkten Rädern an abwärts gebogenen Stahlrohren montiert. Betätigt über einen verlängerten Lenkhebel und eine Spurstange, findet sich hier erstmals an einem Wagen mit Benzinmotor eine Achsschenkel-Lenkung. Sie wurde von Peugeot und Panhard an allen Motorwagen verwendet – beruhend auf dem abgelaufenen Patent von Bollée, von dem dann auch Benz ausgegangen ist.

Abb. 60: Französisches Komfort-Denken: Umgebautes Daimler-Quadricycle mit Kettenantrieb, Hinterachsfederung, Achsschenkellenkung und kleinen Vorderrädern, am Lenker Emile Levassor, auf dem Rücksitz René Panhard (aus Priebe, Auf den Spuren der Pioniere)

Durch die Hinterachsfederung und die kleineren Räder an der geänderten Vorderachse unterscheidet sich der Wagen stark vom Original, er sieht zierlicher und eleganter aus. In späteren Veröffentlichungen der nach dem Umbau entstandenen Fotos wurde der Wagen als Peugeot bezeichnet – vielleicht aufgrund der Mitwirkung von Rigoulot am Fahrgestell. Eine stark retuschierte Version des Bildes zeigt Levassor am Lenkhebel mit einem deutlich jüngeren Beifahrer. Authentischer ist ein vor dem gleichen Gebüsch, in nur leicht veränderter Perspektive aufgenommenes Bild[77] mit Levassor, dem gleichen Beifahrer und René Panhard auf dem Rücksitz. Der 1841 geborene „Patron“ und Namensgeber der künftigen Automarke Panhard scheint – gestikulierend und mit Zigarre im Mundwinkel – dem Projekt noch skeptisch gegenüber zu stehen. Die zusätzliche Sitzmöglichkeit deutet den Zweck der Umbauarbeit an: Man wollte mehr Sitzplätze und mehr Komfort bieten.

Abb. 61: Viel Technik beim ersten Peugeot mit Daimler-Lizenzmotor: Kettenantrieb vom Motor zur Getriebewelle (unter dem Achsrohr) und zurück zu den Hinterrädern; oben die Glührohrzündung (aus: Schmarbeck, Alle Peugeot-Automobile)

Aufgrund der Probefahrten Rigoulots mit Maybach und der Umbau-Vorschläge von Levassor entschied sich Peugeot für Daimlers Motoren. Bald nach der Weltausstellung reiste Daimler von Cannstatt aus zu Armand Peugeot nach Valentigney.[78] Dabei können auch die noch vorhandenen Fahrgestelle Gegenstand der Gespräche gewesen zu sein, denn für seine ersten Fahrzeuge mit Daimler-Motoren hat Peugeot im Jahr 1890 Teile aus Neckarsulm bezogen.[79] Die ersten Motoren lieferte Panhard & Levassor im März und April 1890 an Peugeot. In Valentigney wurde unter Leitung von Auguste Doriot eine Motorwagen-Abteilung eingerichtet.

Die ersten Wagen entstanden mit Unterstützung von Levassors engstem Mitarbeiter Mayade, der schon beim Umbau des Quadricycles der Weltausstellung mitgewirkt hatte.

Abb. 62: Wahrscheinlich von Maybach: Auf 1889 datierte Entwürfe eines Quadricycles mit Kettenantrieb und Parallel-Zweizylinder (Daimler AG)

Das erste Peugeot-Modell mit Daimler-Motor, nach der offiziellen Peugeot-Zählung Typ 2, weist trotz einiger Neckarsulmer Fahrgestell-Teile nur wenig Ähnlichkeit mit dem Daimler-Quadricycle auf. Die Wasserkühlung in den Rahmenrohren hat offensichtlich nicht ausgereicht, schon bald kam ein Rohrschlangenkühler hinzu.[80] Peugeot baute den Motor weiterhin im Heck ein, aber in Längsrichtung. Die Glührohrzündung war von hinten durch eine Klappe zugänglich. Umständlich war bei der ersten Ausführung die Übertragung der Antriebskraft vom hoch eingebauten Motor über eine Kette nach unten zur Kupplungs- und Getriebewelle und das durch Rückwärtsgang und Differentialgetriebe erweiterte Vierganggetriebe.
Peugeot ersetzte diese improvisiert wirkende Kraftübertragung durch eine von Panhard übernommene vereinfachte Konstruktion mit tieferem Motor-Einbau. So entstand ein klassischer Heckmotor-Antriebsblock mit durchgehendem, nur durch die Kupplung unterbrochenem Antriebsstrang von der Kurbelwelle zur Getriebe-Hauptwelle. Der gekröpfte, durch Halbelliptik-Blattfedern geführte Hinterachs-Träger und die Achsschenkel-Lenkung an der Vorderachse vervollständigen das Bild einer aufwendigen und eleganten Konstruktion. Trotz der zahlreichen Veränderungen blieb Peugeot bei der vereinbarten Bezeichnung „Systeme Daimler“.

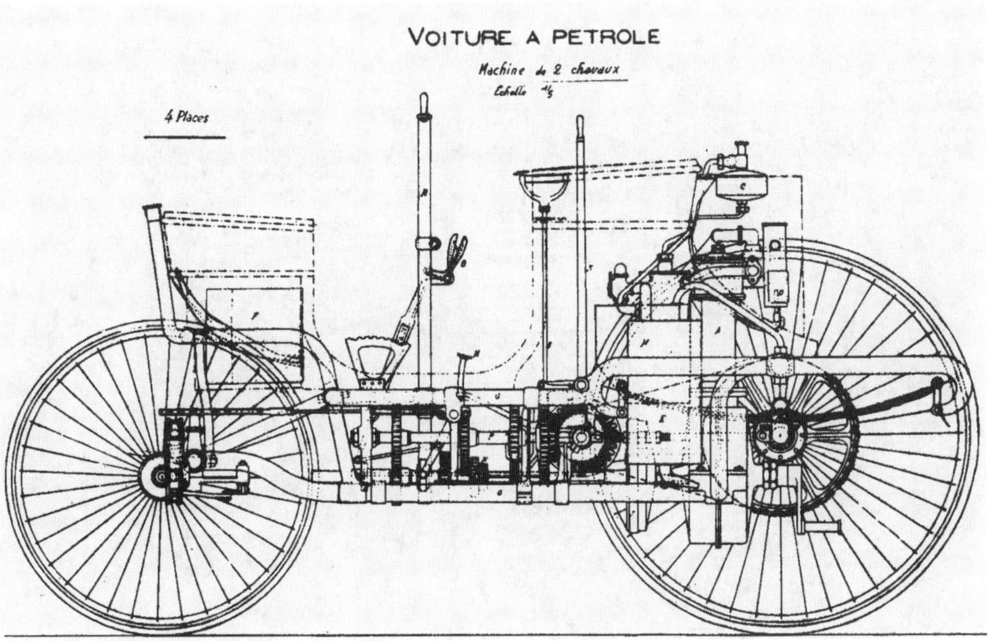

Abb. 63: Peugeot blieb beim Heckmotor: Vereinfachter Peugeot Typ 2 von 1892 mit tief angeordnetem Daimler-Motor und geradem Durchtrieb über die Kupplung zum Getriebe, außen der Ketten-Hinterradantrieb, vorn die Achsschenkel-Lenkung (aus Schmarbeck, Alle Peugeot-Automobile)

Typisch für diesen und auch die folgenden Peugeot-Wagen war die Rohrrahmen-Bauweise mit dem Motor im Heck, hinteren Blattfedern, ungefederter Vorderachse und Drahtspeichenrädern. Es gab prominente Kunden: 1892 erhielt der Bey von Tunis eine verzierte Luxusausführung. In mehreren Varianten baute Peugeot bis 1896 insgesamt 257 Wagen mit von Panhard gelieferten Daimler-Motoren. Als die Fertigung nach Audincourt verlegt wurde, ging Peugeot zu eigenen Zweizylindermotoren über, verwendete aber bis 1900, zuletzt alternativ zur Magnet-Abreißzündung, Daimlers Glührohrzündung.

Das Motor-Antriebs-Aggregat, das Levassor und sein Konstrukteur Mayade schon 1891 für die Wagen entwickelten, die Panhard künftig in Paris selbst herstellen wollte, eignete sich für verschiedene Einbau-Varianten des Daimler-Motors. Als erstes eigenständiges Panhard-Exemplar fotografisch dokumentiert ist ein Wagen in Dos-à-Dos-Bauweise mit zentral angeordnetem Motor, Hinterrad-Kettenantrieb, Blattfedern an Vorder- und Hinterachse und Holzrädern – wohl der erste echte

Abb. 64: Versuch mit Mittelmotor: Panhard-Zwischentyp 1891 mit Hinterrad-Kettenantrieb, hinten René Panhard und Louise Levassor, auf dem Vordersitz Emile Levassor und der Konstrukteur Mayade (aus Priebe)

Mittelmotorwagen der Geschichte. Vor dem schon bekannten Gebüsch-Hintergrund, wahrscheinlich auf einem Privatgrundstück, sind alle handelnden Personen versammelt: Auf den Rücksitzen Louise Sarazin, die bald danach Madame Levassor wurde, und René Panhard mit Regenschirm, am Steuer Levassor, neben ihm Mayade. Die Mittelmotor-Anordnung ergab sich offensichtlich durch Vorverlegen des Motor-Antriebs-Aggregats, um Platz für bequeme Rücksitze zu gewinnen. Vielleicht war es die schlechte Zugänglichkeit von Motor, Vergaser und Glührohrzündung, die bei Peugeot zum Beibehalten der Heckmotor-Anordnung und bei Panhard zur Verlegung des Motors nach vorn führte. Erst als dritte Lösung entstand das Vorbild des „Standardantriebs“ mit längs eingebautem Frontmotor, Reibungs-Kupplung, Schubradgetriebe und Kegelrad-Differential an der Hinterachse-Antriebswelle. Einziger Unterschied zur millionenfach angewendeten Standard-Bauweise war der Kettenantrieb, der erst im neuen Jahrhundert durch die direkt vom Motor zur Hinterachse führende Gelenkwelle (Kardanwelle) ersetzt wurde.

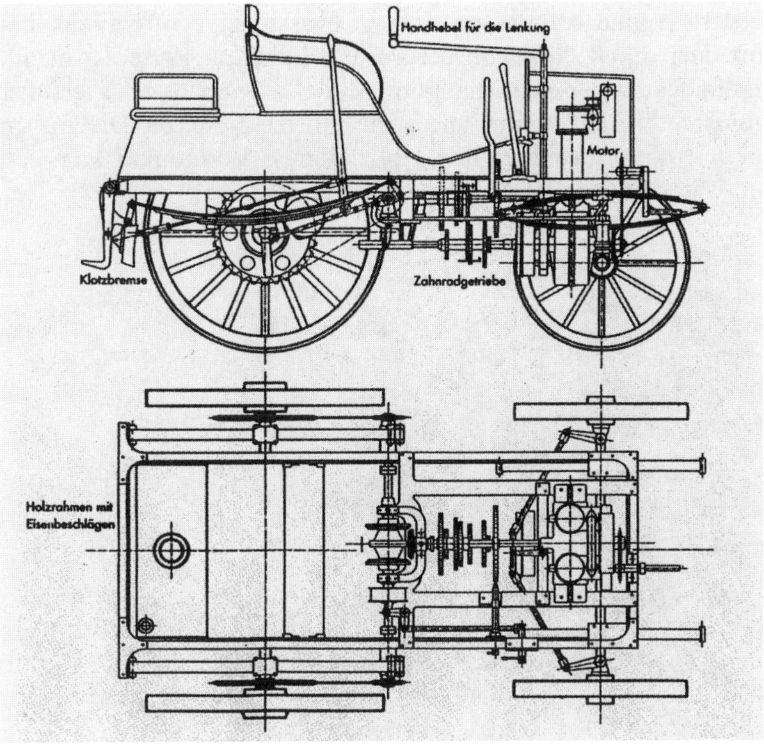

Abb. 65: Frontmotor: Das „Systeme Panhard“ 1891 mit dem auch von Peugeot verwendeten, aber umgekehrt eingebauten Motor-Getriebe-Block stammt wahrscheinlich von Mayade (aus Ein Jahrhundert Automobiltechnik)

Damit waren in kurzer Zeit drei der vier Grundkonzepte für die Anordnung von Motor und Antrieb verwirklicht worden: Heckmotor, Mittelmotor und Frontmotor mit Hinterradantrieb – es fehlte lediglich der Frontantrieb. Alle drei tragen die Handschrift des begabten Konstrukteurs Mayade, der sich als Meister der Vereinfachung erwies: Nachdem der in Längsrichtung durchgehende Antriebsstrang in umgedrehter Form auch bei Peugeot eingebaut wurde, hatten beide Fahrzeuge mit dem Daimler-Quadricycle nur noch den Motor und das Schubradgetriebe gemeinsam. Die Verbindung von Frontmotor und Hinterradantrieb wurde mit der Bezeichnung „Systeme Panhard“ für einige Zeit zum respektierten Begriff, der Name Daimler stand weiterhin auf dem Motor. Als Komfort-Vorteil sprach für dieses System, dass zwischen den Achsen und im Heck bequemer Sitzraum für vier Personen entstand. So waren schon zu Beginn der 1890er Jahre die Elemente des Automobils komplett – sogar die Pedalanordung mit Kupplung links und Bremse rechts entsprach dem heute üblichen Schema. Nach ersten Versuchsfahrten in der

Nähe der Fabrik in der Avenue d'Ivry unternahm Levassor eine öffentlichkeitswirksame Werbefahrt quer durch Paris von der Porte d'Italie zur Porte d'Auteuil. 1892 wurden in einem Katalog bereits mehrere Modelle angeboten: Viersitzer Dog-Cart und Wagonette, Zweisitzer mit und ohne hintere Notsitze. Die frühen Panhard muten zwar mit ihren eisenbereiften Holzrädern – Vollgummi kam erst später – antiquiert an, waren aber echte Automobil-Vorläufer.

Abb. 66: Klassisches Automobil-Konzept: Panhard 1891 mit tief eingebautem Frontmotor, Achsfederung vorn und hinten und Achsschenkel-Lenkung (Daimler AG)

Das Cannstatter Exemplar des Quadricycles wurde beiseite gestellt. Eine stark nachgedunkelte Zeichnung eines „Quadricycles mit Kettenantrieb und Zweizylindermotor mit parallelen Zylindern von 1889“[81] zeigt ein anderes Fahrzeug. Gegen diese Datierung spricht, dass es vor dem „Phoenix“-Motor von 1892 keinen Zweizylindermotor mit Parallel-Zylinderanordnung bei Daimler gegeben hat. Die langen Blattfedern an der Hinterachse, der im Heck am Rahmen gelagerte Motor, die ungefederte Vorderachse und die tief angeordnete Betätigung der Achsschenkel-Lenkung ähneln dem Peugeot-Modell von 1890/91, an dem sich Maybach mit diesem „Project eines Quadricycles“ vielleicht orientiert hat.
Es gibt keine Belege für die Darstellung, in den Jahren nach 1889 sei eine größere Anzahl Stahlradwagen gebaut und verkauft worden. Nach den von Werner Oswald ermittelten Zahlen[82] entstanden im Jahr 1889 zwei Exemplare: der in Paris vorgeführte und der in Cannstatt verbliebene Wagen. 1890 und 1891 wurde kein Fahrzeug gebaut, für 1892 sind vier Wagen verzeichnet, für 1893 zwei. Dabei wurden

modifizierte Fahrgestelle aus Neckarsulm verwendet, jedoch waren es nicht durchweg Stahlradwagen. Nachforschungen des Daimler-Archivs ergaben, dass am 31. August 1892 ein Wagen mit Holzrädern, Kettenantrieb und reich verziertem Sonnendach an den Sultan von Marokko geliefert wurde – wohl der erste Verkauf eines Straßen-Motorwagens durch die Daimler-Motoren-Gesellschaft. Möglicherweise hatte dieses Exemplar bereits die aufwendige Federung der Vordergabeln, die bei dem 1893 auf der Weltausstellung in Chicago 1893 gezeigten Holzrad-Wagen zu finden ist. Die problematischen Fahr- und Lenkeigenschaften waren wohl der Grund dafür, dass dieser Wagen nach dem Rücktransport unter dem irreführenden Namen „Schroedter-Wagen" im Depot blieb. Dagegen kam die ursprüngliche Drahtspeichen-Ausführung des Stahlradwagens zusammen mit dem „Reitwagen" noch einmal in einem Garten-Arrangement zu Ehren, als im Dezember 1895 in Cannstatt die Herstellung des tausendsten Daimler-Motors gefeiert wurde.

2.9 Daimlers Auslandsprojekte

Schon vor der Gründung der Cannstatter Daimler-Motoren-Gesellschaft 1890 hatte Daimler in drei Ländern Lizenzverträge unter Dach und Fach: in Österreich, Frankreich und den USA. Wie der Kontakt mit Edouard und Louise Sarazin gingen auch seine Verbindungen nach Österreich auf die Deutzer Zeit zurück. Schon seit er den Wiener Deutz-Vertreter Josef Eduard Bierenz im Dezember 1881 zum Abschluss seiner Russland-Reise – und ohne Wissen von der bevorstehenden Kündigung – besucht hatte, scheint ihn der Plan eines österreichischen Daimler-Unternehmens beschäftigt zu haben. 1884 meldete Bierenz die Ende 1883 erteilten deutschen Motorenpatente Nr. 28022 und Nr. 28243 in Österreich an, bis 1890 folgten acht weitere Patente. Um die Bootsmotoren zu propagieren, veranstaltete Bierenz 1890 eine Motorboot-Werbefahrt auf der Donau von Passau nach Wien; auf der Wiener Land- und Forstwirtschaftlichen Ausstellung wurden ein Stand mit Daimler-Motoren und eine Besucher-Kleinbahn vom Praterstern zum Ausstellungsgelände eingerichtet.
Für die Daimler-Motoren-Gesellschaft übernahm Bierenz 1890 in seinen Geschäftsräumen an der Wiener Giselastraße 4 die Vertretung für Österreich – mit dem Ziel der Herstellung eigener Lizenzmotoren und Fahrzeuge. Im Zuge der Aufrüstung der k. u. k.-Armee stand dabei die Hoffnung auf Militäraufträge im Vordergrund. Mit seiner 1897 gegründeten Firma „Bierenz & Herrmann" lieferte er einen der ersten Daimler 5-Tonnen-Lastwagen an die Schießversuchs-Kommission in Felixdorf, 1899 entstand auf dem Gelände der Maschinenfabrik von Eduard Fischer in Wiener Neustadt die „Österreichische Daimler-Motoren-Kommanditgesellschaft Bierenz, Fischer & Co." Dieses Unternehmen war nur durch Lizenzverträge, die das Recht zur Nutzung des Namens Daimler für Österreich einschlos-

sen, mit der Stuttgarter Firma verbunden. Gottlieb Daimler und seine Söhne Paul und Adolf besaßen Aktien, Paul Daimler wurde 1902 technischer Direktor. Unter ihm entstanden die ersten Personen- und Lastwagen der Marke „Austro-Daimler“. Als er 1905 nach Stuttgart zurückgekehrt war, wurde Ferdinand Porsche sein Nachfolger.

Daimler verpflichtete seine Lizenznehmer konsequent zur Verbindung seines Namens mit den jeweiligen Produkten. So trug auch die amerikanische Gründung seinen Namen: die Daimler Motor Company in Long Island City bei New York. Die Firma entstand im Herbst 1888, als William Steinway nach Deutschland gereist war, um die unter Leitung seines Bruders Theodor gebaute Steinway-Klavierfabrik in Hamburg zu besuchen. Er reiste weiter nach Stuttgart zu seinem

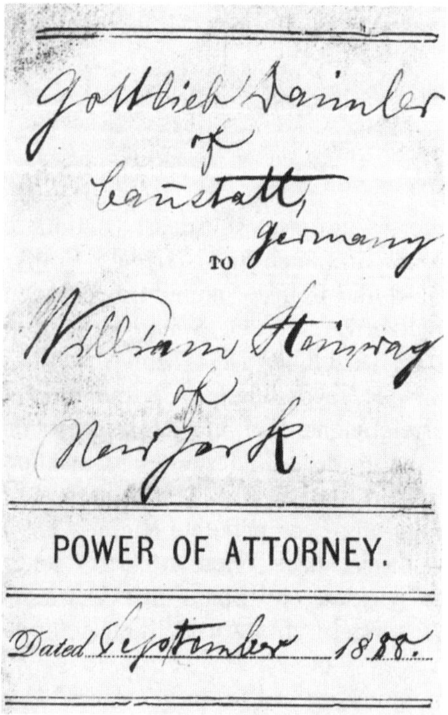

Gottlieb Daimler
of
Canstatt,
Germany
TO
William Steinway
of
New York.

POWER OF ATTORNEY.

Dated September 1888.

Abb. 67: Schnell einig: Vertragsvollmacht für Steinway beim Stuttgarter U.S.-Konsulat (Daimler AG)

langjährigen Geschäftsfreund Schiedmayer – und um Daimler kennenzulernen, mit dem er seit Maybachs USA-Reise 1876 in Briefkontakt stand. Im damals noch selbständigen Cannstatt auf der anderen Neckarseite hatte Daimler im Vorjahr seine Miniatur-Straßenbahn in Betrieb genommen. Sie interessierte Steinway für

Figure 1.

How to run a Daimler Motor.

When Petroleum is used, slowly open thumb screw *F* (which supplies the burner with oil), at the same time applying a wax taper or a match to burner *D* (Fig. 2), which, after heating for a few seconds, will burn with a blue pressure flame; when cap *C* (Fig. 2) is heated red, press in wedge *T*, give handle *S* 2 or 3 turns while opening valve *H*, (which supplies vapor for the charge) until the motor runs at full speed. All this can be comfortably accomplished in ½ minute's time.

The grade of Petroleum we use for power and fuel is known as stove gasoline, but the apparatus *A*, containing the oil, is so constructed that there is not the slightest danger or possibility of accident.

The tank *I* (Fig. 2) is an extra attachment for stationary purposes to feed the petroleum apparatus *A*.

To charge motor with Petroleum, fill in through opening *X* whether tank *I* (Fig. 2) is used or not. Care should be taken when filling apparatus *A* that needle *E* does not rise above mark "FULL."

When apparatus *A* is completely charged the supply will last about 5 hours, and when used in connection with reserve tank *I* (Fig. 2), it will be necessary to only charge the motor once a day for 10 hours running.

When ordinary illuminating gas is used, the motor is started in exactly the same manner as with petroleum, except that it is not necessary to heat the burner *D*, as the gas will instantly burn. All that is necessary is to see that the burner *D* and valve *H* have a good supply of gas.

The Pump or Pulsometer *2* (Fig. 1) circulates the cooling water from tank *1* through the cylinder jacket *Q*, as indicated by the arrows. Direct connection can, however, be made with any water faucet through pipe *R*, in which case of course the pump and tank (Nos. *1* and *2*, Fig. 1,) are not needed.

A Petroleum motor with this Pulsometer and tank attachment is entirely independent and can be used for agricultural and other purposes in places where there are neither gas nor water mains.

(6)

Abb. 68: Care should be taken: Gebrauchsanweisung für den stationären Einzylindermotor (Daimler AG)

seine Verkehrsprojekte ebenso wie Daimlers Bootsmotoren, denn Motorboote eigneten sich für viele Aufgaben, die mit schwerfälligen Dampfern nicht zu lösen waren.

Steinways unternehmerischer Elan führte noch im gleichen Jahr zur Gründung der Daimler Motor Company in Long Island City bei New York. Daimler brachte seine „jetzigen und zukünftigen Patente“ für Nordamerika und Kanada ein. Das neue

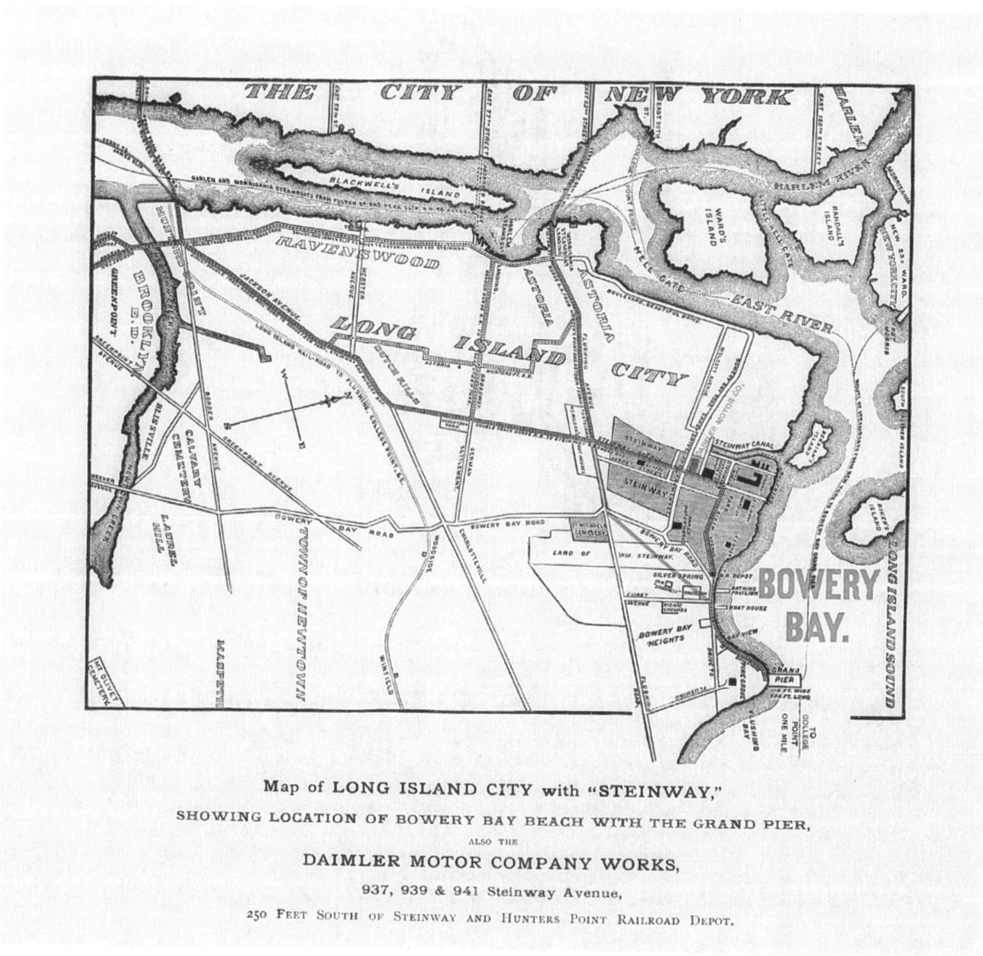

Abb. 69: Direkt an der Bowery Bay: Lageplan der Daimler-Fabrik bei Long Island City (Daimler AG)

Fabrikanwesen, das auf dem Steinway-Gelände am East River gebaut wurde, entsprach den hohen Ansprüchen, die sowohl Steinway als auch Daimler an Fertigungsanlagen stellten. Es war größer und moderner als das Cannstatter Werk und diente offensichtlich in erster Linie der Montage und Reparatur der Bootsantriebe, die an den Schiffsanlegern der nahen Bowery Bay eingebaut und betreut wurden. Die Motorenfertigung hatte die National Machine Company in Hartford, Connecticut, übernommen. In dieser bedeutenden Maschinenfabrik, die später die Underwood-Schreibmaschinen herstellte, erinnerte noch lange eine Gedenktafel an die Daimler-Vergangenheit. Die dort gebauten Stationärmotoren entwickelten sich zu einem lukrativen Geschäft; für den mit Gas und Benzin betreibbaren Einzylinder wurde eine Betriebsdauer von fünf Stunden angegeben. Aus einem Zusatztank konnte bei laufendem Motor nachgefüllt werden. Die Betriebsanleitung betont, dass der Vergaser so konstruiert sei, dass „there is not the slightest danger or possibility of accident“. Beim Nachfüllen wird allerdings empfohlen: „care should be taken“.

Als sich die Benzinmotoren, besonders der neue Zweizylinder, als Bootsantrieb gut bewährten, wollte Steinway das Geschäft mit Straßen-Motorwagen in Gang bringen. Eine Gelegenheit zum Einstieg bot sich, als auf der Weltausstellung in Chicago 1893 alle Produkte der Daimler Motor Company gezeigt werden sollten. Daimler reiste selbst – erstmals – nach Amerika und brachte, zerlegt in Kisten verpackt, das neueste Exemplar des von Maybach im Hotel Hermann mit Federung, Kettenantrieb und Holzrädern versehenen Quadricycles mit. Einzelheiten über die Vorführung des Wagens bei Steinway wurden mehr als hundert Jahre später durch die Veröffentlichung der „Auszüge aus dem Tagebuch der Lina Daimler zur Amerikareise 1893“ in der Daimler-Biographie von Harry Niemann bekannt.[83] Daimler verband den lange geplanten USA-Besuch mit seiner Hochzeitsreise. Er hatte am 8. Juli 1893 in zweiter Ehe die achtunddreißjährige Lina Hartmann, geborene Schwend, geheiratet.

Abb. 70: Also on Rivers Rhine, Neckar and Lake of Constance: Daimler-Werbebild von der Bowery Bay (Daimler AG)

2.10 Die Daimler-Motoren-Gesellschaft

Die französischen Lizenzverträge fielen in die für Daimler schwierige Zeit der Krankheit seiner Frau Emma, ihres Todes am 29. Juli 1889 und der Vorbereitungen zur Gründung der Daimler-Motoren-Gesellschaft im Lauf des Jahres 1890. Dass Peugeot und Panhard Fahrzeuge mit seinen Motoren planten, ließ zwar Einnahmen erwarten, brachte aber noch keine Existenzsicherung. Besorgt um die Erhaltung des Vermögens, hatte ihn Emma Daimler schon 1886 gedrängt, nach Teilhabern zu suchen. Sie wurde darin von Daimlers Freund Adolf Groß unterstützt. Der Direktor der Maschinenfabrik Esslingen, Emil Kessler, hatte 1886 eine Verbindung beider Firmen vorgeschlagen, doch Daimler lehnte ab. Der Rottweiler Pulverfabrikant Max Duttenhofer bot bei der Umwandlung der Cannstatter Fabrik in eine Aktiengesellschaft seine Beteiligung an. Daimler kannte ihn aus der „Hohentwiel-Gesellschaft", einem Kreis einflussreicher Industrieller und Bankiers, der seinen Namen aus einer jährlichen Wanderung auf den Hohentwiel bei Singen herleitete. 1890 stimmte Daimler den Vorschlägen zur Gründung einer Gesellschaft zu. Duttenhofer hatte als zweiten Hauptgesellschafter den Karlsruher Patronenfabrikanten Wilhelm Lorenz empfohlen, der ein neues Betätigungsfeld suchte – seine Firma war in der Neugründung „Deutsche Waffen- und Munitionsfabrik" aufgegangen. Beide hatten im florierenden Rüstungsgeschäft gut verdient. Sie übernahmen jeweils knapp ein Drittel der Aktien, Daimler brachte zum Wert von 200 000 Mark das Grundstück und die Anlagen ein. Groß, nunmehr Direktor in Esslingen, und der Bankier Kilian Steiner übernahmen kleinere Anteile am Gesamtkapital von 600 000 Mark. Steiner, Gründer der Württembergischen Vereinsbank und an vielen Unternehmen im Land beteiligt, stand künftig als Finanzier und Aufsichtsratsmitglied im Hintergrund. Am 14. März 1890 wurde ein Vertrag formuliert, in dem sich die „Kontrahenten" Daimler, Duttenhofer und Lorenz zu einer Gesellschaft vereinigten, „welche den Zweck hat, die von G. Daimler gemachten Petroleum- und Gasmotoren Erfindungen nach allen Richtungen hin bestmöglich zu verwerten".
Die Gesellschafter konnten in Daimler nur einen der vielen aufstrebenden Fabrikanten sehen, die finanzielle Unterstützung brauchten. Groß kannte ihn besser, ohne den ganzen Umfang seiner technischen und patentrechtlichen Konzepte beurteilen zu können. Daimler hoffte im größeren Unternehmen eine breitere finanzielle Basis und vertriebliche Unterstützung bei der Einführung seiner Motoren zu finden. Es war, wie er 1892 an die Mitgesellschafter schrieb, „kein pekuniäres Interesse", das ihn zur Gründung veranlasst hatte, sondern die Ansicht, dass die beiden Herren „vermöge ihrer allgemeinen geschäftlichen Routine" eine Grundlage „zu rascher und gedeihlicher Weiterentwicklung des bereits mit den besten Aussichten eingeleiteten Geschäftes" schaffen würden.[84] So begann das Ganze mit einem Missverständnis aufgrund der Tatsache, dass er nicht der schwäbische Tüftler war, für den man ihn hielt. Der im März 1890 in Eile ausgehandelte, unübersichtliche Vertrag entsprach seinen Vorstellungen in keiner Weise. So war vorgesehen, dass

Daimler nicht nur sein Fabrikationsanwesen „nebst allem Inventar, Maschinen und Utensilien“ einbringen, sondern auch der Gesellschaft das Recht einräumen sollte, „in alle von ihm zur Ausbeutung seiner Erfindungen abgeschlossenen Verträge unentgeltlich einzutreten“. Über die „Form der Gesellschaft“ behielten sich die Kontrahenten „spezielle Vereinbarungen“ vor. „Einstweilen“ wurde nur festgelegt, dass „G. Daimler und W. Lorenz, soweit möglich, ihre Tätigkeit, ersterer dem technischen, letzterer dem technischen und kaufmännischen Betrieb der Gesellschaft zur Verfügung zu stellen hätten“.[85] Der 1888 geadelte Duttenhofer, in der 2001 erschienenen Biographie von Jörg Kraus der „Krupp Süddeutschlands“ genannt[86], wollte sich „in der Hauptsache nur beratend an der Führung der Geschäfte“ beteiligen – jedoch „mit der Maßgabe, dass kein Geschäft, welches den Rahmen des gewöhnlichen Geschäftsbetriebes übersteigt, ohne seine ausdrückliche Zustimmung vorgenommen werden darf“ (§ 3 des Gründungsvertrages). Als Vorsitzender des Aufsichtsrats übernahm er die eigentliche Machtposition.

Daimler, durch seine Deutzer Direktorentätigkeit und die darauf folgenden Auseinandersetzungen ein gebranntes Kind im Umgang mit Kapitalgesellschaften, erkannte die Fehleinschätzungen und machte seine Unterschrift von einem zusätzlichen „Syndikatsvertrag“ abhängig, der das Ganze weiter komplizierte, ihm aber seine ausländischen Rechte vorbehielt. Die Mitgesellschafter Lorenz und Duttenhofer verpflichteten sich, „ihren Einfluss und ihre Stimme innerhalb der Gesellschaft dafür geltend zu machen, dass an den zwischen Herrn G. Daimler einerseits und Herrn William Steinway in New York und Frau Louise Sarazin We. nun Louise Levassor in Paris andererseits für die Vereinigten Staaten von Nordamerika nebst Kanada und Frankreich nebst Belgien bestehenden Vertragsverhältnissen ohne Zustimmung des Herrn G. Daimler der direkte Verkehr mit den genannten dritten Kontrahenten vorbehalten bleibt; diese Verpflichtung besteht insolange, als Herr Daimler seine Mitwirkung in der Gesellschaft nicht ausdrücklich oder tatsächlich aufgibt.“

Am 28. November 1890 fand in einer „konstituierenden Generalversammlung“ die Gründung statt; in einer notariell beglaubigten Urkunde gaben die Gründer Daimler, Lorenz, Duttenhofer, Groß und Steiner in kurzer Form „den zwischen uns vereinbarten Gesellschaftsvertrag zu Protokoll“, in dem die Beteiligungen am Aktienkapital von insgesamt 600 000 Mark noch einmal aufgelistet wurden. Im Dezember 1890 distanzierte sich Daimler in einem gedruckten „Memorandum“ von der Gründung – ein ziemlich ungewöhnlicher Fall in der Wirtschaftsgeschichte. Er stellte fest, dass die Gesellschafter ohne jedes Entgelt in den Genuss seiner „wertvollen Patente in Deutschland, Oesterreich-Ungarn, England und Kolonien, Italien, Spanien, Russland, Schweiz und in den skandinavischen Ländern“ kommen würden und führte seine Leistungen mit einem Gesamtwert von 616 970 Mark auf. Im Schlussabsatz schrieb er: „Wenn Sie nach diesen Vorstellungen den Syndikats-Vertrag nicht so stellen können, wie ich ihn brauche, so gibt es für mich nichts anderes als Abschied nehmen. Den Kampf um Gerechtigkeit und Billigkeit werde ich dann nicht weiter führen." Das Memorandum hatte zwar keine direkten Auswirkungen; die Daimler-Motoren-Gesellschaft wurde am 2. März 1891 beim Königlichen Amtsgericht in das Handelsregister eingetragen. Im Fall eines Prozesses hätte Daimler aber den Gesellschaftsvertrag anfechten und Forderungen stellen können, die über das gesamte Aktienkapital hinausgingen.

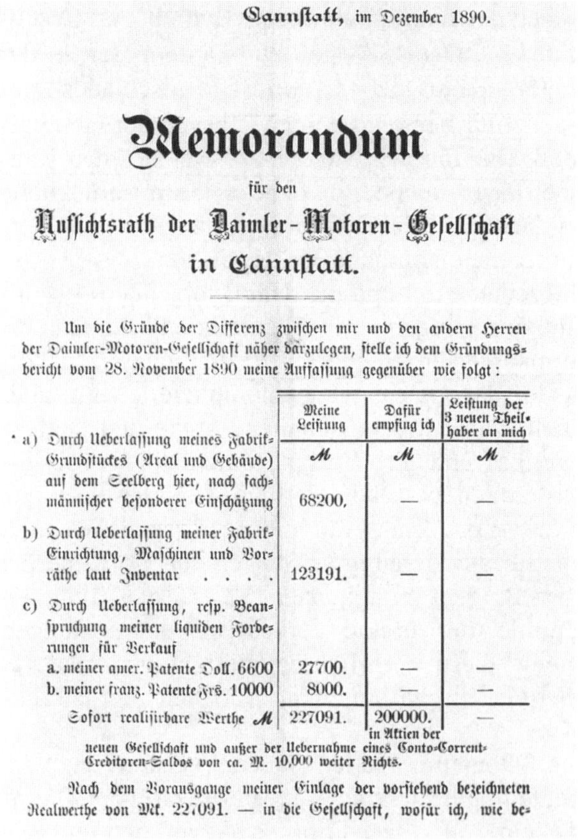

Cannstatt, im Dezember 1890.

Memorandum

für den

Aufsichtsrath der Daimler-Motoren-Gesellschaft in Cannstatt.

Um die Gründe der Differenz zwischen mir und den andern Herren der Daimler-Motoren-Gesellschaft näher darzulegen, stelle ich dem Gründungsbericht vom 28. November 1890 meine Auffassung gegenüber wie folgt:

	Meine Leistung	Dafür empfing ich	Leistung der 3 neuen Theilhaber an mich
	ℳ	ℳ	ℳ
a) Durch Ueberlassung meines Fabrik-Grundstückes (Areal und Gebäude) auf dem Seelberg hier, nach fachmännischer besonderer Einschätzung	68200.	—	—
b) Durch Ueberlassung meiner Fabrik-Einrichtung, Maschinen und Vorräthe laut Inventar	123191.	—	—
c) Durch Ueberlassung, resp. Beanspruchung meiner liquiden Forderungen für Verkauf			
a. meiner amer. Patente Doll. 6600	27700.	—	—
b. meiner franz. Patente Frs. 10000	8000.	—	—
Sofort realisirbare Werthe ℳ	227091.	200000. in Aktien der	—

neuen Gesellschaft und außer der Uebernahme eines Conto-Corrent-Creditoren-Saldos von ca. M. 10,000 weiter Nichts.

Nach dem Vorausgange meiner Einlage der vorstehend bezeichneten Realwerthe von Mk. 227091. — in die Gesellschaft, wofür ich, wie be-

Abb. 71: Um die Gründe der Differenz näher darzulegen: Daimlers Memorandum an den Aufsichtsrat vom Dezember 1890 (Daimler AG)

Dazu kam es nicht, und so bleibt offen, ob der Gesellschaftsvertrag, wie Biograph Harry Niemann es sieht, „der Schlüssel zu Daimlers Verhängnis" war. Zweifellos war sein Anteil, der nicht nur Vermögenswerte, sondern mit den Lizenzrechten auch seine kreativen Leistungen umfasste, zu gering bewertet worden. Den beiden „Kontrahenten" fehlte, wie sich bald zeigte, jegliches Verständnis für die Bedeutung dieser Leistungen. Dies hatte Daimler in seinem Memorandum festgehalten.

Dass er dem neuen Cannstatter Unternehmen zu Recht distanziert gegenüberstand, zeigte sich im freizügigen Umgang beider Seiten mit der „Form der Gesellschaft“. Schon vor der Eintragung, am 11. Februar 1891, schied Maybach, der in der Gründungsurkunde als technisches Vorstandsmitglied neben dem von Lorenz eingesetzten Oberingenieur Max Schroedter vorgesehen war, wieder aus, als ihm die in seinem Vertrag mit Daimler vorgesehene Beteiligung von 30 000 Mark verweigert wurde – vermutlich auf Veranlassung von Lorenz, der von Daimlers Benzin-„Schnellläufern“ als alleinigem Produkt nicht überzeugt war. Für die Möglichkeit, das Programm der Schiffs- und Fahrzeugmotoren zu erweitern und neue Absatzmöglichkeiten zu erschließen, hatten Lorenz und Duttenhofer keine unternehmerische Kompetenz. Um seine Vorstellungen der künftigen Geschäftspolitik zu verwirklichen, begann Lorenz mit Schroedter eine Reihe von mittleren und großen Stationärmotoren, „Langsamläufern“, zu entwickeln. Daimler blieb nichts anderes übrig als zu akzeptieren, dass solche Motoren zusätzliches Geld ins Haus bringen konnten. Seine eigentlichen Ziele waren damit verwässert worden, von einer gemeinsamen Strategie der drei Gesellschafter konnte also keine Rede sein. An einer baldigen Auflösung des Unternehmens, das seinen Namen trug, war Daimler dennoch nicht gelegen. Für die Weiterführung seiner persönlichen Konzeptionen blieb ihm die Vertrag mit Maybach, der zunächst in seiner Privatwohnung weiterarbeitete.
Als sich der Geschäftsgang verschlechterte und Probleme mit den Stationärmotoren auftraten, traf Daimler 1892 Vorsorge für den Fall, dass die Daimler-Motoren-Gesellschaft nicht weiterbestehen würde. Er mietete das Gartensaal-Gebäude und Wohnräume des stillgelegten Cannstatter Kurhotels Hermann und richtete einen Versuchsbetrieb ein. Maybach hatte hier mit dem Werkmeister Friedrich Kübler,

Abb. 72: Vorübergehend Daimler-Versuchsabteilung: Alte Postkarte vom Gartensaal des Kurhotels Hermann in Cannstatt (Daimler AG)

zwölf Arbeitern und fünf Lehrlingen sowie Zulieferern wie Gießereien, Drehereien und Wagenbauern alle Möglichkeiten zu selbständiger Arbeit, ohne mit den Verwaltungsaufgaben eines technischen Direktors belastet zu sein. Einer der Lehrlinge, Gustav Bartholomäi, beschrieb 1942 in seinen Erinnerungen die Räume und Anlagen: „Die Werkstätte war in dem Restaurations- und Konzerthause des früher weltbekannten Hotel Hermann inmitten eines herrlichen Gartens untergebracht. In dem einstöckigen Gebäude war am linken ebenerdigen Seitenflügel das schöne ‚technische Büro' untergebracht, in der Mitte die mechanische Abteilung, die zu dieser Zeit noch mit einem liegenden Deutzer Gasmotor angetrieben wurde. Anschließend daran war die Schmiede. Im ersten Stock war im rechten Seitenflügel die Schlosserei, in der Mitte, dem früheren Konzertsaal, die Montage, auch wurde hie und da ein Wagen gefahren. Die frühere Orchester- und Theaterbühne diente als Lager für Roh- und Fertigteile."[87] Da Daimler aufgrund des Gesellschaftsvertrages kein Konkurrenzunternehmen betreiben durfte, hatte er keine offizielle Funktion im Versuchsbetrieb. Dennoch wurde ihm, wie Wilfried Feldenkirchen in seiner fundierten Darstellung der Vorläuferunternehmen der Daimler-Benz AG berichtet, 1893 von der Aktionärsmehrheit die Sonderstellung als „Delegierter

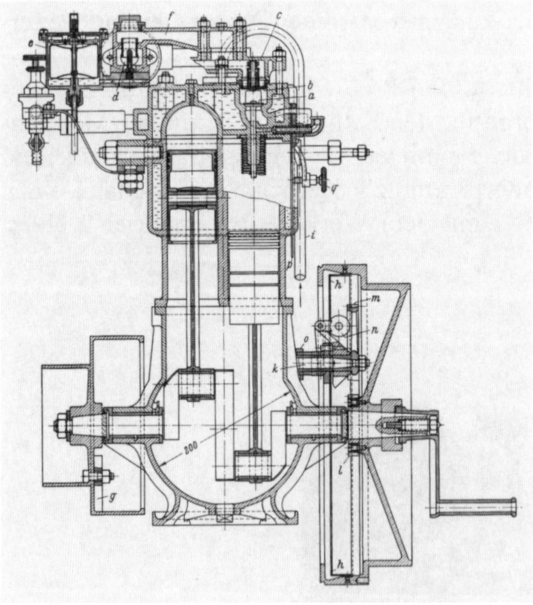

Abb. 73: Entstand im Hotel Hermann: Der seit 1892 von Maybach konstruierte Parallel-Zweizylindermotor mit gekröpfter Kurbelwelle, seitlicher Nockenwelle k und durch Stoßstange betätigtem Auspuffventil, oben links der Spritzdüsen-Vergaser (aus Sass)

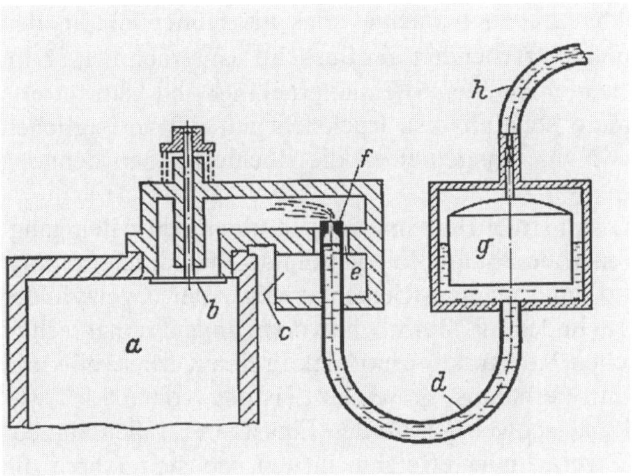

Abb. 74: Spritzdüsen-Schwimmervergaser: Der aus Ansaugrohr c durch Spalt e angesaugte Luftstrom zerstäubt das aus Düse f austretende Benzin, die Nadel des Schwimmers g regelt den Kraftstoff-Zufluss und sorgt für „normirten" Benzinstand (aus Sass)

Abb. 75: Starker Schiffsmotor: Der von Maybach 1890 konstruierte Vierzylinder-Reihenmotor leistete bis zu 10 PS (Daimler AG)

beim Vorstand" entzogen. Feldenkirchen betrachtet dies als Höhepunkt in den Auseinandersetzungen um den beherrschenden Einfluss im Unternehmen.[88] Im Hotel Hermann war Daimler unangefochtener Alleinunternehmer und kam für alle Kosten auf. Neue Patente wurden, ebenfalls aus Rücksicht auf die vertraglichen Verpflichtungen, auf Maybachs Namen angemeldet, die Rechte blieben dennoch bei Daimler.

Die Arbeiten Wilhelm Maybachs im Hotel Hermann rechtfertigten den Alleingang. Es entstanden ein leichter Zweizylindermotor mit paralleler Zylinderanordnung, ein neues Vergaser-Konzept und ein Viergang-Riemengetriebe. Der Zweizylinder „N-Motor" war aus dem Vierzylinder „P-Motor" hervorgegangen, einer schon 1890 entstandenen fortschrittlichen Konstruktion mit gekröpfter Kurbelwelle und Wasserkühlung der Zylinder. Im Verhältnis zu seiner Leistung von 5,9 PS war dieser „Schiffsmotor" mit 153 kg zu schwer und für den Einsatz in Straßenfahrzeugen zu groß ausgefallen. Der Zweizylinder erreichte in den nächsten Jahren die gleiche Leistung, er ersetzte den veralteten V-Motor und bewirkte einen neuen Höhenflug der Daimler-Motoren in französischen Wagen – dies brachte ihm den Beinamen „Phoenix". Anteil an diesem Erfolg hatte der 1893 entwickelte „Spritzdüsen-Vergaser" mit im Luftstrom stehender Kraftstoffdüse und separater Schwimmerkammer. Die Zerstäubung im Ansaugrohr statt der bisherigen Verdunstung bewirkte eine schnellere und intensivere Bildung des Benzin-Luftgemischs – erst dadurch war eine Steigerung von Hubraum und Drehzahl möglich. Die durch Schwimmer geregelte Benzinzufuhr beendete die Abhängigkeit der Reichweite vom Inhalt des Vergaser-Behälters, es konnten längere Strecken ohne umständliches und feuergefährliches Nachfüllen gefahren werden. Dieser Vergaser mit seiner einfachen und billigen Gemisch-Aufbereitung im Luftstrom wurde Standard im Automobilbau, konnte aber in Deutschland nicht patentiert werden. Es ist auch in späteren Jahren nicht gelungen, die Zweifel an Maybachs Urheberschaft für das Düsensystem auszuräumen.[89]

Für den Parallel-Zweizylinder gab es eine „Konkurrenz im eigenen Haus". In seinem Bestreben, von Daimlers technischen Entwicklungen unabhängig zu werden, veranlasste Lorenz 1891 Max Schroedter, einen Benzinmotor mit paralleler Zylinderanordnung zu konstruieren. Zu der im Daimler-Archiv erhalten gebliebenen, unvollständigen Schnittzeichnung dieses Motors hebt Sass hervor, dass Schroedter erstmals die Ein- und Auslassventile durch eine Nockenwelle mechanisch gesteuert hat. Dadurch erwies sich Schroedter auf dem Gebiet der Motorenkonstruktion als denkbare Alternative zu Maybach. Dieser modernisierte zwar die Ventilsteuerung, indem er die Kurvennuten-Betätigung der Auslassventile durch eine Nockenwelle und Stoßstangen ersetzte, behielt aber das unter Federdruck selbsttätig arbeitende, auf veränderte Betriebsbedingungen verzögert reagierende Einlassventil bei. Erst 1900 verwendete er die für schnelle Drehzahländerungen unentbehrliche Steuerung von Ein- und Auslass. Dennoch erwies sich Maybach als der vielseitigere Konstrukteur: Er konnte den Spritzdüsenvergaser einsetzen, Schroedter blieb beim

Eigentum des Kaiserlichen Patentamts.

KAISERLICHES PATENTAMT.

AUSGEGEBEN DEN 10. MAI 1893.

PATENTSCHRIFT

№ 68492

KLASSE 47: MASCHINENELEMENTE.

WILHELM MAYBACH IN CANNSTATT.

Riem- oder Seilwechselgetriebe mit abwechselnd angedrückten Spannrollen.

Patentirt im Deutschen Reiche vom 13. September 1892 ab.

Bei Riem- oder Seilwechselgetrieben mit zwei oder mehr Riem- oder Seiltrieben, bei welcher die Anspannung des Riemens oder Seiles durch Spannrollen geschieht und immer nur ein Riemen arbeiten soll, während die anderen ausgerückt sind, sind gemäfs vorliegender Erfindung die Spannvorrichtungen derart von einander abhängig gemacht, dafs bei zwei Riemen von verschiedenen Geschwindigkeiten der eine nur dann eingerückt werden kann, wenn der andere ausgerückt ist. Ferner soll bei einem Wechselgetriebe mit vier Riem- oder Seiltrieben der Wechsel durch einen Hebel bewirkt werden, wobei die Einrückung eines Riemens nur möglich ist, wenn die anderen drei ausgerückt sind.

In Fig. 1, 2 und 3 sind die von einander abhängigen Spannvorrichtungen bei zwei Riemen- oder Seiltrieben mit verschiedenen Geschwindigkeiten gezeigt.

Zur von einander abhängigen gleichzeitigen Bewegung der Spannrollen $C^1 C^2$ dient die Kurbelachse G; die Kurbeln $g^1 g^2$ sind unter einem Winkel von ca. 60° versetzt; H ist ein Handhebel, mit welchem die Kurbelachse gedreht wird. Die Kurbeln $g^1 g^2$ sind mit den Spannrollenhebeln $i^1 i^2$ durch Stangen $k^1 k^2$ verbunden; an der rückwärtigen Verlängerung der sich um L und zwar jeder für sich drehenden Spannrollenhebel $i^1 i^2$ sind die Spannfedern $m^1 m^2$ angeordnet, welche die Spannrollen gegen die Riemen drücken.

In Fig. 1 ist die Rolle C^1 gesenkt und C^2 gehoben, d. h. der Riemen e^1 ist ein- und e^2 ist ausgerückt. Wird der Handhebel in die Stellung Fig. 2 gebracht, dann sind beide Riemen ausgerückt, in Fig. 3 ist Riemen e^2 ein- und e^1 ausgerückt.

Ist einer der Riemen eingerückt, so wirken die Federn $m^1 m^2$ dadurch gemeinschaftlich auf die jeweilig in Thätigkeit befindliche Spannrolle, dafs die Wirkung beider die Kurbelachse G zu verdrehen suchen; in Mittelstellung, d. h. bei ganz ausgerücktem Zustande heben sich ihre Wirkungen infolge der Kurbelstellungen gegenseitig auf. An Stelle der zwei Federn kann auch eine einzelne auf die Kurbelachse wirkend angebracht werden, mit dem Angriffspunkte zwischen den Kurbeln $g^1 g^2$ oder deren rückwärtigen Verlängerungen. Zur Feststellung der Mittelstellung (Fig. 2) dient die Rast n, welche in die Vertiefung der Feder o in dieser Stellung einschnappt.

Die Angriffspunkte der Verbindungsstangen $k^1 k^2$ und der Federn $m^1 m^2$ können auch vertauscht oder beide auf einer Seite der Hebel $i^1 i^2$ sein, wobei nur die Druckrichtung der Federn und die Drehrichtung des Handhebels sich ändert.

Fig. 4 zeigt die Anordnung für ein Riemwechselgetriebe mit vier Riemtrieben von verschiedenen Geschwindigkeiten in der Ansicht. Es findet hier die in Fig. 1 gezeigte Anordnung doppelt und symmetrisch zur Mitte Anwendung. $G G^1$ sind die Kurbelachsen, $g^1 g^2 g^3 g^4$ die bezüglichen paarweise versetzten Kurbeln.

An Stelle des Handhebels dienen hier die durch das auf oder mit seiner Achse verschiebbare Zahnrad p bewegten Zahnräder $h h^1$, welche auch mit den Rasten n für die Mittelstellung versehen sind. Die Ränder q an den Zahnrädern verhindern im eingerückten Zu-

Abb. 76: Nach Wiedervereinigung Eigentum der Daimler-Motoren-Gesellschaft: Auf Maybachs Namen ausgestellte Patentschrift für das Riemengetriebe

Oberflächenvergaser und war auch mit der Glührohrzündung auf Daimlers Patente angewiesen. Nach der „Wiedervereinigung“ im November 1895 wurde sein Motor nicht mehr weitergebaut. Der Phoenix-Motor dagegen hatte eine lange Karriere vor sich. Daran war auch Panhard beteiligt: Die französischen Versionen ab 1896 mit 4 und 6 PS und Glührohrzündung galten als Panhard-Motoren, die spätere Verdopplung zum Vierzylinder und die Einführung der Magnetzündung für Sportzwecke fand ebenfalls unter Mitwirkung von Panhard statt.

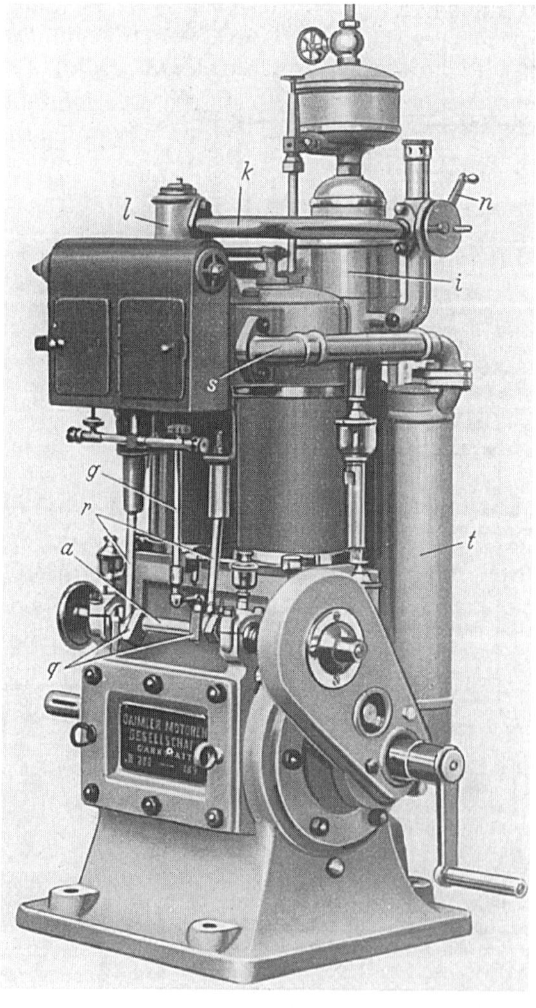

Abb. 77: Konkurrenz aus dem eigenen Haus: Max Schroedters Zweizylinder-Stationärmotor mit Glührohrzündung (aus Sass)

Das auf Daimlers detaillierte Angaben zurückgehende Riemengetriebe wurde am 13. September 1892 als „Riemen- oder Lastwechselgetriebe mit abwechselnd angedrückten Spannrollen“ in Verbindung mit der „Einrichtung zur Riemen- oder Seilaus- und Einrückung mittels Spannrollen“ zum Patent angemeldet und unter den Nummern 68492 und 70577 geschützt. In der Funktion war es seiner Zeit voraus: Erstmals konnten über die Spannrollen vier Übersetzungen mit nur einem Hebel geschaltet werden, eine Kupplung gab es nicht. Das Getriebe arbeitete flexibel und geräuscharm. Dennoch konnte Daimler seine Absicht, Lizenzen zu vergeben, nicht verwirklichen. Mit seinen großen Abmessungen ließ sich das Getriebe nur in eigens dafür konstruierten Fahrzeugen unterbringen – für die kompakten Wagen von Peugeot und Panhard war es nicht geeignet. Die getrennt patentierte Spannrollen-Mechanik wurde jedoch in französischen Riemenantrieben verwendet. Patente erhielten Daimler und Maybach auch für die im Hotel Hermann entstandene Schwungradkühlung – ein erster Versuch, die mit steigender Leistung zunehmenden Kühlprobleme zu lösen – und für eine federnde Motoraufhängung, um Vergaser und Zündung vor Fahrbahnstößen zu schützen.
In der Daimler-Motoren-Gesellschaft verringerte sich Gottlieb Daimlers Einfluss nicht nur durch das eigenständige Vorgehen von Lorenz und Schroedter. Auch Karl Linck, bisher für das Kaufmännische zuständig und laut Gründungsvertrag Mitglied im Vorstand, dann aber nur Prokurist, schied im Oktober 1892 aus. Der an seiner Stelle in den Vorstand aufgenommene Kaufmann Gustav Vischer erwies sich später für Daimler als seriöser und umsichtiger Verhandlungspartner – eine integere Persönlichkeit im Spiel der Mächte. Die Entwicklung des Unternehmens verlief weiter problematisch. Es gab kein professionelles Konzept für den Verkauf der „Schnellläufer“. Im Geschäftsjahr 1891/92 wurden noch 123 Bootsmotoren („Schiffsmotoren“) und acht vollständig ausgerüstete Boote sowie 32 kleine Stationärmotoren abgesetzt, dann gingen die Stückzahlen zurück. Welchen Anteil der Vierzylinder-Schiffsmotor hatte, ist nicht bekannt, er hat aber in der ebenfalls schon 1893 entstandenen Ausführung mit 10 PS, die ihn für den Antrieb von Hafenbarkassen tauglich machte, in England und in den USA für Daimlers Geschäftsentwicklung eine Rolle gespielt. Panhard war zunächst im Motorenverkauf erfolgreicher, in Paris wurden in den nächsten Jahren mehr Fahrzeug- und Bootsmotoren unter dem Namen Daimler produziert als in Cannstatt. Im Geschäftsbericht der DMG für 1892/93 vom 27. Oktober 1893 hieß es: „... so lange wir keine stationären Petroleum-Motoren und namentlich keine langsam laufenden Maschinen bringen, werden unsere Erfolge auf diesen Gebieten, trotz aller Anstrengungen und Reklame, nur sehr mäßige sein.“
Der technische Ehrgeiz von Lorenz führte zu neuen Problemen: Um die Verwechslungen und Unfälle zu vermeiden, die durch die irreführende Bezeichnung von Benzin als „Petrol“ oder Petroleum immer wieder vorkamen, wollte er mit Schroedters Unterstützung das weniger leicht entzündliche Leuchtpetroleum als Kraftstoff einführen. Es wurden die Brüder Carl und Adolf Spiel aus Leipzig enga-

giert, die einen „Petroleumapparat" und eine angeblich für Petroleum geeignete „Innenzündung" erfunden hatten. Wilhelm Lorenz beteiligte sich unter dem Decknamen Otto Schmidt mit einem Patent an diesen Projekten. Zugleich machte die Hallesche Maschinenfabrik mit einem stationären Benzinmotor von Johannes Spiel (ein Verwandter der Brüder Spiel) den Cannstatter Motoren Konkurrenz – allerdings mit einer Flammenzündung, die feuergefährlicher war als die Glührohrzündung.

Daimlers Glührohrzündung war eine der Trumpfkarten der Daimler-Motoren-Gesellschaft, brachte aber in Verbindung mit der Drossel-Regelung der Drehzahl, mit der Schroedter seine stationären Ein- und Zweizylinder-Benzinmotoren versehen hatte, Probleme mit sich. Der Verkauf ging zurück, nach Reklamationen mussten Motoren im Wert von 16 Prozent des Umsatzes zurückgenommen werden. Als übermächtige Konkurrenz erwies sich neben Deutz auch Benz in Mannheim, der in den Jahren 1892 bis 1896 jährlich bis zu 700 Gasmotoren verkaufte – viele davon ohne Lizenz mit Glührohrzündung. Als im Geschäftsjahr 1893/94 ein Verlust von 100 000 Mark entstanden war, hieß es im Geschäftsbericht, die Gründe für den schlechten Geschäftsgang seien noch die gleichen wie in den Vorjahren: „Furcht vor Benzin und Unbeliebtheit der schnelllaufenden Motoren".[90] Um die Kosten zu verringern, richtete Lorenz in seinen Karlsruher Gebäuden eine eigene Versuchswerkstatt ein und wollte auch das Daimler-Werk nach Ettlingen verlegen.

Zu Beginn dieser Entwicklung, im Oktober 1892, hatten die Gesellschafter Daimler angeboten, zusätzliche 102 Aktien zu übernehmen. In diesem Fall sollte ihm die technische Oberleitung „auch bezüglich des laufenden Betriebes" übergeben werden, „so dass Änderungen an den von ihm gebauten Konstruktionen, neue Experimente, Bauten, Maschinen etc. ohne seine Zustimmung künftig ausgeschlossen sind". Dies gelte auch „für Veränderungen im Beamtenpersonal". Daimler hatte bemängelt, dass „kostspielige und unzweckmäßige Bauten" ausgeführt, „in schülerhafter Weise experimentiert" und „ein ganzes Heer von persönlichen Günstlingen mit hohen Gehältern" eingestellt worden seien.[91] Durch den Zukauf von 102 Aktien hätte er mit 302 zu 298 Aktien über die Mehrheit verfügt. Daimler nahm dieses Angebot nicht an. Mit dem höheren Anteil hätte er nicht nur für die Kredite haften, die Duttenhofer und Lorenz für die Erweiterungen in Anspruch genommen hatten, sondern auch die Mitverantwortung für die unter Lorenz begonnenen technischen Entwicklungen übernehmen müssen, mit denen er sich nicht identifizieren konnte. Von späteren Biographen wurde Daimler für diese Entscheidung kritisiert – wohl zu Unrecht.

Ohne zu erkennen, dass die von ihnen eingeschlagene Richtung falsch war, gedachten Duttenhofer und Lorenz 1894 die Firma ganz zu übernehmen. Sie strebten eine Fusion mit Deutz an, um ein deutsches „Motorenmonopol" zu errichten. Duttenhofer schrieb am 6. Oktober 1894 an Eugen Langen: „Nachdem Daimler lange genug mit uns herumgestritten hat, erkläre ich, den Konkurs herbeiführen zu wollen, wenn nicht eine Einigung stattfinde, und ich habe das Ultimatum auf letzten

Donnerstag gestellt. Daimler hat das Angebot von Lorenz und mir acceptiert und tritt aus der Gesellschaft vollständig aus, so dass Lorenz und ich je zur Hälfte die alleinigen Inhaber der Daimler-Motoren-Gesellschaft sind."[92] Nachdem Daimler gerade eine Deutzer Nichtigkeitsklage gegen sein Patent Nr. 28022 abgewehrt hatte, wollte sich Duttenhofer das Wohlwollen Langens sichern und der Deutz AG das Nutzungsrecht der Glührohrzündung zugestehen. Er fand jedoch bei Langen, der die rechtlichen Voraussetzungen richtig einschätzte, keine Gegenliebe. Angesichts des geringen Cannstatter Geschäftsvolumens war der Monopolgedanke ohnehin unrealistisch.

Daimlers „Kontrahenten" setzten ihn nun mit einer Konkursdrohung unter Druck. Die Württembergische Vereinsbank verlangte wegen des schlechten Geschäftsganges die Rückzahlung eines Kredites von 385 000 Mark, für den die beiden Hauptgesellschafter gebürgt hatten. Zur Vermeidung des Konkurses sollte Daimler seinen Geschäftsanteil für ein Drittel des Wertes – 66.666,66 Mark – abtreten. Um die Insolvenz des Unternehmens abzuwenden, das seinen Namen trug, unterschrieb er zwar, leitete aber zugleich eine Entschädigungsklage über den Restbetrag von 133.333,34 Mark und die seit Oktober 1894 anfallenden Zinsen ein. Duttenhofer und Lorenz hätten zwar die Weiterführung finanzieren können, mussten sich aber, außer mit den Fehlschlägen der Petroleummotoren und der Ablehnung einer Fusion durch Langen, zusätzlich mit Daimlers Klage auseinandersetzen. Sie waren mit ihrem Latein am Ende.

Es war wohl Duttenhofer, der als einer der reichsten Männer des Landes in dieser Situation zwar nicht sein Geld, aber seine Reputation gefährdet sah. Gegen die von Lorenz geplante Verlegung nach Karlsruhe sprach, dass der Betrieb noch immer von Daimlers Stammbelegschaft auf dem Cannstatter Seelberg getragen wurde. So kam es zu einer neuen Annäherung an Daimler. Duttenhofer versuchte zunächst, Maybach für sich zu gewinnen, denn Schroedter war Ende 1894 ausgeschieden und hatte die Leitung der Kölner Maschinenbauanstalt Humboldt übernommen. Maybach hielt sich an seine Verpflichtungen gegenüber Daimler, ließ aber erkennen, dass er gern in das Unternehmen zurückkehren würde: „Ich bin ein Zögling Daimlers, wir stehen nicht so isoliert da, wie Sie meinen. Ich möchte diese Gelegenheit nicht noch vorüber gehen lassen, um beide Teile wieder in gutes Einvernehmen zu bringen". Eine Rückkehr in die Daimler-Motoren-Gesellschaft ohne Daimler wäre für Maybach nicht nur aufgrund seiner vertraglichen Bindung unmöglich gewesen – er war auch abhängig von Daimlers Konzepten.

Für Daimler gab es keinen Grund, sich nachgiebig zu verhalten. Sein Ansehen im Ausland war weiter gewachsen, aber die Vorgänge um seine Fabrik hatten ihn psychisch und physisch mitgenommen. Es waren, wie einst in Deutz, drastische Worte, mit denen er sich in einem Brief an seinen Freund Solveen Luft machte: Er habe mit seinen „Assozies" so viel durchgemacht, dass er „allen Glauben an die bessere Menschheit" und beinahe den Verstand verloren habe, nachdem „die beiden Kerls" seine Sache unter dem Namen Daimler weitergeführt und „das was ich seit 12 Jahren geschaffen, sozusagen meine Kinder, die Motoren, Schiffe und Wagen vom Leib gerissen“ hätten.[93] Duttenhofer und Lorenz hatten sich, auch den Mitarbeitern gegenüber, als inkompetent erwiesen. Ihr Verhalten hinterließ einen nicht zu kittenden Riss, aber er musste sich mit ihnen arrangieren. Er hätte ohne das Unternehmen weiter existieren können, aber das Unternehmen nicht ohne ihn. Das wurde oft missverstanden.

Daimler verkaufte 1895 über das 1893 von seinem deutsch-englischen Geschäftspartner Frederick R. Simms gegründete „Daimler Motor Syndicate“ seine Patent- und Namensrechte für Großbritannien an das „British Motor Syndicate“ des englischen Finanziers und Fahrradherstellers Henry John („Harry“) Lawson. Aus der Übernahme dieser Rechte ging am 7. Juni 1895 die britische „Daimler Motor Company Ltd.“ hervor. Lawson ging unverzüglich daran, seinen Plan eines britischen Daimler-Motorwagens zu verwirklichen. Der Erlös in Höhe von 350 000 Mark, abzüglich einer beträchtlichen Provision für Simms, ging an die Daimler-Motoren-Gesellschaft – unter der Bedingung, dass Daimler in die Cannstatter Gesellschaft zurückkehrte und Simms in den Aufsichtsrat aufgenommen wurde. An den Verhandlungen war auch der Hamburger Daimler-Vertreter Wilhelm Deurer beteiligt, der nach schlechten Erfahrungen mit den Motoren von Schroedter auf Daimlers Boots- und Schiffsmotoren setzte. Im November 1895 wurde der „Wiedervereinigungsvertrag“ unterzeichnet. Duttenhofer und Lorenz erhöhten durch Bareinzahlungen das Aktienkapital und damit auch ihre Mehrheit um 300 000 Mark. Daimler erhielt seine Anteile von insgesamt 200 000 Mark zurück und zusätzlich einen Genussschein (Daimler: „Scheingenuss“) über 100 000 Mark. Dass er nur noch mit einem Fünftel beteiligt war, bedeutete – im Vergleich zur Drittelbeteiligung des Jahres 1890 – eine weitere Verringerung des aktienrechtlichen Einflusses von Daimler und seiner Familie.

Damit wurde nicht nur die – bleibende – Verbindung seines Namens mit dem Unternehmen gesichert, sondern auch seine persönliche Autorität. Daimler wurde ab 31. Oktober 1896 Vorsitzender des Aufsichtsrats und „General-Inspektor“. Nunmehr war allein seine Urteil maßgeblich für technische Entscheidungen. Die im Hotel Herrmann entstandenen Motoren und Fahrzeugteile, die Anlagen und Maschinen der Versuchswerkstatt und die inzwischen erteilten Patente gingen auf die Daimler-Motoren-Gesellschaft über. Das Konstruktionsbüro wurde in das Cannstatter Werk zurückverlegt, Maybach wurde „erster technischer Direktor“ und erhielt die im Vertrag von 1882 zugesagten Aktien im Wert von 30 000 Mark. Wie eng die Verbindung Daimlers zu den Arbeitern und Werkmeistern war, zeigte die ihm entgegengebrachte Verehrung, als im Dezember 1895 die Ablieferung des tausendsten Motors gefeiert wurde. Zugleich begann die Fertigung des „Riemenwagens“, dessen Versuchexemplare im Hotel Herrmann gebaut worden waren, im Cannstatter Werk. Die Daimler-Motoren-Gesellschaft wurde dadurch erstmals zum Fahrzeughersteller.

In der Daimler-Historiographie findet sich oft die Auffassung, Daimler sei bei den Vorgängen um die Androhung des Konkurses durch Duttenhofer und Lorenz, dann auch bei den Änderungen der Besitzverhältnisse, von den Geldgebern „über den Tisch gezogen" worden.[94] So entstand das Bild eines Visionärs, der mit geschäftlichen Dingen überfordert war. Die Transaktion mit Simms und Lawson bestätigt solche Einschätzungen nicht, sie zeigt einen emotional und zugleich realistisch denkenden Daimler. Finanzielles Übergewicht war in dieser kritischen Situation für ihn weder erreichbar noch wünschenswert. Aber er kehrte auf Lebenszeit an die Spitze des Unternehmens zurück und prägte damit dessen Identität – bis in das einundzwanzigste Jahrhundert.

Für Gottlieb Daimler, dessen Aktivitäten in Frankreich, Amerika, England und Österreich in den neunziger Jahren einen Höhepunkt erreichten und bis an sein Lebensende anhielten, war die heimatliche Cannstatter Fabrik wohl nicht alleiniger Gegenstand seines Denkens und Handelns. Ein nur an der wechselvollen Frühgeschichte der Cannstatter Daimler-Motoren-Gesellschaft orientiertes Daimler-Bild hat manche Perspektiven verkürzt. Dies zeigte sich im zwanzigsten Jahrhundert auch an der widersprüchlichen Einschätzung der Rolle des Finanziers Kilian Steiner. Mit der Deutung, Wilhelm Lorenz und Max Duttenhofer seien, „jeweils in ähnlicher Weise, von den wirtschaftlichen Aktivitäten Steiners betroffen" gewesen, „bevor sie gemeinsam mit Steiner 1890 die Kontrolle über das Daimlersche Lebenswerk übernahmen"[95], wird der Einfluss, den Steiner auf die von ihm mitfinanzierten Unternehmen ausübte, wohl überbewertet. Der aus der jüdischen Gemeinde des Städtchens Laupheim stammende Gründer der Württembergischen Vereinsbank und der Deutschen Bank war an Transaktionen von ganz anderen Größenordnungen beteiligt. Aus der Zusammenführung der Oberndorfer Waffenfabrik der Gebrüder Mauser, der Rottweiler Pulverfabrik von Max Duttenhofer und der Karlsruher Patronenfabrik von Wilhelm Lorenz mit dem Berliner Loewe-Konzern ging der – nach Krupp – zweitgrößte Rüstungskonzern des Kaiserreiches hervor, die „Deutsche Waffen- und Munitionsfabrik". Lorenz hatte sein Unternehmen 1889 für fünf Millionen Reichsmark an Loewe verkauft. Davon hat er bei Daimler nur einen kleinen Teil investiert, sein Einstieg ist eher dem Wunsch zuzuschreiben, für sich und Max Schroedter ein neues Tätigkeitsfeld zu finden – eine freie persönliche Entscheidung.

Noch weniger ist es gerechtfertigt, in Steiners Wirken als Aufsichtsratsmitglied der Daimler-Motoren-Gesellschaft eine „Verschwörung des jüdischen Finanzkapitals" zu sehen, wie es der Daimler-Biograph Paul Siebertz in den 1940er Jahren tat. Die Zeit der Automobilindustrie als Wirtschaftsfaktor hatte 1890 noch nicht begonnen, für Steiner war die ertragsschwache Cannstatter Firma bei weitem nicht so attraktiv wie andere, von ihm ins Leben gerufene und heute noch existierende Großunternehmen – etwa die Badische Anilin- und Sodafabrik AG (BASF) in Ludwigshafen oder die Württembergische Metallwaren-Fabrik AG in Geislingen (WMF). Steiners Aktivitäten waren nicht nur finanzieller Art; mit seiner „Großdeutschen Bewegung in Württemberg" unterhielt er national geprägte, Preußen einschließende wirtschaftliche und politische Verbindungen. Sein Engagement bezog sich auch auf kulturelle Institutionen wie das von ihm mitbegründete Schiller-Nationalmuseum in Marbach.

2.11 In New York und Chicago

Daimler heiratete 1893 die achtunddreißigjährige Lina Hartmann, geborene Schwend, aus Schwäbisch Hall. Diese zweite Eheschließung wurde von Teilen seiner Umgebung und von der Nachwelt nicht immer positiv beurteilt. Sie war das Werk von Freunden, die sich nach den seelischen Strapazen, denen Daimler während und nach den Gründungswirren ausgesetzt war, Sorgen um seinen Gesundheitszustand machten. Sie richteten es ein, dass er im Winter 1892/93 zur Erholung nach Italien reiste und in Florenz der jungen Frau wieder begegnete, deren Familie zu Daimlers weiterem Bekanntenkreis gehörte. Sie hatte einen Florentiner Hotelier geheiratet und war mit achtunddreißig Jahren verwitwet. Schon am 8. Juli 1893 fand in Schwäbisch Hall die Hochzeit statt.
Die Amerika-Reise, die Daimler mit Lina unmittelbar danach begann, wird in den meisten Lebensbeschreibungen als Hochzeitsreise bezeichnet. Für Daimler ging es in erster Linie um die schon länger bestehende Notwendigkeit, seine Verpflichtun-

Abb. 78: Musterfabrik: Das neue Werk der Daimler Motor Co. war auf Schiffsmotoren spezialisiert (Daimler AG)

gen in der 1888 mit William Steinway gegründeten Daimler Motor Company wahrzunehmen. Der Termin ergab sich durch die Präsentation des Unternehmens und seiner Produkte auf der Weltausstellung in Chicago. Das strapaziöse Programm allein durchzustehen, wäre ihm nicht leicht gefallen. Lina erwies sich mit ihrem klugen Verstand und heiteren Wesen als Glücksfall, sie wusste mit Daimlers Krankheitsanfällen und Schwächezuständen umzugehen und wirkte auf sein erregbares Gemüt beruhigend ein. Ihr Reisetagebuch, das durch die Daimler-Biographie von Harry Niemann im Jahr 2000 in Auszügen der Öffentlichkeit zugänglich wurde, kann als zeitgeschichtliches Dokument ersten Ranges gelten – auch weil Lina Daimler sicher nicht an spätere Leser gedacht, sondern ihre Eindrücke ganz unbekümmert festgehalten hat.

Die Seefahrt nach New York begann am 13. Juli in Cuxhaven mit dem luxuriösen Dampfer „Fürst Bismarck“, dessen Maschinenleistung von 15000 Pferdestärken Lina gewissenhaft notierte. Am 20. Juli, dem Tag vor der Ankunft in New York, war ihr „immer noch bange“ bei dem Gedanken an Daimlers Kinder, „weil sie gar so kalt waren und mich so gar nicht ermutigten die neuen Pflichten aufzunehmen und ich habe doch die besten Absichten, die ich mir aber durch nichts erschüttern lassen will. Ihr Vater ist umso lieber u. wenn sie sehen, dass wir uns lieb haben, dann werden sie doch auch weich werden.“ Zu dieser Hoffnung hatte Bertha Maybach beigetragen: „Immer fällt mir Berthas lieber Brief ein, und sie versteht mich doch am besten“. Am 22. Juli begann vom Broadway Central Hotel aus ein Stadtbummel mit dem „Hauptfreund“ und neuen Leiter der Niederlassung Friedrich Kübler: „Er führte uns in ein deutsches Bierhaus.“

Kübler war von Daimler nach Long Island beordert worden, um Missstände in der Fabrik zu beheben. Nach dem ersten Termin bei William Steinway am nächsten Tag – „empfing uns sehr freundlich, leider war er noch an seinen Sessel gebunden. Die Gicht oder Gliederschmerzen haben ihn sehr elend gemacht“ – folgte der erste Besuch bei der Daimler Motor Company. Kübler hatte offenbar vorgesorgt: „Dort einigen Herren vorgestellt, alles besichtigt in schöner Ordnung“. Die Tage bis zur Abreise nach Chicago am 1. August waren mit geschäftlichen Besprechungen ausgefüllt, unterbrochen durch Ausflüge mit Flussdampfern, „vollgesteckt mit Menschen“, unter anderem nach „Klein Deutschland“ auf einer Insel am North River: „Sauerkraut und Würzburger Bier“.

Die Eisenbahnfahrt nach Chicago über Pittsburgh verlief im „herzigen Separat-Coupé mit Schlafeinrichtung und Waschservice“ und „fein serviertem“, mit „gutem feinen Eiscream“ abgeschlossenen Lunch im Speisewagen durchaus komfortabel. Am 5. August folgte der erste Besuch auf „The World's Columbian Exposition“: „Englische und schwedische Ausstellung, japanisches Theehaus, schwedisch zu Mittag gegessen, theuer wie immer, in der Wiener Bäckerei einen famosen Kaffee getrunken, den ersten guten seit daheim. Wir sehen das deutsche Dorf an, doch leider sind wir nicht entzückt“. Bis Ende September war Daimler fast täglich auf dem Ausstellungsstand, führte Besprechungen mit Kunden und Lieferanten und nahm an Veranstaltungen teil. Lina kümmerte sich im Hotel um die Korrespondenz, Postkarten mit dem Riesenrad „Ferris Wheel“ wurden auch an Maybach geschrieben, es gab Einladungen und kleine Feste.

Abb. 79: German Exhibitor: Gottlieb Daimlers Eintrittsausweis (Daimler AG)

Allein reiste Lina zu Verwandten, die in St. Louis, einem kleinen Ort in Michigan nordwestlich von Chicago, in „einer kohlschwarzen Gegend“ ein bescheidenes Auswandererdasein führten: „Cousine Lina und Vetter Max haben keine besonders freudige Jugend gehabt, denn arbeiten war immer Onkels Prinzip“. Sie lud sie ein, in die „alte Heimat“ zu kommen, war gerührt über die Geschenke der jungen Leute, die sie zur Bahn brachten, und „fort gings allein unter fremden Menschen, wie verloren fühlt man sich doch, wenn man der Sprache nicht mächtig, kam gut in Chicago an, doch nicht ohne Traurigkeit“. Daimler kam erst nach ihr zurück vom „großen Umzug der Transportationsausstellung“. Am 14. September fuhr sie mit zur Besichtigung des größten Stahlwerks der Welt nach South Chicago, wo der Stahl „vom dicksten Block bis zu langen schmalen Eisenbahnschienen gewalzt werden kann. Es geht alles per Maschine mit wenig Arbeitern“ – ein Mann dirigierte mit einem Hebel allein eine große Maschine. Auf der Rückfahrt war Daimler beeindruckt von der elektrischen Bahn, die sie „wie der Blitz" zur Ausstellung brachte.

Abb. 80: 1893 am Ufer des Michigansees: Daimler-Boot, Eingangshalle von „The World's Columbian Exposition" (Daimler AG)

Einblicke in den Zeitgeist gibt Linas Bericht vom Vortrag des national-konservativen Berliner Hof- und Dompredigers Adolf Stöcker am 10. September in der von deutschen Besuchern, Ausstellern und Geschäftspartnern – „etwa 3000 Personen" – gefüllten Music Hall. Misstrauisch hörte die schwäbisch-freiheitlich denkende Lina zu, als Stöcker „mit lauter, aber nicht wohlklingender Stimme und weniger gutem Pathos" zur sozialen Frage kam und die „Umsturzbewegungen" dem bösen Beispiel der oberen Klassen zuschrieb, die dem „Gott Mammon" huldigten. „Um eine durchgehende Besserung zu erzielen, müsse eine Erneuerung und Läuterung der menschlichen Gesellschaft und als ‚Schlussstein des Menschengeschlechts' die soziale Gleichheit folgen, anders sei auch der deutschen evangelischen Welt nicht zu helfen." Lina Daimler war mit Stöckers strenger Unterscheidung „zwischen dem Sozialdemokratismus, welcher sage ‚Gib mir was Dein ist', und dem ‚göttlichen christlichen Sozialismus', dessen Losung sei ‚Ich gebe mit Freuden was mein ist", nicht einverstanden: „Darin irrt sich Herr Stöcker, ich kenne auch die Sozialdemokratie, die wöllen nicht mehr als was sie rechtlich anzusprechen haben, das ist meine Meinung." Es sei zwar nicht Sache einer Frau, „über Dinge zu sprechen die sie nicht versteht, aber ich habe eben den einfachen Rechtlichkeitssinn meines guten Vaters".

Linas demokratische Einstellung trug vielleicht dazu bei, dass Gottlieb Daimler fünfzehn Monate später, auf dem Höhepunkt der Konkursaffäre, für den Sozialismus und seine Terminologie Verständnis aufbrachte, als er seine beiden „großherrlichen Freunde“ Duttenhofer und Lorenz als die „gemeinsten Ausbeuter ihrer Nebenmenschen“ bezeichnete: „Das sind die richtigen Züchter der Sozialdemokraten, denn ich sehe auch ein, dass wenn die Oberen und Großen sich so benehmen und ihre Herrschsucht und Habgier so weit treiben, dass sie den ehrlichen für seine Sache Arbeitenden und Nützliches schaffenden Menschen um sein Alles bringen können, solches Raubgesindel vernichtet gehört wie die Wölfe.“[96]

Schon in Chicago hatte Daimler manchen Grund für Zornesausbrüche, so dass ihn Lina immer wieder besänftigen musste, aber es gab auch Erfreuliches. Zu einer Attraktion der Ausstellung entwickelte sich der Daimler-Beleuchtungswagen mit Stromgenerator, der für Veranstaltungen zur Verfügung gestellt wurde – so am Feiertag des US-Staates Texas, dessen Ausstellungsgebäude der 10 PS Vierzylinder-Bootsmotor in elektrischem Licht erstrahlen ließ. Auf dem See wurde das „Pleasure Boat“ mit dem gleichen Motor vorgeführt, auf ihrem Stand zeigte die Daimler Motor Company eine – wie der Beleuchtungswagen von Pferdekraft gezogene – 6 PS-Feuerspritze, stationäre Gas- und Benzinmotoren und etliche Schienenfahrzeuge: drei 2 PS-„Wagonnets“ und eine komplette Miniatur-Straßenbahn-Anlage mit Drehscheibe, geeignet als Veranstaltungs- und Ausstellungsbahn. Den Gedanken an größere Verkehrsprojekte hatten Daimler und Steinway aufgegeben; der Siegeszug der elektrischen Schnellbahntechnik war nicht mehr aufzuhalten.

Mit dem Geschäftserfolg der Stationär- und Bootsmotoren konnten Daimler und Steinway zufrieden sein. Weniger Interesse hatte der Wagen gefunden, der auf der Ausstellung wohl gezeigt, aber nicht vorgeführt worden war. Erst nach der Rückkehr aus Chicago, so berichtet Lina Daimler, wurde „eine Fahrt mit Maybachs Motorwagen“ geplant. Sie fand am Mittwoch, den 18. Oktober 1893, in der Nähe des Werksgeländes statt: „Früh nach Long Island, der schönste Sonnenschein. Zum erstenmal den Wagen herausgenommen, sah sehr schön aus. Im Sand lief er schwer, so dass Herr Kübler allein nach Steinway Park fuhr und wir hinliefen. Bald aber fuhr man hin und her und immer besser und sicherer lief das Gespann ohne Pferd.“ Lina durfte dann auch selbst mitfahren: „Wir fassten frisches Wasser und fuhren nun zum erstenmal die Hauptstraße entlang an der Fabrik vorbei. Es war eben die Schule aus und die ganze Jugend hinter uns her. Wir hörten viele Witze, die Leute über den neuen Wagen machten. Eine Polin rief, oh das gleiche Ding habe ich schon in Paris gesehen.“ Es gab zwar eine Unterbrechung, „da eine kleine Schraube sich losmachte und so die Betriebsstange nicht schaffte.“ Der Fehler wurde behoben, und „bald kam der Bescheid, dass Herr B. [vermutlich Steinways Schwiegersohn von Benecke] und Herr Steinway bei der Fabrik warteten.“

Die Probefahrt mit Steinway verlief weniger positiv, von den letzten Besprechungen kam Daimler verärgert zurück. Abwechslung bot in den letzten New Yorker Tagen ein Abstecher nach Philadelphia am 28. und 29. Oktober 1893, verbunden mit einer Besichtigung des Ausstellungsgeländes von 1876 und einem sonntäglichen Besuch in „Ottos Fabrik“, der US-Filiale der Gasmotoren-Fabrik Deutz: „Dort war alles zu, doch konnten wir durch den Portier hineinkommen, auch war noch ein junger Mann im Comptoir, der sehr artig war, und uns in die Fabrik gehen ließ.“ Am 1. November begann die Rückreise mit dem Dampfer „Columbia“. Mit an Bord war der mit Daimler befreundete Schwarzwälder Uhrenfabrikant Arthur Junghans aus Schramberg. Auch er hatte an den Probefahrten teilgenommen und interessierte sich von nun an für die Motorwagen-Versuche. Während der Seereise bei meist schlechtem Wetter musste sich Lina oftmals Sorgen um Daimler machen,

Abb. 81: Holzräder und Vollgummi-Reifen, gefederte Vordergabeln: Maybachs modernisierten Stahlrad-Wagen akzeptierte Steinway nicht (Daimler AG)

dem die Seekrankheit zusetzte. In der Nacht vor der Ankunft wachte er „mit großer Bangigkeit auf“ und beruhigte sich erst nach kalten Umschlägen. „Ich saß vor ihm und mir war so bange wie noch nie, 2 Uhr war vorüber, ich legte mich mit den Kleidern, konnte aber nicht schlafen.“ Am nächsten Tag, nach dem Empfang im Hamburger Hafen mit Musik und „Handgepäckverzollung, wir mussten 1.20 für die Seiden zahlen“, ging es wieder besser. Am Abend im Hamburger Hotel d'Europe am Jungfernstieg war man dann doch „recht vergnügt bis 1 ½ Uhr beisammen“.

Dass „Maybachs Motorwagen“ in den USA nicht reüssieren konnte, war für alle Beteiligten ein Rückschlag. Ein weiterer Grund für Daimlers und Steinways Verstimmung kann die Tatsache gewesen sein, dass in den letzten Wochen der „Columbian World Exhibition“ ein Benz-Motorwagen auftauchte – das erste Exemplar des leichten Zweisitzers „Velo“. Im nächsten Jahr führte die in der New Yorker Wallstreet 10 etablierte Benz-Vertretung dieses Modell unter dem französischen Namen „Eclair“ ein. Benz konnte sich trotz anfänglicher Sporterfolge in den USA nicht behaupten, seine Patente wurden nicht anerkannt.[97]

TO ABOLISH THE HORSE.

William Steinway Building a Factory for the Construction of Horseless Carriages.

LARGE DEMAND FOR THE MACHINES.

Many Will Be Seen in Our Streets Soon After the Manufacture of Them Is Begun Here.

Here is more bad news for the horse. They are slaughtering the animal in the West and making him into canned corned beef, and now he is attacked in another way in the East. William Steinway, the piano-maker, has begun the erection of a factory at the little town on Long Island that bears his name, and here the motors for horseless carriages will be made. It is likely that the plant will be increased so that the entire carriage, motor and all, will be completed on the spot.

The factory is to be three stories high and 50 feet wide by 100 feet deep. The corporation that will operate the establishment is the Daimler Motor Company, and this Mr. Steinway controls.

Abb. 82: „More bad news for the horse“: Zeitungsbericht über die von Steinway geplante Fabrik für Daimler-Wagen (Daimler AG)

Für Daimler waren die Voraussetzungen dank der Verbindung mit Steinway ungleich günstiger. Als 1895 die Herstellung des „Riemenwagens“ in Vorbereitung war, wurde ein neuer Versuch geplant. Steinway kündigte den Bau einer Fabrik „for the Construction of Horseless Carriages“ an. Am 31. August 1895 sagte er in einem Interview mit der „New York World“: „Wir hatten bereits im Jahr 1893 hier einen pferdelosen Wagen, der jedoch für das hiesige Kopfsteinpflaster und die unebenen Straßen zu leicht gebaut war. Wir werden daher ein Modell herausbringen, das den amerikanischen Verhältnissen angepasst ist.“ Dieser Wagen, so Steinway, werde zwei bis vier Personen befördern können und von einem Motor von 2½ - 3½ PS angetrieben werden. „Jeder Wagen wird vier verschiedene Geschwindigkeitsgänge aufweisen: 3½, 6, 9 und 14 Meilen pro Stunde“. Das sind die Daten des Riemenwagens, die Friedrich Kübler von Maybach erhalten hatte.
Es kam jedoch zu einem finanziellen Engpass: Nach einer ersten Kapitalerhöhung der „Daimler Motor Co.“ 1891, zu der Daimler 5000 Dollar beigetragen hatte, war 1895 eine Erhöhung um 200 000 Dollar vorgesehen. Daimler konnte den auf ihn entfallenden Anteil von 95 000 Dollar in der schwierigen Phase seiner Rückkehr zur Daimler-Motoren-Gesellschaft nicht aufbringen. Steinway, der sich für das Projekt schon in der Öffentlichkeit engagiert hatte, übernahm diesen Anteil, musste sich aber mit den Lizenzforderungen des Patentanwalts George Baldwin Selden auseinandersetzen. Steinway lehnte Seldens Ansprüche ab und schaltete seine Rechtsanwälte ein. Ehe es zu einem Prozess kommen konnte, starb der gesundheitlich angegriffene Steinway im November 1896 an einer Typhus-Infektion. Die nachfolgende Familiengeneration war nicht bereit, in das branchenfremde Engagement zu investieren; die Steinway-Anteile an der „Daimler Motor Co.“ wurden an General Electric verkauft. Die in „Daimler Manufacturing Company“ umbenannte Firma war zwar an der Lizenzfertigung von Daimler-Automobilen interessiert, musste sich aber mit der von Selden inzwischen gegründeten Monopolgesellschaft auseinandersetzen. Noch für die 1905 gebauten Exemplare des „American Mercedes“ musste eine Gebühr an den Selden-Trust gezahlt werden.

2.12 Neuer Anfang: Der Riemenwagen

„Maybachs Wagen“ wurde nach dem erfolglosen USA-Debüt beiseite gestellt. Es spricht vieles dafür, dass mit Daimlers Enttäuschung über diesen Wagen die Entfremdung Maybachs von Daimler begonnen hat. Vielleicht wurden die Umbauten deswegen Max Schroedter zugeschrieben – der Wagen galt später als Produkt der Daimler-Motoren-Gesellschaft und ging als „Schroedter-Wagen“ in die Unternehmensgeschichte ein. Werner Oswald, gewissenhafter Typenchronist der Mercedes-Benz-Personenwagen, hielt ihn für eine missglückte Abwandlung: „Bei richtiger Selbsteinschätzung hätte Schroedter den Stahlradwagen unverändert auf den Markt gebracht.“[98] Schroedter befasste sich bei der Daimler-Motoren-Gesellschaft nur

mit Motoren, nicht mit der Technik oder dem Verkauf von Fahrzeugen. Sass, der Einblick in Maybachs Aufzeichnungen hatte, bestätigt ausdrücklich, dass der Umbau im „Hotel Hermann" stattfand: „Im Sommer 1893 wurde ein Wagen zur Weltausstellung nach Chikago geschickt. Maybach hat die Abmessungen der Kiste, in der der Wagen verpackt war, vermerkt; sie waren 2,24 m x 1,49 m x 1,42 m, das Gewicht betrug 655 kg. Es war ein Stahlrad-Wagen, der nach dem Modell 1889 gebaut war, jedoch keine Drahtspeichenräder, sondern Räder aus Hickoryholz hatte. Entgegen anders lautender Überlieferung ist dieser erste deutsche Kraftwagen, der nach Amerika geliefert worden ist, von Maybach im Hotel Hermann, nicht von der Daimler-Motoren-Gesellschaft gebaut worden."
Maybach hat in seinen Tagebüchern der Jahre 1891 bis 1893 weitere Details von Versuchsfahrzeugen auf der Basis des Neckarsulmer Rohrrahmens festgehalten. Die von 265 auf 520 kg ansteigenden Gewichtsangaben Maybachs decken sich mit Werten, die Werner Oswald aufgrund späterer Wiegungen für den „Stahlradwagen" (300 kg) und Fahrzeuge mit Holzrädern (550 bis 600 kg) verzeichnet hat. Offenbar versuchte Maybach, das Riemengetriebe im Rohrrahmen-Fahrgestell unterbringen. Weil es zu groß war, erhielt der modifizierte Wagen ein Dreigang-Zahnradgetriebe mit Konuskupplung und Kettenantrieb. So konnten zwischen Rahmen und Hinterachse seitliche Blattfedern eingebaut werden. Die Vorderradgabeln wurden teleskopartig ausgebildet und mit Schraubenfedern versehen. Es entstand erstmals eine vollgefederte Version des Quadricycles.[99]

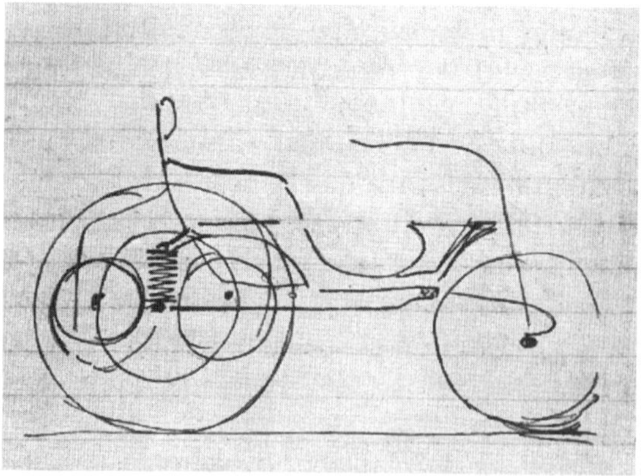

Abb. 83: Skizze Maybachs aus dem Hotel Hermann: Zwei Kreise symbolisieren das Riemengetriebe (aus Sass)

Abb. 84: Idealvorstellung: Maybachs Design für den neuen Wagen (aus Sass)

Mit den vorangegangenen, im Hotel Hermann gebauten Versuchswagen wollte Maybach seine Vorstellungen von der Weiterentwicklung des „Stahlradwagens" verwirklichen. Daimler ließ ihn gewähren, erwartete aber ein Fahrzeug, das die

Vorteile des Riemengetriebes demonstrieren konnte. Das war mit dem Rohrrahmen nicht möglich. Später versuchte Maybach den Eindruck zu erwecken, er habe mit Daimler wegen dessen häufiger Abwesenheit wenig Verbindung gehabt und sei zu sehr auf sich selbst gestellt gewesen. Niemann zitiert Aussagen ehemaliger Mitarbeiter, die Maybachs Sicht zu bestätigen scheinen, darunter den Ingenieur Scheerer: „... dass ich mich nicht erinnere, Herrn Gottlieb Daimler während meiner Tätigkeit in der Versuchswerkstätte beim Hotel Hermann in Cannstatt je einmal gesehen zu haben, geschweige denn, dass Gottlieb Daimler dort mitgearbeitet hätte. Ferner ist mir nicht bekannt, dass Herr Gottlieb Daimler gegen Ende des Jahres 1895 kurz vor oder erst nach der Wiedervereinigung im Hotel Hermann gewesen wäre.“[100]

Die überwiegend jungen Leute, die unter Maybachs Leitung im Hotel Hermann arbeiteten, konnten nicht wissen, dass Daimler sich aufgrund seiner Verpflichtungen als Mitglied des Aufsichtsrats der Daimler-Motoren-Gesellschaft zurückhielt. Er hatte die Versuchswerkstatt finanziert und Maybach im Rahmen des Vertrages von 1882 die Verantwortung übertragen. Aufgrund dieser Vorsichtsmaßnahme wurden auch die Patente auf Maybachs Namen angemeldet. Die Aussagen schildern die alltägliche Realität, rechtfertigen aber nicht den Schluss, Daimler habe „keinen Einfluss auf die Entwicklungsarbeiten im Hotel Hermann“ gehabt.[101] Selbst wenn Daimler „etwa ein Jahr, zwischen dem Herbst 1892 und 1893, wegen vielerlei Problemen und Aktivitäten für Maybach fast nicht erreichbar war“, ergaben sich Maybachs Aufgaben aus Daimlers Vorgaben und den vertraglichen Vereinbarungen. Das Argument, „allein Daimlers Hochzeitsreise nach Nordamerika“ habe vier Monate gedauert, ignoriert den Zweck der Reise und Daimlers persönlichen Einsatz auf der Weltausstellung in Chicago. Auch ist nicht erkennbar, dass Daimler „lediglich finanzielle, aber keine technischen Fragen das Hotel Hermann betreffend regelte“. Die dort fertiggestellten Konstruktionen, besonders der Parallel-Zweizylindermotor mit Spritzdüsen-Vergaser und das Riemengetriebe, spielten in Daimlers Konzepten eine wichtige Rolle. Maybach erfüllte mit ihrer Verwirklichung die Erwartungen, die Daimler mit der Investition in die Hotel-Hermann-Werkstatt und die dort zur Verfügung stehenden personellen und technischen Mittel verbunden hat. Lediglich bei den Weiterentwicklungen des Quadricycles, mit denen Maybach auf dem richtigen Weg zu sein glaubte, ließ ihn Daimler seine Skepsis spüren. Sie wurden nach Daimlers Rückkehr aus Amerika nicht fortgesetzt, Maybach begann 1894 mit den Konstruktions- und Versuchsarbeiten für einen grundlegend neuen Wagen mit Riemengetriebe.

Die Berichte von Sass und Niemann sprechen dafür, dass der Schramberger Uhrenfabrikant Arthur Junghans, Daimlers Reisegefährte auf der „Columbia“, die Anregung zum Bau dieses Wagens gegeben hat. Wahrscheinlich schon 1894 bestellte Junghans einen „viersitzigen Motor-Viktoriawagen“. Maybach unterbreitete ihm am 16. Januar 1895 ein Angebot, wonach der „Wagen mit 3,5 PS Benzinmotor“ 4800 Mark kosten sollte – zuzüglich 120 Mark für eine „Reversiervorrichtung für

Rückwärtsfahrt“ und 80 Mark für eine „Heizvorrichtung zur Erwärmung des Wagenbodens, regulirbar“.[102] Die Vereinbarung, „Ihren Diener, wie auch Sie selbst in Bezug auf die Manipulation beim Betrieb des Wagens“ zu informieren und kostenfrei anzulernen, führte nach der Auslieferung in Schramberg zu einem dramatischen Zwischenfall: Junghans rettete, wie ein späterer Bericht bekundet, Maybach das Leben, als nach einer Reparatur der Benzinleitung dessen benzingetränkte Kleider Feuer fingen: „Arthur Junghans packte schnell Maybach und warf ihn in ein Wasserbecken im nahen Gemüsegarten. Maybach erlitt so schwere Brandwunden, dass er viele Monate im Schramberger Krankenhaus verbringen musste.“[103]

Abb. 85: Cannstatter Qualitätsprodukt: Offener Daimler „Taxameter“ auf Basis des Riemenwagens 1897 (Daimler AG)

Es gab noch weitere Unfälle – so auf einer Fahrt nach Zürich, wo Junghans mit Daimler seine Mutter besuchen wollte. Auf einem Gefälle beim Zollhaus Randen versagten die Bremsen, dem Diener und Fahrer Melchior wurde der Lenkhebel aus der Hand gerissen, „die Herren landeten auf einem Misthaufen“. Ernster war der Fall eines – laut zeitgenössischem Bericht – „angetrunkenen schlechtsehenden Krüppels“, der von Melchior „in der Dunkelheit“ vor dem Krankenhaus, in dem

Maybach lag, überfahren wurde. Um die Stoßanfälligkeit der Lenkung zu mildern, konstruierte Junghans ein Schnecken-Lenkgetriebe. Er war der erste Daimler-Kunde, der mit Verbesserungsvorschlägen zur Praxistauglichkeit der Fahrzeuge beitrug.

Als 1896 die Herstellung des Riemenwagens bei der Daimler-Motoren-Gesellschaft bereits begonnen hatte, kam es zu neuen Missverständnissen zwischen Daimler und Maybach. Nach Steinways Tod musste die Absicht aufgegeben werden, das neue Modell in Amerika zu produzieren. Daimler hatte den Wagen in England vorgestellt und sich nach seiner Rückkehr kritisch zur Bauweise geäußert. Maybach machte in einem langen Brief vom 25. Dezember 1896 an den New Yorker Niederlassungsleiter Friedrich Kübler, der zuvor als Werkmeister in Cannstatt mit Maybach zusammengearbeitet hatte, seiner Enttäuschung Luft: „Herr Daimler verbietet mir geradezu mit Neuerungen vorzugehen u. solche in Angriff zu nehmen. Dies bringt mich auf die Vermutung dass H. Daimler mit verschiedenen Neuerungen hervortreten will sobald die Herren Duttenhofer und Lorenz ihm nachgeben. H. Daimler war in letzter Zeit verschiedene Male in Paris und London, hat alle bestehenden Wagenconstructionen gesehen u. hat sich dabei wahrscheinlich für eine endgültige Construction entschieden ... Da ich die ewige Unzufriedenheit des H. Daimler nicht billige u. Verantwortung der Gesellschaft gegenüber übernommen habe halte ich mich möglichst neutral, aber immerhin freundschaftlich H. Daimler gegenüber. Es liegt doch ein krankhafter Zug im Verhalten des H. Daimler, sonst könnte ich mir nicht erklären, warum er immer noch nicht zufrieden ist; wenn man glaubt einen Gegenstand aus dem Weg geräumt zu haben, so findet er wieder andere Hindernisse die ihn abhalten einzugreifen – es ist ein Jammer!“[104]

Dieser Brief dokumentiert auf tragische Weise die Grenzen, die dem gegenseitigen Verständnis zwischen Maybach und Daimler gesetzt waren. Die Erwartung, Daimler werde sich für eine „endgültige“ Wagenkonstruktion entscheiden und „eingreifen“ oder gar selbst „mit Neuerungen hervortreten“, zeigt einen verunsicherten Maybach, der von Daimler Hinweise zur Fahrzeugtechnik erwartete. Daimler selbst hat vielleicht erst zu diesem Zeitpunkt erkannt, dass auch diese Wagenkonstruktion von Maybach nicht den erhofften technischen Vorsprung, sondern eher einen Rückstand erbracht hatte. Zu dieser Einsicht können die Erfolge der französischen Partner Panhard und Peugeot beigetragen haben: Im Sommer 1895, als Junghans, Daimler und der Fahrer Melchior mit dem ersten Riemenwagen nur unter Schwierigkeiten von Schramberg nach Zürich gelangt waren, hatte Levassor auf seinem Panhard mit Daimler-Motor in einer 1175 km Nonstop-Fahrt den Langstrecken-Wettbewerb Paris-Bordeaux-Paris gewonnen. Levassors erfolgreichen Wagen, den Harry Lawson gekauft hatte, sah Daimler im November 1896 in England, als er mit Simms auf dem Riemenwagen am „Emancipation Run“ London-Brighton teilnahm. Bei dieser Gelegenheit konnte er auch Vergleiche mit anderen

Fabrikaten anstellen, darunter die Wagen der deutschen Konkurrenten Benz und Lutzmann mit zwei- und dreistufigen Riemengetrieben und Kettenantrieb.
Daimler verheimlichte nach der Rückkehr aus England nicht seine Enttäuschung darüber, dass der Riemenwagen wenig Interesse gefunden hatte und Lawson einen anderen Wagen plante. Dies lässt sich aus Maybachs Worten über „die ewige Unzufriedenheit des H. Daimler“ leicht herauslesen. Dass Daimler, der „alle bestehenden Wagenconstructionen gesehen“ hatte, sich „für eine endgültige Construction entschieden“ habe, war nicht so wahrscheinlich, wie Maybach annahm. Ihm war es darum gegangen, nicht nur den Cannstatter Riemenwagen zu exportieren, sondern auch Lizenzen für das Riemengetriebe zu vergeben. Dass beides nicht gelang, hing mit dem großen Raumanspruch der Motor-Getriebe-Kombination im Heck des Wagens zusammen. Die ingeniöse Antriebskonstruktion, verbunden mit einer Vollfederung aller Räder, das Differentialgetriebe zum Ausgleich der Drehzahlunterschiede bei Kurvenfahrt, die ökonomische Ausnutzung der Motorleistung durch vier Vorwärtsgänge, der gute Schalt- und Kupplungskomfort durch die jedem Zahnradgetriebe überlegene Flexibilität der Riemen-Kraftübertragung – all dies kam nicht im erhofften Maße zur Wirkung. Dabei spielte auch das ungünstige Verhältnis von Wagengewicht und Motorleistung eine Rolle: Der Riemenwagen war zwar komfortabel, aber schwerfällig. Dass Daimler durch die leichteren und handlicheren Frontmotorwagen, die er in England gesehen hatte, schwankend geworden war, rief bei Maybach die Ratlosigkeit hervor, die im Brief an Kübler zum Ausdruck kommt.
Dies veranlasste Daimler jedoch nicht, vom Riemenwagen übereilt wieder abzugehen. Maybach hatte mit der Konstruktion gute Arbeit geleistet. Die Lagerung des Aufbaus auf zwei Schraubenfedern am Heck, die Vorderachse mit Querblattfeder und der durchgehende Holz-Eisen-Rahmen ermöglichten je nach Kundenwunsch vier- bis sechssitzige Kutschenaufbauten. Die Drehschemel-Lenkung wurde später durch eine Achsschenkel-Lenkung mit an zwei Längsblattfedern befestigtem Vorderachsträger ersetzt – jeweils mit senkrechter Lenksäule und Kurbel. Den Anfang des Riemenwagen-Programms machten 1895 leichte „Victoria“-Kutschenaufbauten mit Klappverdeck, schon 1896 gab es einen „Taxameter“ mit längerem Radstand, offener Fahrer-Sitzbank und geschlossener viersitziger Kabine. Alle Ausführungen des Riemenwagens sind an der massigen Verkleidung von Motor und Antrieb unter dem Wagenheck zu erkennen.
Dank guter schwäbischer Handwerksarbeit entwickelte sich der erste unter dem Namen Daimler auf den Markt gebrachte Personenwagen zu einem respektablen Produkt und brachte einen bescheidenen Verkaufserfolg. 1896 wurden 24 Stück hergestellt, davon 20 für den Export. In den nächsten Jahren hielt sich die Produktion auf etwa gleicher Höhe. Sein eigentliches Ziel, die Einführung eines modernen und fahrtüchtigen Wagens in den USA, in England und in Österreich, hat Daimler mit dem Riemenwagen nicht erreicht.

Abb. 86: Schaltkomfort ohne Kupplung: Der Antrieb des Riemenwagens (Daimler AG)

2.13 Happy Chaos: London-Brighton

Daimlers britische Kontakte waren jünger als die amerikanischen. Begonnen hatten sie 1890, als er in Bremen den in Hamburg geborenen Frederick Richard Simms kennenlernte. Die von Simms betriebenen Handelsverbindungen zwischen Deutschland, England und Frankreich umfassten neben technischen Erzeugnissen die Vermittlung von Lizenzen, Patent- und Namensrechten. Das Daimler Motor Syndicate von 1893, die Cannstatter „Wiedervereinigung" durch die Transaktion Daimler-Lawson 1895 und die darauf folgende Gründung der britischen Daimler Motor Company waren nicht die einzigen Projekte des rührigen Deutsch-Engländers in dieser Zeit. Er vermittelte Lawson auch – zum Preis von 30 000 Francs – Levassors Paris-Bordeaux-Paris-Siegerwagen mit der Startnummer 5 und Patentrechte unter anderem von Panhard und De Dion.[105]

Abb. 87: Das erste Exemplar ging nach England: Frederick R. Simms bei der Präsentation des Riemenwagens (Daimler AG)

Abb. 88: Show beim Emancipation Run: Harry Lawson auf Panhard mit Dame und Pneumatik (Daimler AG)

Auf Englands Straßen stand dem Umgang mit Automobilen ein Hindernis entgegen, mit dem sich zuvor schon die großen britischen und schottischen Dampfwagenbauer auseinandersetzen mussten: der „Flag Act", der jedes Fahren mit mehr als Schrittgeschwindigkeit unter Strafe stellte. Simms, Lawson und etliche Gleichgesinnte hatten über Mittelsmänner bei der Queen Victoria eine Anhebung der Geschwindigkeitsgrenze für leichte Fahrzeuge auf 12 mph (19,2 km/h) erreicht. Um diesen neuen, immer noch zu niedrig angesetzten „Locomotives on Highways Act" in Frage zu stellen, wollte die Motorwagen-Lobby so viele Fahrzeuge auf die Straße bringen, dass es der Polizei unmöglich war, alle Überschreitungen festzustellen und zu ahnden.

Der am 14. November 1896 veranstaltete „Emancipation Run" von London nach Brighton, an dem die Besitzer aller verfügbaren Benzin- und Elektrowagen teilnahmen, wird noch heute mit einer jährlichen Traditionsveranstaltung gefeiert. Bei dieser ersten „Befreiungsfahrt" war Gottlieb Daimler Ehrengast; unter 33 Benzinfahrzeugen hatten allein 13 Daimler-Motoren, darunter der Panhard von Lawson, der Riemenwagen von Daimler und Simms mit dem Fahrer van Toll und ein Werbe-Lieferwagen von „Harrod's". Aus Deutschland kamen vier Benz und ein Lutzmann. Die treffende Charakterisierung des Fahrtverlaufs als „Happy Chaos"

Abb. 89: Gilt als erstes britisches Automobil: Beim „Coventry-Daimler" konnte Lawson Patente und Konzepte von Daimler und Panhard nutzen (Daimler AG)

stammt von Jerome K. Jerome, dem Verfasser von „Drei Mann in einem Boot". Der Fahrer einer Dreirad-Voiturette von Leon Bollée war zwar zuerst in Brighton, wurde aber nicht als Sieger anerkannt. Man einigte sich darauf, dass es gar kein Rennen gewesen sei, sondern eine Demonstrations- und Werbefahrt. Es war der Beginn des Automobilismus in seiner unspektakulären britischen Ausprägung, den Daimler hier erlebte. Vielleicht hat sich dadurch seine Einstellung verändert: Während er die Straßenfahrzeuge vorher als „Feld" für die Anwendung seiner Patente betrachtet hatte, fand er hier eine Aufbruchstimmung vor, die von seinen Motoren mitbeflügelt wurde.

Pünktlich zur Fahrt am 14. November 1896 erschien in der neuen Zeitschrift „The Autocar" eine erste Zeichnung des von Lawson geplanten britischen Daimler-Wagens. Der „Coventry-Daimler" wurde ab 1897 gebaut und gilt als erstes englisches Automobil. Mit dem „Cannstatt-Daimler" hatte er wenig Ähnlichkeit, als Konglomerat der von Lawson erworbenen Patente entsprach er mit vorn eingebautem Daimler-Zweizylindermotor, Zahnrad-Schaltgetriebe und Hinterrad-Kettenantrieb weitgehend dem Panhard-Konzept. Umso wichtiger waren für die Daimler Motor Company nicht nur Daimlers Namensrechte, sondern auch seine Person.

Als Aktionär und Mitglied des Aufsichtsrats profitierte er – und nach ihm seine Familie – in den nächsten Jahren von der Aufwärtsentwicklung des Unternehmens. Lawson dagegen hatte sich mit der Gründung und dem hochbezahlten kontinentalen Know-how finanziell übernommen – sein Imperium brach bald danach zusammen. Die Exklusivität der Marke nahm noch zu, als der Prince of Wales, der

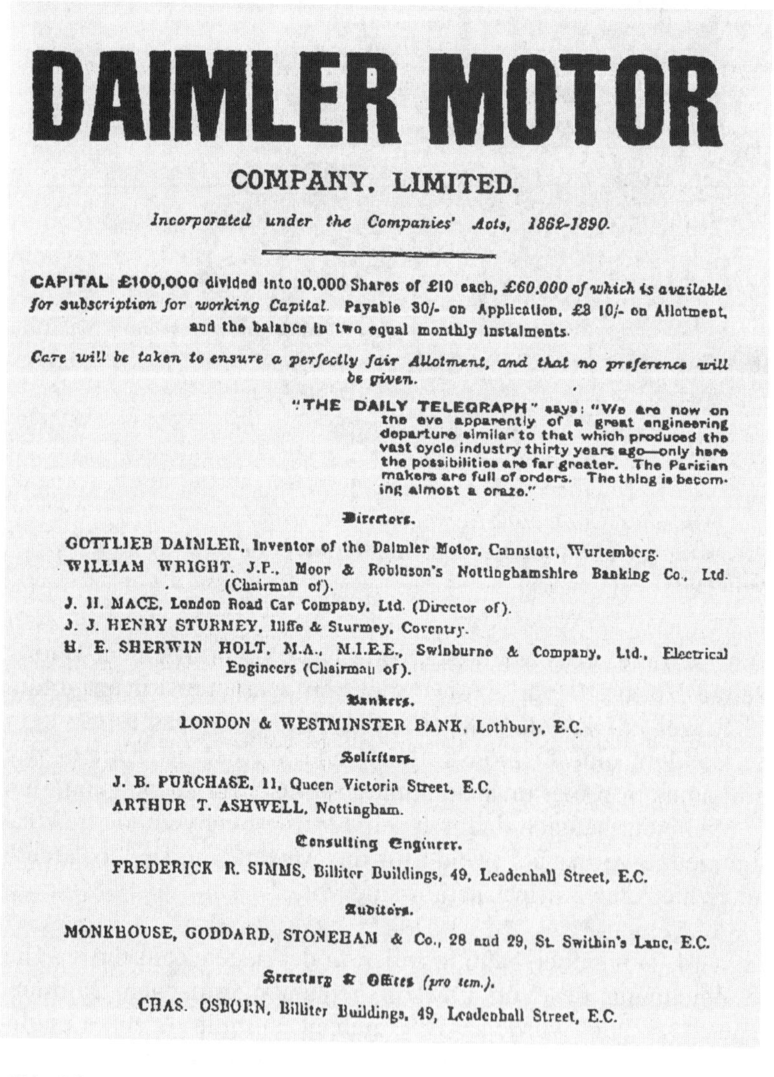

DAIMLER MOTOR

COMPANY, LIMITED.

Incorporated under the Companies' Acts, 1862–1890.

CAPITAL £100,000 divided into 10,000 Shares of £10 each, *£60,000 of which is available for subscription for working Capital.* Payable 30/- on Application, £3 10/- on Allotment, and the balance in two equal monthly instalments.

Care will be taken to ensure a perfectly fair Allotment, and that no preference will be given.

"THE DAILY TELEGRAPH" says: "We are now on the eve apparently of a great engineering departure similar to that which produced the vast cycle industry thirty years ago—only here the possibilities are far greater. The Parisian makers are full of orders. The thing is becoming almost a craze."

Directors.

GOTTLIEB DAIMLER, Inventor of the Daimler Motor, Cannstatt, Wurtemberg.
WILLIAM WRIGHT, J.P., Moor & Robinson's Nottinghamshire Banking Co., Ltd. (Chairman of).
J. H. MACE, London Road Car Company, Ltd. (Director of).
C. J. HENRY STURMEY, Iliffe & Sturmey, Coventry.
H. E. SHERWIN HOLT, M.A., M.I.E.E., Swinburne & Company, Ltd., Electrical Engineers (Chairman of).

Bankers.

LONDON & WESTMINSTER BANK, Lothbury, E.C.

Solicitors.

J. B. PURCHASE, 11, Queen Victoria Street, E.C.
ARTHUR T. ASHWELL, Nottingham.

Consulting Engineer.

FREDERICK R. SIMMS, Billiter Buildings, 49, Leadenhall Street, E.C.

Auditors.

MONKHOUSE, GODDARD, STONEHAM & Co., 28 and 29, St. Swithin's Lane, E.C.

Secretary & Offices *(pro tem.).*

CHAS. OSBORN, Billiter Buildings, 49, Leadenhall Street, E.C.

Abb. 90: Inventor of the Daimler Motor: In der Gründungsanzeige des britischen Unternehmens wurden Daimler als Director und Frederick Simms als Consulting Engineer angeführt (aus H.C. Graf von Seherr-Thoss, Zwei Männer - ein Stern)

spätere König Edward VII, 1901 einen Daimler anschaffte – den ersten in einer langen Reihe königlicher Daimler-Karossen. Wenn sie auch mehrmals in andere Hände überging und schließlich als Zweitmarke von Jaguar an Bedeutung verlor – die Automarke Daimler erinnerte noch ein ganzes Jahrhundert hindurch an Gottlieb Daimlers Internationalität, der auch das Stuttgarter Unternehmen vieles verdankt.

2.14 Der Daimlersche Motor zuerst

Über die drei letzten Lebensjahre Daimlers von 1897 bis 1900 widersprechen sich die Interpretationen, eine angemessene Würdigung steht noch aus. Die Unternehmensgeschichte neigte – Sass folgend – zu einer Sicht, die Maybachs Leistungen in den Vordergrund stellt. Sogar das britische Engagement und dessen finanzielles Ergebnis wurden Maybach zugeschrieben: „Durch den von Maybach konstruierten Phoenix-Motor war der Begriff «Daimler-Motor» im Ausland in aller Munde, und eine Gruppe englischer Industrieller, deren Sprecher Frederick R. Simms war, wünschte die Lizenzrechte dieses Motors für England zu erwerben. Man war bereit, dafür den horrenden Betrag von 350 000 Mark zu bezahlen".[106] Der Krankheit, die zu Daimlers Tod kurz vor seinem sechsundsechzigsten Geburtstag führte, wird auch für die vorangegangenen Jahre eine lähmende Wirkung zugeschrieben: „Trotz aller Entschädigungen und Wiedergutmachungen gab Daimler seine passive Haltung gegenüber der Firma bis zu seinem Tode nicht mehr auf. Der Grund dafür dürfte in der durch Krankheit bedingten Schwäche gelegen haben. So gingen psychische und somatische Ursachen eine unheilvolle Allianz ein."[107]

Gegen eine so extreme Interpretation spricht die Tatsache, dass sich Daimler nach seiner Rückkehr als Aufsichtsratsvorsitzender und technischer Generalinspektor mehr auf das Geschehen im Werk konzentrieren konnte als vorher. Zwar suchte sich Maybach in geschäftlichen Fragen an Duttenhofer zu orientieren, war dabei aber auf seinen Vorstandskollegen Gustav Vischer angewiesen, der sich Daimler gegenüber loyal verhielt. In allen technischen Entscheidungen war Maybach von Daimler abhängig – so stand es auch in seinem Vertrag. Den 1897 eingeleiteten Übergang zum vorn angeordneten Motor und zum Zahnrad-Schaltgetriebe mit Kettenantrieb hat Daimler offenbar befürwortet, nachdem er sich 1896 in England von den Vorteilen dieser Konzeption überzeugt hatte. Das Riemengetriebe gab er trotzdem nicht auf: Der modifizierte Riemenantrieb der Lastwagen von 1896 und 1897 trägt seine Handschrift. Wegen der hohen Drehmomente war er überdimensioniert, es blieb bei zwei Exemplaren dieser urtümlichen Gattung. Künftig dominierten auch bei den Lastwagen die Zahnradgetriebe – auch wenn sie schwer schaltbar und schadensanfällig waren. Es sollte lange dauern, bis im Nutzfahrzeugbau Daimlers Ideal der lastschaltbaren Kraftübertragung verwirklicht werden konnte. Auf dem Gebiet der Zündung führte seine Beharrlichkeit in Patentsachen im gleichen Jahr 1897 zur richterlichen Bestätigung seiner Lebensleistung: Durch persönliches Auftreten vor dem Reichsgericht gewann er den Prozess um die Nutzung der Glührohrzündung. Das brachte dem Unternehmen eine Einnahme von 97 557 Mark, zu zahlen von der Firma J. M. Grob aus Leipzig und anderen Anwendern, darunter Benz & Cie. in Mannheim mit allein 37 000 Mark.

Abb. 91: Besuch am Gartentor: Riemenwagen-Kunde mit Luftreifen (Daimler AG)

Während sich das Königreich Württemberg über den Titel eines einfachen Commerzienrates hinaus nicht zu Ehrungen Daimlers entschließen konnte, kam sein hohes Ansehen in der internationalen Motorszene auch in Deutschland zur Sprache. Im Herbst 1897 wurde Daimler in Berlin als derjenige geehrt, der durch seine Motoren einen „Wendepunkt in der Entwicklung der Motorfahrzeuge" herbeigeführt hat. So formulierte es Adolf Klose, von der Gründungsversammlung gewählter Präsident des „Mitteleuropäischen Motorwagen-Vereins", einer Vereinigung von Industriellen und Ingenieuren „zur Förderung des Motorwagen-Wesens". Klose führte die entscheidende Wende auf den Zeitpunkt zurück, an dem „es gelang, das Gesamtgewicht der Fahrzeuge mit genügend kräftigen Motoren in solche Grenzen zu bringen, wo ein Vorteil bei der Beförderung kleiner Massen in Beziehung auf Schnelligkeit oder Wirtschaftlichkeit erreichbar erschien." Es seien „die mit Oel (Benzin) betriebenen Explosionsmotoren und unter diesen der Daimlersche Motor zuerst, welche einen neuen Ausgangspunkt der Entwicklung veranlassten.

Das Erkennen und Erfassen des Wertes dieser Motoren für den Gebrauch bei Fahrzeugen ist den französischen Ingenieuren zuzuerkennen, besonders Levassor und sodann Peugeot, welche zielbewusst und unentwegt die Verbesserung solcher Fahrzeuge verfolgten und bewirkten".[108]
Europäisches Denken und Offenheit gegenüber den westlichen Nachbarn in dieser Form kommt in der deutschen Automobilszene der nächsten Jahre kaum noch vor – es begann eine Periode, in der nur noch deutsche Erfindungen und deutsche Patente zählten. Hier begegneten sich zweierlei Mentalitäten: Im 1871 gegründeten Kaiserreich schlugen die nationalistischen Wellen bereits hoch, als Daimler seine Kontakte nach Paris, New York, Wien und London knüpfte. Mangel an nationaler Gesinnung kann man ihm nicht vorwerfen, aber er verband sie mit dem industriellen Weltbürgertum des neunzehnten Jahrhunderts.

Abb. 92: Columbia-Elektrowagen und Daimler-Benzinfahrzeuge unter einem Dach: MMB fusionierte mit Cannstatt (Daimler AG)

Weltbürger war auch der neue Kunde, der 1897 ins Haus kam: der österreichische Versicherungskaufmann, Radsportler und Automobil-Liebhaber Emil Jellinek. Über die Verwirklichung seiner Vorschläge hatte Daimler zu entscheiden. Die Chronisten schweigen sich über seine persönlichen Begegnungen mit Daimler aus. Es gibt aber keinen Grund zu der Annahme, dass der international aktive Großkunde seine Vorschläge nicht dem Chef des Hauses persönlich vorgelegt hätte. Die Verhandlungen mit Jellinek, aus denen die Verbesserung der Phoenix-Wagen und nach dem Tod Daimlers der erste Mercedes hervorging, führten zwar Maybach und Vischer. Voraussetzung war zunächst aber Daimlers Zustimmung.[109]

Duttenhofer und Lorenz unternahmen einige Anstrengungen, um die Abhängigkeit von Daimler zu verringern. 1898 versuchten sie, über ihren Partner im Munitionsgeschäft, Isidor Loewe, durch Übernahme der Fahrzeugfabrik Altmann & Cie. in Berlin-Marienfelde ein Konkurrenzunternehmen aufzubauen: die Motorfahrzeug- und Motorenfabrik Berlin. Der korrekte Cannstatter Finanzchef Gustav Vischer informierte Daimler frühzeitig darüber, riet aber von einem Eingreifen ab.[110] Die Berliner Firma war zunächst von der Daimler-Motoren-Gesellschaft unabhängig, musste aber, wie von Daimler vorausgesehen, wegen der unlösbaren Patent- und Lizenzprobleme 1902 mit dem Cannstatter Unternehmen fusionieren. Nicht verhindern konnte Vischer, dass Daimler für das Geschäftsjahr 1898/99, zu dessen erfolgreichem Abschluss er mit dem gewonnenen Patentprozess entscheidend beigetragen hatte, keine Dividende erhielt, weil Duttenhofer den Bilanzgewinn unter die Ausschüttungs-Grenze von 45 000 Mark gedrückt hatte.
1898 reiste er zur Automobilausstellung nach Paris, auf einem Foto von der Lastwagen-Präsentation blickt er zusammen mit Maybach wohlgemut in die Linse. Seine Popularität hat in diesen letzten Jahren zugenommen. Für die Werkleute in Cannstatt blieb er bis zu seinem letzten Lebenstag der unbestrittene Chef, bei den Menschen im Land war er nicht zuletzt deswegen bekannt und beliebt, weil man wusste, dass er sich mit den „Großkopfeten" nicht gut verstand. Das Lastwagen-Werbegedicht „Ein Daimler ist ein gutes Thier" soll er anlässlich des Cannstatter Volksfestes 1897 selbst verfasst haben.
Über die schon vor der Amerika-Reise 1893 aufgetretene Herzkrankheit ist wenig bekannt. Unveröffentlichte Aufzeichnungen von Lina Daimler könnten darüber vielleicht Aufschluss geben. Zu einer akuten Verschlechterung kam es erst im letzten Lebensjahr 1899, als Daimler, „wohl infolge eines Infarktes", bei einer Probefahrt „mit dem neuen Modell des Phoenix-Wagens" vom Sitz des Wagens auf die Straße gefallen war.[111] Erst dann war er nicht mehr in der Lage, seine Aufgaben verantwortlich wahrzunehmen – er starb am 6. März 1900. Gemessen an den Belastungen, denen Daimler schon in Deutz ausgesetzt war, ist seine Lebenszeit keineswegs kurz. Seine damaligen Partner hat er überlebt: Otto war 1891 mit 58 Jahren verstorben, Langen 1895 mit 62 Jahren. Zur Beerdigung am 8. März 1900 kam Louise Levassor aus Paris. Der Geheime Commerzienrat Max von Duttenhofer, stellvertretender Vorsitzender des Aufsichtsrats der Daimler-Motoren-Gesellschaft, ließ aus Berlin einen Kranz schicken. Cannstatter Werkmeister trugen den Sarg zum Kirchhof, gefolgt von einer großen Trauergemeinde.
Nach Daimlers Tod verlangte Duttenhofer von den Erben die Rückzahlung von Lizenzgebühren der Firma Panhard & Levassor, die Daimler „nicht vertragsgemäß an die Gesellschaft weitergeleitet hatte, allein im Jahr 1894 fast 60 000 Mark". Daimler hätte sich diese Forderungen aus der Zeit der Konkursmanöver von Duttenhofer und Lorenz wohl kaum gefallen lassen. Die Drohung gegen die Familie, die Gesellschaft sei in der Lage, „dem Namen Daimler einen schweren Schatten aufzuerlegen", kam aus dem Mund Duttenhofers – des mächtigsten Mannes in dem

Heute früh wurde der

Vorsitzende unseres Aufsichtsrats

Herr Commerzienrat **Gottlieb Daimler**

von schwerem Leiden durch einen sanften Tod erlöst.

Wir betrauern in dem Verblichenen den Erfinder und Begründer der Automobil-Industrie, dessen Energie und unermüdlicher Schaffenskraft die Entwicklung dieses neuen Verkehrsmittels zu seiner heutigen Vollendung in erster Linie zu verdanken ist und wodurch er sich für alle Zeit ein ehrenvolles Andenken gesichert hat. —

Dem treuen Freunde werden wir stets ein dankbares Andenken bewahren.

CANNSTATT, 6. März 1900.

Der Aufsichtsrat
der
Daimler-Motoren-Gesellschaft.
Geh. Commerzienrat **M. v. Duttenhofer**
stellv. Vorsitzender.

Abb. 93: Max Duttenhofer kondolierte aus Berlin: Todesanzeige

Unternehmen, das auf den Namen Daimler baute. Die Erben – die Witwe Lina Daimler mit Gottlieb (6) und Emilie (3) und die vier noch lebenden Kinder aus erster Ehe Paul (30), Adolf (28), Emma (26) und Martha (21) – ließen sich einschüchtern und verzichteten auf einen großen Teil der ihnen zustehenden Aktien und Genussscheine. Nach einer Kapitalerhöhung 1902 waren sie nur noch Kleinaktionäre. Die Ingenieure Paul und Adolf konnten ihre Kompetenz zur Geltung bringen und wurden Direktoren.

Am 2. Juli 1900, zwölf Jahre nach Daimlers ersten Versuchen mit der Motorisierung des Lenkballons von Wölfert, begann mit dem Erstflug des Zeppelin-Luftschiffs LZ 1 mit Daimler-Motoren die Epoche des Welt-Luftverkehrs.

Abb. 94: Großkunde Jellinek bekam die elektrische Zündung: Gottlieb Daimler in seiner letzten Lebenszeit (Daimler AG)

Abb. 95: Drohungen gegen die Familie: Lina Daimler mit Emilie und Gottlieb (Daimler AG)

3 Carl Benz und die Mobilität

3.1 Nicht mehr als eben lenken

Die Wirkungszeit von Carl Benz in der Automobilgeschichte fällt – wie diejenige von Gottlieb Daimler – in die Gründerjahre am Ende des neunzehnten Jahrhunderts. Zehn Jahre jünger als Daimler, schied er 1903 aus dem von ihm gegründeten Unternehmen aus, drei Jahre nach Daimlers Tod. Die vielberufene Parallelität zwischen beiden ist unverkennbar, hat aber auch ihre Grenzen. Daimler entwickelte leichte Motoren für vielerlei Anwendungen, die „Wagenmotoren" von Benz waren nur für seine eigenen Fahrzeuge bestimmt. Daimlers Motorkutsche von 1886 diente der Vorführung des Motors, Benz konzipierte seinen Dreiradwagen von 1885 als Gesamtfahrzeug. Daimler verteidigte lebenslang seine Patente, Benz besaß keine durch Lizenzen verwertbaren Rechte, brachte sich aber in Schwierigkeiten, als er diejenigen von Daimler verletzte. Anders als Daimler und Maybach wurde Benz nicht zum Gegenstand umstrittener Mythen und Legenden. Die ihm bis heute entgegengebrachte Verehrung gilt einem ingeniösen Techniker und mutigen Unternehmensgründer, einem bescheidenen Menschen und liebevollen Familienvater. Was Benz so sympathisch macht, ist die Tatsache, dass es ihm auf das Fahren ankam. Zwar wollte er als Motorenhersteller erfolgreich sein und Gewinn erzielen, das verlangten auch seine Finanziers. Aber mit seinen Fahrzeugen ging es ihm weniger um Rendite als um gleichgesinnte und zufriedene Kunden. Benz begann den Wagenbau nicht mit dem Traum von der großen Erfindung, er war ein Techniker, der sich für das Fahren auf zwei und mehr Rädern begeisterte. Der Mobilitätshistoriker Hans-Erhard Lessing zitiert die Erinnerungen von Carl Benz an seine Anfangsjahre, als der junge technische Zeichner Mitglied im Mannheimer „Veloci-ped-Club" wurde: „Jetzt konnte ich pferdelos über die Landstraße dahineilen und bedurfte nur meiner eigenen Kraft. War das eine Sensation, als ich durch Mannheims Straßen pedalierte, und war das eine Sensation, wenn ich irgendwo auf der Straße in einem Gasthause einkehrte."[112]

Es war ein schweres Metallrad, mit dem Benz um 1870 dieses Freiheitsgefühl erlebte. Bald danach begann James Starley in Coventry, Rennmaschinen mit Rohrrahmen, Kugellagern und Vollgummireifen zu bauen. Für eine sicherheitsbedürftige und zahlungskräftige Kundschaft bot Starley dann auch leichte Tricycles und Quadricycles an – leicht durch eine neue Technik des Radbaus, die der Franzose Eugéne Mayer erfunden hatte: das Drahtspeichenrad. Die an der Nabe tangential angreifenden Speichen wurden nicht mehr auf Druck, sondern auf Zug belastet und konnten dadurch viel dünner gehalten werden – eine Revolution im Fahrzeugbau. Noch ein weiterer Fortschritt kam aus Coventry: Starley und Cripper bauten um 1880 in ihre Drei- und Vierräder kleine Differentialgetriebe ein, so dass man mühelos auf der Stelle wenden konnte. Der Darmstädter Händler Heinrich Kleyer importierte solche Räder und ihre Bestandteile, stellte dann vieles selbst her und wurde Teile-Lieferant auch für das erste Benzinmotor-Dreirad von Benz.

Abb. 96: Das Drahtspeichenrad brachte den Durchbruch zum Leichtbau: Feine Herren in Coventry 1882 (Andrew Richie)

So sehr ihn das Freiheitsgefühl des „Pedalierens“ auch faszinierte, Benz machte zugleich die Erfahrung, dass das Fahrvergnügen bei Gegenwind oder an Steigungen seine Grenzen erreichte. Die menschliche Muskelkraft zu entlasten, ohne die Vorteile der freien Fortbewegung aufzugeben, konnte nur mit Motorkraft möglich sein. Man sollte – wie Benz es formuliert hat – fahren können, „ohne dass der Lenker mehr zu machen brauchte, als eben zu lenken“.
Aus dieser Motivation ging der Fahrzeugbauer Benz hervor, wie ihn die Nachwelt kennt. Sie zeigt einen eigenständigen Wesenszug des Firmengründers und mittelständischen Patriarchen Benz. Als Unternehmer war er abhängig von Geldgebern – in den siebziger Jahren bewahrte ihn nur die Mitgift seiner jungen Frau Bertha vor dem Konkurs. Als sein erster Stationärmotor betriebsfähig war, gründete er 1882 mit Mannheimer Geschäftsleuten die „Gasmotorenfabrik Mannheim“, schied aber nach wenigen Monaten wieder aus. Mit den Gesellschaftern Max Kaspar Rose („Rosé“) und Friedrich Wilhelm Esslinger entstand nun die „Benz & Co., Rhei-

nische Gasmotorenfabrik Mannheim". Gegenstand des Unternehmens war die Herstellung von mit Gas oder Benzin betriebenen Stationärmotoren – Benz nannte sie „Stabilmotoren". Das von Benz seit 1883 betriebene Fahrzeugprojekt, den Bau der

Abb. 97: Mit neuen Teilhabern in die 90er Jahre: In der erweiterten Fabrik an der Waldhofstraße begann der Motorwagenbau (Daimler AG)

ersten „Wagenmotoren" und Fahrgestelle betrachteten die Gesellschafter auch dann noch als seine Privatangelegenheit, als der Firma 1886 das Reichspatent Nr. 37435 für ein „Fahrzeug mit Gasmotorenbetrieb" erteilt wurde. Für die Dreiradwagen fanden sich in den nächsten Jahren nur wenige Käufer. Als Benz dennoch von ihnen nicht lassen wollte, stiegen Rose und Esslinger 1890 aus – Roses skeptische Empfehlung „Lassen Sie die Finger vom Motorwagen" war aus geschäftlicher Sicht nicht unberechtigt.

Der Optimismus der neuen Teilhaber Friedrich von Fischer und Julius Ganß half über die Krise hinweg. In seinen Erinnerungen schrieb Benz, sie seien „Feuer und Flamme für die neue Produktionsidee" gewesen und hätten „keine Geldopfer zwecks Fabrikation von Motorwagen" gescheut". Mit dem Übergang auf vier Räder änderte sich die Situation, seit 1893 wurde der Motorwagenbau zu einer eigenständigen Abteilung im Werk an der Waldhofstraße. In den folgenden Jahren stieg die Produktion auf über 600 Motoren und über 500 Motorwagen pro Jahr – kein anderer Automobilhersteller vor 1900 erreichte solche Zahlen. Nach wechselnden Bezeichnungen Benz & Co. oder Benz & Cie. wurde das Unternehmen 1899 in die Aktiengesellschaft Benz & Cie. umgewandelt; Max Kaspar Rose war von nun an wieder Hauptaktionär und wurde Aufsichtsratsvorsitzender. Im Krisenjahr 1901 ging – wie das Motorengeschäft – nun auch der Verkauf von Motorwagen zurück. Nach dem plötzlichen Tod von Fischer begannen Ganß und Brecht mit einer Erneuerung des Produktionsprogramms und engagierten einen französischen Automobilkonstrukteur. Im Januar 1903 verließ Benz das Unternehmen, es war ihm fremd geworden. Als er erkannte, dass die neuen Trends im Fahrzeugbau ihre

Berechtigung hatten, folgte er im gleichen Jahr dem Wunsch der Gesellschafter, wieder in den Aufsichtsrat einzutreten – eine nachhaltige Stärkung der Identität des Unternehmens. Dennoch gründete Benz 1906 die eigenständige Automobilfirma „Carl Benz Söhne“ in Ladenburg; Eugen und Richard Benz führten sie über die Kriegszeit bis ins Inflationsjahr 1923 weiter. Drei Jahre später entstand durch die Fusion von Benz & Cie. mit der Daimler-Motoren-Gesellschaft die Daimler-Benz AG. Am Entstehen der lange unvorstellbaren, heute selbstverständlich erscheinenden Doppelmarke Mercedes-Benz nahm der Mannheimer Gründer und Namensgeber noch Anteil beteiligt: Der Zweiundachtzigjährige wurde wiederum Mitglied im Aufsichtsrat. Carl Benz starb am 4. April 1929 in Ladenburg.

3.2 Motoren aus Mannheim

Wenn auch sein Name durch die Wagen weltweit bekannt wurde – die Bedeutung von Carl Benz für die Motorenbau-Tradition in Mannheim darf nicht unterschätzt werden. Zu den stationären Klein- und Großmotoren kamen im neuen Jahrhundert, im Zuge der rasanten technischen Entwicklung des ersten Weltkrieges, Flugmotoren und Schiffs-Dieselmotoren. Der 1908 als Direktor eingetretene Ingenieur Prosper L’Orange zählt zu den Pionieren der Diesel-Einspritzverfahren. Die erste Benz-Gründung „Gasmotorenfabrik Mannheim“, die nach seinem Ausscheiden weitergeführt wurde, ging in den „Motoren-Werken Mannheim“ (MWM) auf.
Geboren am 26. November 1844 in Karlsruhe als Karl Friedrich Benz, bevorzugte Benz lebenslang die Schreibweise seines Vornamens mit C. Er kam aus einer Familie Schwarzwälder Schmiede und wuchs auf im Umgang mit Maschinen; der früh verstorbene Vater brachte es zum angesehenen Beruf des Lokomotivführers. Benz hatte das Gymnasium und seit 1860 – etwa zehn Jahre nach Eugen Langen – das Polytechnikum „Friedericiana“ in seiner Heimatstadt besucht. Von 1864 bis 1866 arbeitete er als Schlosser bei der Maschinenbau-Gesellschaft Karlsruhe, deren Werkstättenleitung Gottlieb Daimler zwei Jahre später übernahm, ging als Zeichner und Konstrukteur nach Mannheim und Pforzheim und machte sich 1871 in Mannheim mit seinem ersten Partner August Ritter selbständig. Schon im nächsten Jahr wurde Ritter ausbezahlt, Benz erweiterte die „Mechanischen Werkstätten“ durch eine Eisengießerei und stellte Metallausrüstungen für die Baubranche her. Das Geschäft ging schlecht, erst 1878 konnte er sich erlauben, nach seinen Vorstellungen einen kleinen Versuchs-Gasmotor mit separaten Gas- und Luft-Pumpenzylindern zu bauen – angeregt vielleicht durch „Ottos Neuen Motor“ und den Erfolg der Gasmotoren-Fabrik Deutz. In kurzer Zeit entwickelte Benz betriebsfähige Zweitakt-Gasmotoren, die zu den 1882 und 1883 aufeinander folgenden Gründungen „Gasmotorenfabrik Mannheim“ und „Benz & Co., Rheinische Gasmotorenfabrik Mannheim“ führten.

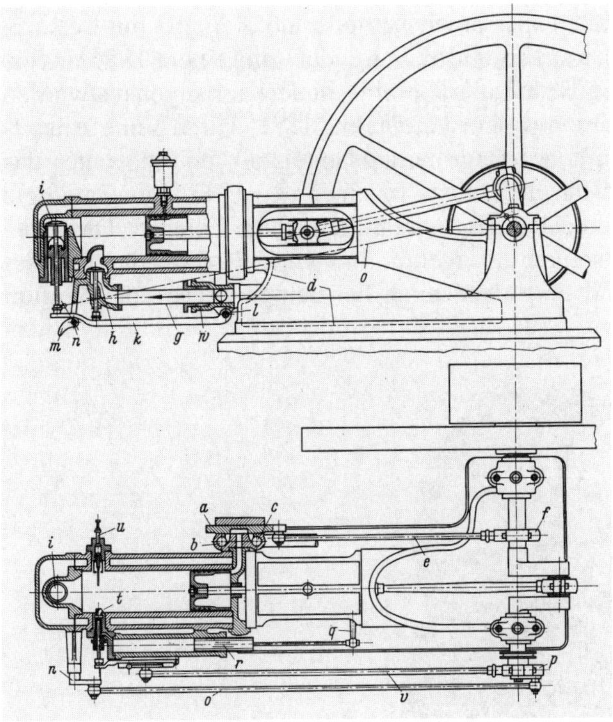

Abb. 98: Stand am Begin der Erfolgsgeschichte von Carl Benz: Stationärer Zweitakt-Gasmotor von 1884 mit Nutzung der Kolben-Unterseite als durch Schieber c gesteuerte Luftpumpe, Druckluftaufnehmer d im Motorgehäuse, Gaspumpe r und Zündkerze u (aus Sass)

1884 entstand ein verbesserter Motor mit elektrischer Induktionszündung, der Benz auf der Höhe seiner Fähigkeiten als Motorenkonstrukteur zeigt: Während vorher der größte Teil der Leistung für die Überwindung der inneren Widerstände der Maschine verbraucht wurde, erreichte er nun einen mechanischen Wirkungsgrad von 60 Prozent dadurch, dass er die Unterseite des Arbeitskolbens als Pumpe zum Ansaugen und Vorverdichten der Luft nutzte. Die kritische Phase des Verdrängens der Auspuffgase durch Einleiten der vorverdichteten Luft („Spülluft") und die Kompression des Gas-Luft-Gemisches nach dem Schließen des Auslassventils gestaltete er effektiver und verbesserte dadurch den thermischen Wirkungsgrad. Kein Zweifel: Benz kannte sich mit dem Strömungs- und Verbrennungsverhalten der Gase zu dieser Zeit besser aus als Otto.

Der Verkauf seiner im Gasverbrauch sparsamen Stationärmotoren, die mit Leistungen bis zu 10 PS gebaut wurden, kam so gut in Gang, dass auf einem 1886 erworbenen großen Grundstück in der Waldhofstraße eine neue Fabrik gebaut werden konnte. Weniger Glück hatte Benz mit dem Patentamt: 1883 wurde seine Anmeldung des verbesserten Motors mit der Begründung abgelehnt, er falle unter das Patent Nr. 532 der Gasmotoren-Fabrik Deutz. In einer neuen Eingabe kündigte Benz an, er werde gegen das Deutzer Patent Nichtigkeitsklage erheben. Das taten schon andere – Benz nahm bei seinem „Wagenmotor" von 1884 auf das Deutzer Patent keine Rücksicht mehr und ging dann auch bei den Stationärmotoren zum Viertaktverfahren über.

Abb. 99: Benz-Serienmotor der achtziger Jahre: Günstiger Wirkungsgrad durch Druckluft-Zylinderspülung (Daimler AG)

Dass die Rheinische Gasmotorenfabrik Benz & Co. in den nächsten Jahren zum zweitgrößten deutschen Motorenhersteller nach Deutz wurde, beruhte zum großen Teil auf mit Benzin betriebenen mittelgroßen stationären Maschinen („Ligroin-Motoren"). Benz hatte die Probleme der Daimler-Motoren-Gesellschaft genutzt, die durch den Versuch der Umstellung von Benzin auf Petroleum entstanden waren – Lorenz und Schroedter hatten damit viel Zeit und Renommee verloren. Dass Benz die für Daimler geschützte Glührohrzündung verwendete, erwies sich zunächst als geschickter Schachzug, denn seine Kunden kamen nun ohne die sich schnell erschöpfenden Batterie-Elemente aus. Schon 1891 hieß es in einem Benz-Prospekt: „Als Beispiel für den großen Anklang, den unsere Motoren mit Glührohrzündung finden, dient, dass allein im letzten Jahre über 500 unserer Motoren in Betrieb gesetzt wurden".

1895 bezog sich die Motorenwerbung der Firma Benz dann ungeniert auf die Cannstatter Fehlschläge: „Wir haben bei diesen Motoren unser Hauptaugenmerk darauf gerichtet, an Stelle der äußerst mangelhaften und unpraktischen Petroleum-Motoren eine wirklich zuverlässige Betriebskraft für alle solche Fälle und Orte zu bieten, wo kein Gas zur Verfügung steht.“[113] Die billigere und, besonders im Stationärbetrieb mit konstanter Drehzahl, problemlose Glührohrzündung hatte Benz in der Hoffnung für seine Motoren übernommen, die Gasmotoren-Fabrik Deutz werde mit ihrer Nichtigkeitsklage gegen Daimlers Patent Nr. 28022 Erfolg haben. Dies war nicht der Fall: Nach Daimlers Prozessgewinn vor dem Reichsgericht 1897 durfte Benz die Ligroin-Motoren nicht mehr produzieren – der Motoren-Verkauf von Benz & Co. sank von 600 im Jahr 1896 auf 200 im Jahr 1897. Die Gerichtsentscheidung und die Zahlung von 37 188 Mark gefährdeten die Existenz des Mannheimer Unternehmens. Was die Skeptiker unter den Finanziers nie erwartet hätten: Die Rettung kam von der Motorwagen-Abteilung, die inzwischen zu einem rentablen Geschäftszweig geworden war.

3.3 Nach Art der Tricycles

Schon beim ersten Motorwagen-Entwurf hatte Benz einen Viertaktmotor mit liegendem Zylinder vorgesehen. Bei dieser Zylinderanordnung ist er geblieben, sie wurde typisch für die Benz-Wagen der Frühzeit. Der Motor, der ihm als Vorbild – man könnte auch sagen: als Alibi – diente, hatte dagegen einen stehenden Zylinder und war eineinhalb Meter hoch: der Gasmotor des Franzosen Alexis de Bisshop. Benz ging also den umgekehrten Weg wie Daimler, der nach dem „kleiner Modellmotor“ von 1883 nur noch Motoren mit stehenden Zylindern baute. Mit dem Rückgriff auf de Bisshops Viertaktmotor konnte Benz den rigorosen Regressforderungen aus dem Wege gehen, mit denen die Gasmotoren-Fabrik Deutz ihr DRP 532 durchsetzte – er hatte sie durch seine Stationärmotoren schon kennengelernt. So war es für ihn wichtig, sich bei einer Deutzer Klage auf de Bisshop berufen zu können.

Benz löste sich weitgehend von der Konstruktion mit Flammenzündung, die de Bisshop 1871 auf den Markt gebracht hatte. In einer nach dem Lenoir-Verfahren arbeitenden ¼ PS-Ausführung wurde dieser Motor für das Kleingewerbe in Magdeburg von Buss, Sombart & Co. in Lizenz gebaut. In Frankreich gab es eine Version nach de Rochas mit Schiebersteuerung und zusätzlichem Verdichtungstakt, die in Deutschland formal gegen das Deutzer Patent verstoßen hätte, aber nachweisbar schon fünf Jahre früher entstanden war. Der Benz-Motor mit liegendem Zylinder und elektrischer Zündung ist gegenüber de Bisshop, aber auch gegenüber Daimler völlig eigenständig. Die Drehzahl- und Leistungswerte der Daimler-Motoren erreichte er allerdings nicht – die Leistung von nur 0,75 PS und das Gewicht von 110 kg blieben hinter den Erwartungen zurück, die Benz mit einem leichten

Wagenmotor verbunden hatte. Nach seinen eigenen Angaben musste er sich zunächst mit 250 Umdrehungen begnügen, die er nur schrittweise steigern konnte. Es dauerte lange, bis er an Daimlers 600 bis 700/min herankam.

Abb. 100: Alibi für Benz: Der Motor von de Bisshop wurde in Frankreich als Viertakter gebaut (aus Sass)

Die Patentschrift Nr. 37435 vom 29. Januar 1886 für ein „Fahrzeug mit Gasmotorenbetrieb" der Firma Benz & Co. ist hinsichtlich der Neuheitsansprüche vorsichtig formuliert. Die Einleitung enthält nur allgemeine Feststellungen: „Auf der beiliegenden Zeichnung ist ein kleiner Wagen nach Art der Tricycles, für 2 Personen erbaut, dargestellt. Ein kleiner Gasmotor, gleichviel welchen Systems, dient als Triebkraft. Derselbe erhält sein Gas aus einem mitzuführenden Apparat, in welchem Gas aus Ligroin oder anderen vergasenden Stoffen erzeugt wird." Die Formulierungen „gleichviel welchen Systems" und „nach Art der Tricycles" lassen sich zwar auch als Versuch deuten, wie Selden ein „Sperrpatent" für eine Verbindung von Fahrzeug und Benzinmotor zu erhalten. In der Patentbeschreibung kommt dies aber nicht zum Ausdruck; sie bezieht sich nur auf die Motor-Zusatzaggregate und die Kraftübertragung. Benz beschränkte sich auf zwei Patentansprüche: die „Vorrichtung zum Erkennen des Functionierens und des Oelstandes im Gasbehälter“ und die „Bremsvorrichtung“, mit der „durch eine Bewegung nach der einen Seite die Bremse gelöst und dann das Fahrzeug in Gang gesetzt, durch eine Bewegung aber nach entgegengesetzter Seite das Fahrzeug vom Motor ausgelöst und dann gebremst werden kann“. Das Patent Nr. 37435 hat Benz zwar in zeitüblicher Weise genutzt, um mit der Bezeichnung „Patent-Motorwagen“ zu werben, ein verwertbarer Patentschutz für Motor und Fahrzeug ergab sich daraus aber nicht. Die Einzelheiten der Patentschrift lassen mehr auf den von Benz zur Zeit der Anmeldung erreichten technischen Stand und auf das Bestreben schließen, patentrechtliche Komplikationen zu vermeiden, als auf die Entschlossenheit, Nachahmungen zu verhindern. Es fehlen die Präzision, begriffliche Schärfe und patentrechtliche Relevanz, die Daimlers Patente auszeichnen.

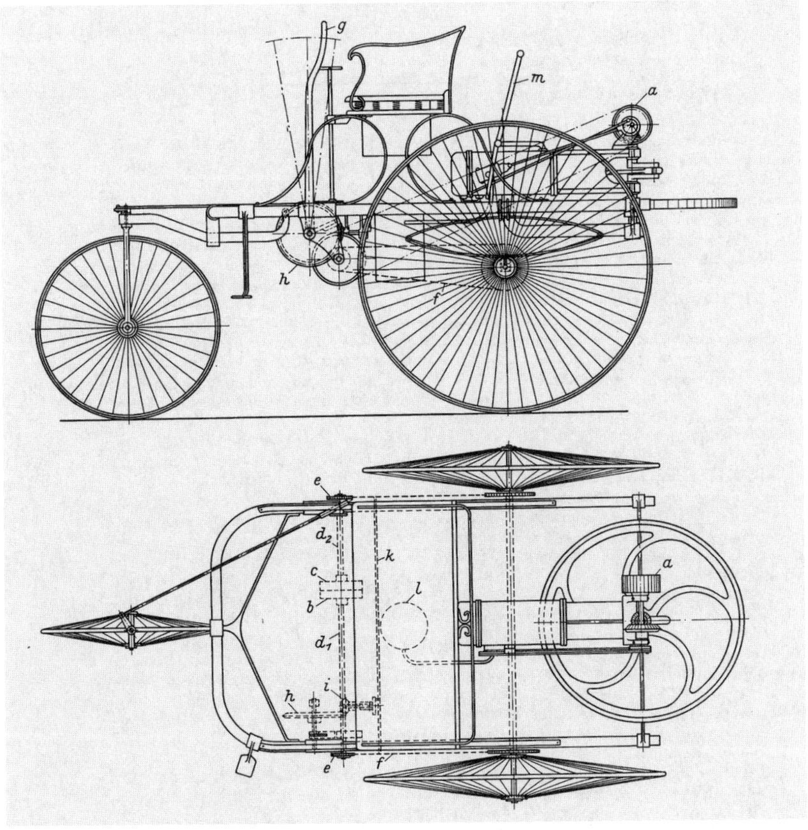

Abb. 101: „... nach Art der Tricycles, für 2 Personen erbaut“: Patentzeichnung von 1885

KAISERLICHES PATENTAMT.

AUSGEGEBEN DEN 2. NOVEMBER 1886

PATENTSCHRIFT

№ 37435

KLASSE 46: LUFT- UND GASKRAFTMASCHINEN.

BENZ & CO. IN MANNHEIM.

Fahrzeug mit Gasmotorenbetrieb.

Patentirt im Deutschen Reiche vom 29. Januar 1886 ab.

Vorliegende Construction bezweckt den Betrieb hauptsächlich leichter Fuhrwerke und kleiner Schiffe, wie solche zur Beförderung von 1 bis 4 Personen verwendet werden.

Auf der beiliegenden Zeichnung ist ein kleiner Wagen nach Art der Tricycles, für 2 Personen erbaut, dargestellt. Ein kleiner Gasmotor, gleichviel welchen Systems, dient als Triebkraft. Derselbe erhält sein Gas aus einem mitzuführenden Apparat, in welchem Gas aus Ligroin oder anderen vergasenden Stoffen erzeugt wird. Der Cylinder des Motors wird durch Verdampfen von Wasser auf gleicher Temperatur gehalten.

Der Motor ist in der Weise angeordnet worden, dafs sein Schwungrad in einer horizontalen Ebene sich dreht und die Kraft durch zwei Kegelräder auf die Triebräder übertragen wird. Hierdurch erreicht man nicht nur vollständige Lenkbarkeit des Fahrzeuges, sondern auch Sicherheit gegen ein Umfallen desselben beim Fahren kleiner Curven oder bei Hindernissen auf den Fahrstrafsen.

Die Kühlung des Arbeitscylinders des Motors geschieht durch Wasser, welches die ringförmigen Zwischenräume ausfüllt. Gewöhnlich läfst man das Kühlwasser bei Gasmotoren mit geringer Geschwindigkeit durch den Cylinder sich bewegen, indem das kalte unten eintritt und das erwärmte oben abfliefst. Es ist aber dazu ein grofser Wasservorrath nöthig, wie ihn leichte Fuhrwerke zu Land nicht gut mitführen können, und daher folgende Einrichtung getroffen worden: Das Wasser um den Cylinder verdampft. Die Dämpfe streichen durch das oberhalb des Cylinders angebrachte Rohrsystem 1, werden dort zum gröfsten Theil condensirt und treten wieder als Wasser unten in den Cylinder ein. Der nicht condensirte Dampf entweicht durch die Oeffnung 2.

Das zum Betrieb des Motors nöthige Gas wird aus leicht verdunstenden Oelen, wie Ligroin, dargestellt. Um stets ein gleichmäfsiges Gasgemenge zu erhalten, ist es nöthig, dafs neben dem gleichmäfsigen Luftzutritt und der gleich hohen Temperatur des Ligroins auch der Stand des letzteren im Kupferkessel 4 ein möglichst gleicher sei, und ist zu diesem Zweck der Vorrathsbehälter 5 mit dem Kupferkessel 4 durch eine enge Röhre 6, die in ein weites Wasserstandsglas 7 mündet, verbunden. An der Röhre ist ein kleiner Hahn 8 angebracht, um den Zuflufs nach Bedarf reguliren zu können. Durch die Glasröhre ist das tropfenweise Eintreten des frischen Ligroins wahrzunehmen und zugleich der Stand desselben im Apparat zu controliren.

Das Ingangsetzen, Stillhalten und Bremsen des Fuhrwerkes geschieht durch den Hebel 9. Der Motor wird, bevor man den Wagen besteigt, in Betrieb gebracht. Dabei steht der Hebel 9 auf Mitte. Will man das Fuhrwerk in Bewegung setzen, so stellt man den Hebel 9 nach vorwärts, wodurch der Treibriemen vom Leerlauf auf die feste Scheibe geschoben wird. Beim Anhalten bewegt man den Hebel 9 wieder auf Mitte, und will man bremsen, so drückt man ihn über Mitte rückwärts. Der ausgerückte Riemen bleibt dabei in seiner Stellung und nur die Bremse wird angezogen. Um zu bewirken, dafs, wenn der Riemen auf Leerlauf gestellt ist, derselbe bei weiterer Rückwärtsbewegung des Hebels 9 nicht auch weiter und über seine Rolle hinaus oder wieder zurückgerückt werde, ist die aus Fig. 3 ersichtliche Einrichtung getroffen. Die Ausrückstange 10, welche beiderseits so gelagert ist, dafs sie sich nur horizontal hin- und herschieben läfst, wird durch eine kleine Kurbel 11 bewegt, deren Hub der Breite einer Scheibe entspricht. Es ist, um mit dem Riemen von fester Scheibe auf lose zu kommen, eine halbe Kurbeldrehung nöthig. Der Kurbelzapfen, welcher die Verschiebung bewirkt, wird von der Ausrückstange mittelst einer Gabel 12, deren einer Theil länger als der andere ist, gefafst. Ist nun der Riemen ausgerückt und der Kurbelzapfen auf dem todten Punkt angelangt, so bewegt er sich, wenn gebremst werden soll, wieder zurück, jedoch auf dem unteren Theil seines Weges, und nimmt die Ausrückstange 10 auf diesem Wege nicht mit, so dafs also der Riemen währenddessen auf Leerlauf bleibt. Damit die Hand am Punkt bei 9 nur eine kleine Bewegung zu machen braucht, wird diese Kurbel durch zwei Zahnräder gedreht, welche in ziemlich starkem Uebersetzungsverhältnifs zu einander stehen.

Die Achsen 13 und 14 sind Vorgelegewellen, welche die Kraft des Motors auf die Triebräder des Wagens übermitteln sollen. Beide Achsen sind unter dem Gestell des Fuhrwerkes gelagert, und zwar so, dafs jede einzelne zwei Lagerungen besitzt. Von der Riemscheibe des Motors wird die Kraft durch einen Riemen auf die Scheiben 15 und 16 übertragen, wobei 16 als Leerlauf und 15 als feste Scheibe dient. Eine Bremsscheibe 17 ist angegossen. Diese feste Scheibe 15 überträgt nach bekannter Weise durch drei konische Zahnräder die Kraft auf die beiden Achsen 13 und 14, wodurch die Lenkbarkeit des Fahrzeuges gesichert wird. Die beiden Achsen 13 und 14 tragen an ihren äufseren Enden je ein Kettenrad 18 und 19, welche die Kraft auf die Triebräder vermittelst Kette übertragen.

Patent-Ansprüche:

Ein durch Gasmaschine betriebenes Fahrzeug, bei welchem folgende Einrichtungen gleichzeitig in Anwendung kommen:

1. Bei dem Gaserzeuger zum Motor die Vorrichtung 6, 7 und 8 zum Erkennen des Functionirens und des Oelstandes im Gasbehälter.
2. Die gezeichnete Bremsvorrichtung, Fig. 3, 4 und 5, wobei vermittelst Hebels 9, zweier ungleich grofsen Zahnräder und einer Kurbelscheibe 11, welche in die Gabel 12 eingreift, durch eine Bewegung nach der einen Seite die Bremse gelöst und dann das Fahrzeug in Gang gesetzt, durch eine Bewegung aber nach entgegengesetzter Seite das Fahrzeug vom Motor ausgelöst und dann gebremst werden kann.

Hierzu 2 Blatt Zeichnungen.

BERLIN GEDRUCKT IN DER REICHSDRUCKEREI

Faksimile 1986

Archiv-Verlag · Braunschweig

Abb. 102: DRP Nr. 37435: Die Patentansprüche beziehen sich auf den „Gaserzeuger“ (s. Abb. 104) und die Bremsvorrichtung (s. Abb. 107)

Das von Hand regulierte „tropfenweise Eintreten des frischen Ligroins“ und die Kontrolle des „Oelstandes im Gasbehälter“ in einem als „Wasserstandsglas“ bezeichneten Schauglas – bewirkt mit der Vorrichtung laut Patentanspruch 1 – waren während der Fahrt nicht nutzbar; Benz ersetzte sie schon in seinem ersten Fahrzeug durch einen neuen Vergaser mit durch einen Schwimmer automatisch geregeltem Benzin-Zufluss. Anders als von Sass in seiner Bildunterschrift auf Seite 123 unterstellt, unterscheidet sich der erste Benz-Schwimmervergaser grundlegend von Maybachs Vergaser für den ersten Daimler-Motor.[114] Die in der Patentschrift beschriebene, aber nicht als Patentanspruch aufgeführte Anordnung des Schwungrades „in einer horizontalen Ebene“, mit der „nicht nur vollkommene Lenkbarkeit des Fahrzeuges, sondern auch Sicherheit gegen ein Umfallen desselben beim Fahren kleiner Curven oder bei Hindernissen auf den Fahrstraßen“ erreicht werden sollte, hat Benz noch länger verwendet, als er später zugeben wollte. Der theoretisch vorhandene, auf der stabilisierenden Kreiselwirkung beruhende Effekt spielte zwar in der Fahrpraxis keine Rolle, aber die Einbau-Verhältnisse im Wagenheck ließen sich nicht so leicht verändern. So blieb dieser erste Benz-Einzylinder mit seiner Kegelrad-Umlenkung zur Antriebs-Riemenscheibe wohl für alle Zeiten der

Abb. 103: „… gleichviel welchen Systems“: Der erste Wagenmotor von Benz - hier die Steuerseite - unterschied sich deutlich von der Maschine von Alexis de Bisshop. Ein Sonderfall in der Motorengeschichte war die senkrecht hängende offene Kurbelwelle mit Kegelrad-Umlenkung zur Antriebs-Riemenscheibe (aus Sass)

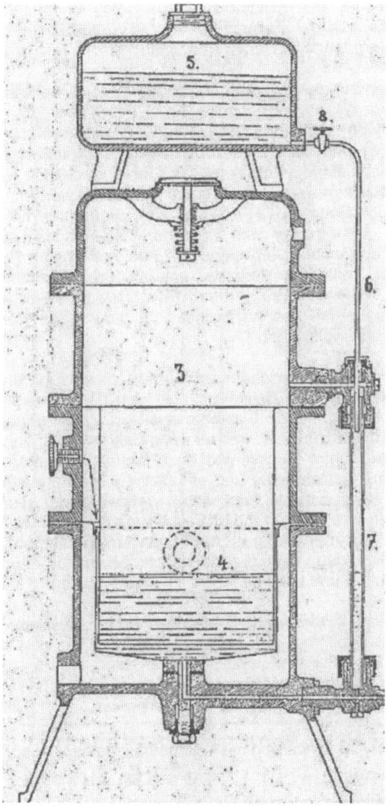

Abb. 104: „Vorrichtung zum Erkennen des Oelstandes im Gasbehälter": Nach dem nicht verwirklichten Anspruch 1 sollte aus dem Vorratsbehälter (oben) über die Leitung und das Schauglas (rechts) so viel Benzin nachtropfen, wie der Motor verbrauchte (aus der Patentzeichnung)

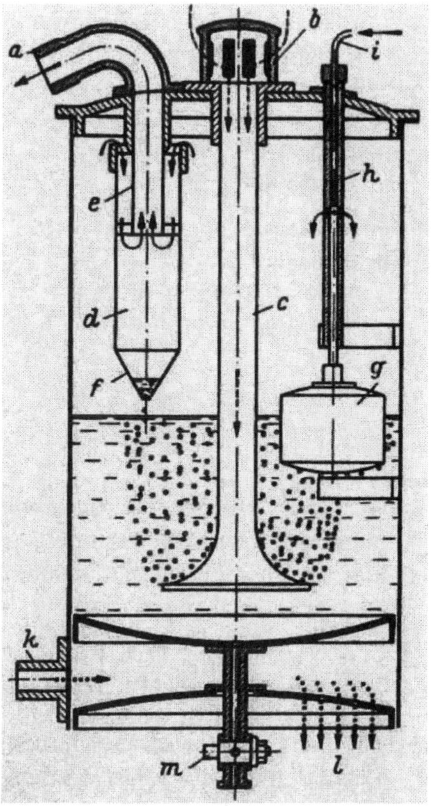

Abb. 105: Nicht in der Patentschrift: Der Oberflächenvergaser des ersten Benz-Wagens mit Zuflussregelung durch Schwimmer g, Tropfenabscheider e und d und Vorwärmung k (aus Sass)

einzige Fahrzeug-Verbrennungsmotor mit senkrecht angeordneter Kurbelwelle. Die Verdampfungskühlung des Arbeitszylinders, deren „Dämpfe" durch ein Rohrsystem „zum größten Teil condensirt" werden und wieder „als Wasser unten in den Zylinder" eintreten sollten, reichte ebenfalls nicht für einen Patentanspruch. Die elektrische Induktions-„Summerzündung" mit Zündkerzen konnte, da seit Lenoir

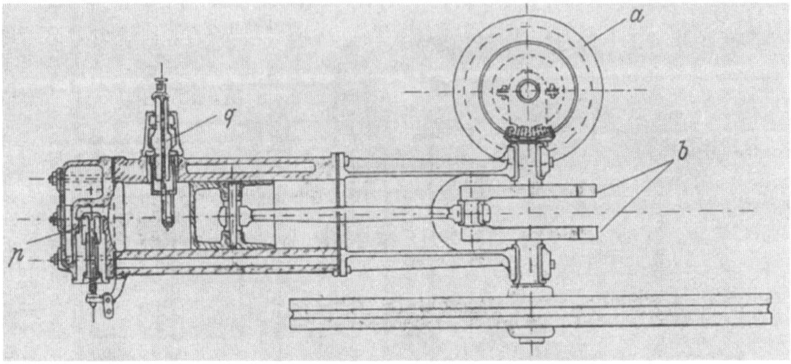

Abb. 106: Vorsichtsmaßnahme: Das horizontale Schwungrad hat Benz mehrere Jahre beibehalten (Skizze von 1884, aus Sass)

bekannt, in der Patentschrift nicht erwähnt werden. Auch wenn sich die Bezeichnung „Patent-Motorwagen" bis heute gehalten hat: Dieses Tricycle mit dem gar nicht so kleinen Gasmotor war in seiner Gesamtheit nicht patentierbar.

3.4 Zur Oma nach Pforzheim

Dennoch ist die Symbolwirkung berechtigt, die mit dem ersten Benz-Wagen weit stärker verbunden ist als mit Daimlers frühen Fahrzeugen. Ohne Erfindungsanspruch, eher bescheiden sagte Benz im Interview der „Allgemeinen Automobil-Zeitung" (AAZ) 1909: „Ich habe das erste fahrbare Benzin-Automobil gebaut." Es ist wenig neue Technik in diesem Dreirad zu finden, aber umso mehr richtig angewandte – kein anderes Fahrzeug dieser Zeit kann mit größerem Recht als Vorbild künftiger Benzin-Motorwagen gelten. Benz bewies ein sicheres Gespür für die Anforderungen, die ein stoßweise laufender Verbrennungsmotor an Aufhängung und Kraftübertragung stellt: Er montierte den Einzylinder am Rahmen, nicht wie Maybach an Achse und Rädern, und schützte ihn durch „Vollelliptik"-Blattfedern an den Hinterrädern gegen Fahrbahn-Einwirkungen. Durch Drehen der Schwungscheibe von Hand in Gang gebracht, lief der Motor zunächst im Leerlauf. Durch Umlegen des Antriebsriemens von einer „losen" Riemenscheibe auf eine Festscheibe wurde der Kraftfluss hergestellt – Los- und Festscheibe nahmen die Funktion einer weich ansprechenden Kupplung vorweg. Das Differentialgetriebe, dessen kompakte Bauweise Benz wahrscheinlich von englischen Dreirädern übernommen hat, sorgte für den Drehzahlausgleich der einzeln angetriebenen Hinterräder beim Kurvenfahren und verhinderte Torsionen im Antrieb. Mit der Riemen-Festscheibe und der Bremsscheibe bildet es ein vom Motor unabhängiges, auf der Vorgelege-Welle montiertes Antriebselement. Ein Übersetzungsgetriebe gab es beim ersten

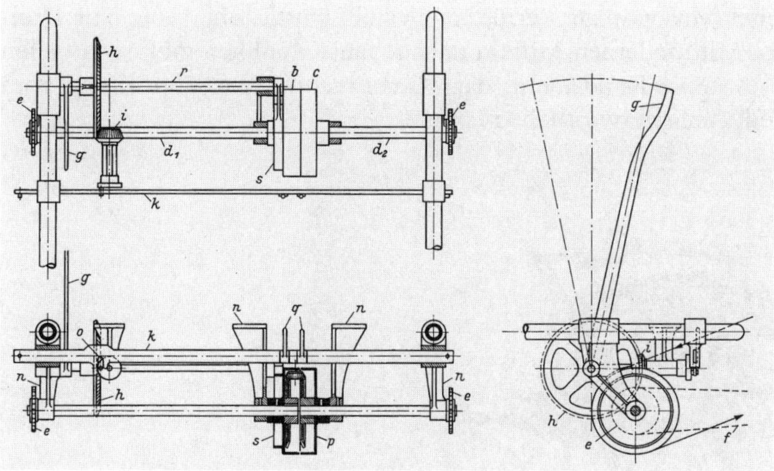

Abb. 107: Einfach zu bedienen: Mit dem Fahrhebel wird zum Anfahren der Antriebsriemen von Losscheibe c auf Festscheibe b gelegt, beim Anhalten drückt die Mechanik einen Bremsklotz gegen die Bremsscheibe s. Zwischen den Vorgelegewellen d1 und d2 das Differential p, außen die Antriebs-Kettenräder e (aus Sass)

Benz-Wagen nicht, die zweigeteilte Vorgelege-Welle lief mit Motordrehzahl. Durch die Übertragung von den kleineren Antriebs-Kettenrädern auf die größeren Hinterrad-Kettenräder entstand eine Antriebs-„Untersetzung" von 2,5 – zweieinhalb Kurbelwellenumdrehungen entsprechen einer Hinterradumdrehung. Ab Modell III gab es dann zwei Vorwärtsgänge, einen Rückwärtsgang hatten die Benz-Dreiräder nicht. Die Einfachheit der – den zweiten Patenanspruch bildenden – Einhebelbedienung ist nicht zu übertreffen: Bei leerlaufendem Motor aus der Mittelstellung nach vorn bewegt, wird mit dem „Fahrhebel" über eine leichte Kegelrad-Mechanik und eine Stange der Antriebsriemen von der Los- auf die Festscheibe gelegt, der Wagen fährt an. Zieht man den Hebel über die Mittelstellung (Leerlauf) zurück, drückt er einen Bremsklotz gegen die Bremsscheibe, der Wagen kommt bei laufendem Motor zum Stillstand.

Die konsequente Konstruktion, das elegante Design und die sorgfältige Bauweise konnten nichts daran ändern, dass das erste Dreirad die Hoffnungen nicht erfüllte. Benz nahm es schließlich auseinander und verwendete den Motor als Pumpenantrieb in seiner Fabrik. Obwohl der Motor nur 0,75 PS leistete, waren die Drahtspeichenräder der Gewichts- und Antriebs-Belastung offenbar nicht gewachsen, denn Benz ersetzte sie zunächst durch Holzräder, ehe er den Wagen endgültig beiseite stellte. Die Stunde des Benz-Modells I schlug zwanzig Jahre später dank der Streitigkeiten mit der Daimler-Motoren-Gesellschaft um das erste Automobil. Seit es nach der Jahrhundertwende aus Überresten wieder aufgebaut und 1906 dem

Münchener Deutschen Museum zur Verfügung gestellt wurde, übt das grazile Dreirad Faszination aus. Mit modernen Mitteln nachgebaute Repliken gibt es in vielen Museen. So spielt es keine Rolle mehr, dass Benz damit seine Vorstellung vom „Motoren-Velociped" nicht verwirklichen konnte.

Abb. 108: Früh demontiert, spät restauriert: Altes Originalbild vom Benz-Dreiradwagen Modell I (Daimler AG)

Zu einem 1886 oder 1887 entstandenen „Modell II" gibt es unterschiedliche, nicht genau belegbare Berichte und Darstellungen.[115] Erst das Modell III von 1888 zeigt einen grundlegenden Wandel: Benz hat sich vom Fahrrad-Ideal entfernt und einen soliden Wagen gebaut, der dem Gewicht des Motors, den Antriebkräften und den Fahrbahneinflüsse angepasst ist. Benz hatte hier offensichtlich den Alltagsgebrauch durch technisch nicht vorgebildete Fahrer oder Fahrerinnen im Auge, die auf einfache Bedienung und auf Fahrkomfort Wert legten. So kann das robust konstruierte Dreirad-Modell III als das erste für die normale Fahrpraxis bestimmte Fahrzeug mit Benzinmotor gelten. Zwischen dem vorderen Wagenboden und dem vorverlegten, an einem Dreiecksrahmen befestigten lenkbaren Vorderrad sorgt eine zusätzliche Vollelliptik-Querfeder für den bei Kutschwagen üblichen Fahrkomfort, der zweisitzige „Victoria"-Kutschenaufbau mit Halbverdeck bietet Wetterschutz. Auf einer vorderen Wagenverlängerung wurde schon bei den ersten Versuchswagen ein weiterer, offener Sitz montiert. Mit mehr Hubraum (1045 ccm) und höherer Drehzahl (500/min) kam der Motor zunächst auf 1,5 PS, so dass die Gewichts-Zunahme auf 360 bis 400 kg kompensiert wurde. Eine zweistufige Festscheibe ermöglichte

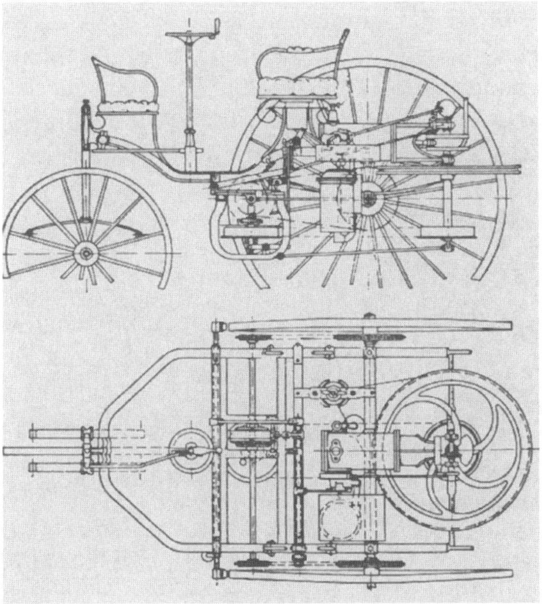

Abb. 109: Neuer Anlauf mit Holzrädern, Vorderrad-Federung und tiefgelegtem Riemenantrieb: Das Benz-Modell II wurde in dieser Form nicht gebaut (aus Ein Jahrhundert Automobiltechnik)

zwei „Geschwindigkeiten“: eine schnellere Übersetzung für das Fahren auf ebener Straße, eine stärkere für Steigungen. Die Holzklotzbremsen wirkten über ein Gestänge auf die Eisenreifen der Hinterräder.

Schon nach den Probefahrten im ersten Halbjahr 1888 waren Beschwerden wegen scheuender Pferde eingegangen. Daraufhin wurde der Rheinischen Gasmotoren-Fabrik die Benutzung öffentlicher Straßen verboten, vor dem Werkstor soll ein Polizist patrouilliert haben. Die fahrbegeisterten Benz-Söhne sorgten daraufhin für eine Lücke im Zaun hinter der Fabrik, so dass auf Feldwegen weitergefahren werden konnte. Auf ein Gesuch vom 5. Juni 1888 kam am 1. August eine beschränkte Fahrgenehmigung – mit der Vorschrift, wegen der „Gefahr des Scheuwerdens der Pferde“ bei allen Begegnungen mit Fuhrwerken und beim Überholen im Schritttempo zu fahren. Die behördlichen Hindernisse und die erzwungenen Heimlichkeiten machten Carl Benz, der sich als angesehener Mannheimer Bürger fühlen konnte, persönlich zu schaffen. Hinzu kam die Skepsis seiner Teilhaber Rose und Eßlinger, die befürchteten, dass potentielle Käufer mit den gleichen Schwierigkeiten zu kämpfen haben würden.

Abb. 110: Familie unterwegs: Das alte Bild von der Pforzheim-Fahrt zeigt korrekt das Modell III mit Vordersitz (Daimler AG)

Selbstzweifel, vielleicht auch Depressionen scheinen eine ernsthafte seelische Krise ausgelöst zu haben – verbunden mit der Absicht, das Wagenprojekt aufzugeben. Sonst hätte Bertha Benz wohl kaum ein Wagnis unternommen, das später zur Legende wurde: die Fahrt nach Pforzheim. Jugendlicher Übermut war es sicher nicht, was die 39jährige Mutter von vier Kindern veranlasste, ohne Wissen ihres Mannes und unter Nichtachtung der polizeilichen Vorschriften mit dem kaum erprobten Wagen eine Fahrstrecke von über 100 km in Angriff zu nehmen – mehr als Benz selbst jemals gefahren war. Einig war sie mit den beiden Söhnen in ihrem Vertrauen in das Fahrzeug und die Notwendigkeit, die Zuversicht des unternehmerischen, aber auch sensiblen Familienvaters zu stärken. Der fünfzehnjährige Eugen und der vierzehnjährige Richard waren mit dem Wagen und seiner Handhabung vertraut, sie kannten auch die technischen Probleme und wussten, dass ihr Vater wohl kaum die Genehmigung zu einer so weiten Fahrt gegeben hätte. „Wir sind zur Oma nach Pforzheim gefahren" stand auf einem Zettel, den sie eines Morgens auf dem Küchentisch hinterließen – wobei offen blieb, mit welchem Verkehrsmittel.
Dass dieses Vorhaben gelang, ist nicht nur dem schon fortgeschrittenen Stand der Technik des Wagens zu danken, sondern auch dem Improvisationsvermögen der Beteiligten. Nach einem Umweg über Viernheim und Weinheim wurde das Ziel auf fast geradem Wege angesteuert. Als Vorteil erwiesen sich die kurzen Entfernungen zwischen den Städten Heidelberg, Wiesloch, Bruchsal und Bretten, denn nur dort gab es Apotheken, die als Benzinquelle in Frage kamen. Dank ihres Vorrats rühmt sich die Stadt-Apotheke in Wiesloch noch heute, die „erste Tankstelle der Welt" gewesen zu sein. Wasser zum Nachfüllen des Verdampfungskühlers wurde in größeren Mengen gebraucht, war aber auch leichter zu finden. Die technischen Pannen hielten sich in Grenzen, für die diffizile Stromversorgung der Zün-

dung hatten die Söhne offenbar vorgesorgt. Dass die Steigungen und Gefälle ein Problem sein würden, war zu erwarten – man half sich dadurch, dass nur Richard als der Leichteste am Steuer sitzen blieb. Mutter und Bruder mussten den Wagen bergauf schieben und bergab festhalten, denn der Lederbelag der Bremsklötze war bald verkohlt.

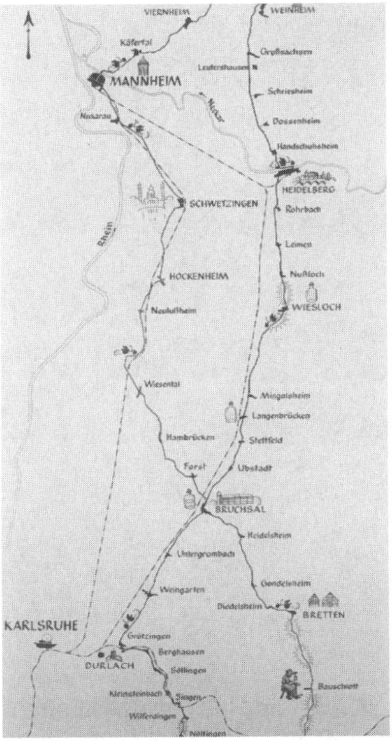

Abb. 111: „Wir sind zur Oma nach Pforzheim gefahren“: Die Fahrstrecke vom August 1888 (Daimler AG)

In Bruchsal wurde ein beruhigendes Telegramm nach Hause aufgegeben: „Sind mit dem Wagen fortgefahren und gut in Bruchsal angekommen.“ Am späten Abend im Pforzheimer Hotel „Zur Post“ informierte das Familienteam den Vater nochmals telegrafisch. Die Antwort kam schon am nächsten Morgen: Man solle ihm sofort per Express die Antriebsketten schicken; er brauche sie für sein Vorführexemplar. Die schon bestellten Ersatzketten schickte Benz in den nächsten Tagen nach Pforzheim, so dass auch die Rückfahrt auf der Achse stattfinden konnte. Damit war erreicht, was Frau und Söhne bewirken wollten: neuer Auftrieb für das Wagenprojekt. Die familieninterne Demonstrationsfahrt wurde zu einer der meistkolportierten Geschichten aus der Frühzeit des Automobils. Als sie 1988 nachgestellt wurde, rangierte Nostalgie vor Authentizität: Man verwendete eine mit modernen Mitteln hergestellte Replika des Modells I.

Abb. 112: „Erste Tankstelle der Welt“: Jubiläumsfahrten 1988 mit einem Nachbau des Drahtspeichen-Modells I (Daimler AG)

Im September 1888 gab Benz das Modell III zur „Kraft- und Arbeitsmaschinen-Ausstellung“ nach München und führte den Wagen selbst vor – es war der erste Schritt zur Bekanntheit des Namens Benz in Verbindung mit Motorwagen. Ein Käufer fand sich allerdings nicht – das Fahrzeug wurde bestaunt, ging aber an der ursprünglich von Benz anvisierten Klientel vorbei. Im Herbst 1889 stellte Benz das Dreirad auf der Weltausstellung in Paris vor – gleichzeitig mit Daimlers Quadricycle („Stahlradwagen“) und mit ebenso geringem Echo beim Publikum. Panhard und Levassor interessierten sich dafür, hatten aber ihren Vertrag mit Daimler schon unter Dach und Fach. Dennoch kam es zu einer wichtigen Weichenstellung: Der Pariser Vertreter für die Benz-Stationärmotoren, Emile Roger, übernahm den Verkauf der Motorwagen, die unter seinem Namen liefen. Frankreich wurde in den nächsten Jahren das wichtigste Exportland für Benz. Von den insgesamt 69 Benz-Motorwagen, die laut Chronist Werner Oswald im Zeitraum von 1888 bis 1893

Abb. 113: Zwischentyp: Für die Anzeige zur Münchener Ausstellung 1888 verwendete Benz ein Bild des Modells I mit Holzrädern (Daimler AG)

Abb. 114: Gewissenhafter Maler: Auch das Bild von den Probefahrten in München zeigt das dreisitzige Modell III (Daimler AG)

ausgeliefert wurden, verkaufte Emile Roger allein 42. Es waren überwiegend Dreiräder, frühestens im Lauf des Jahres 1893 können erste Exemplare des Vierrad „Victoria"-Wagens nach Frankreich gelangt sein. Roger knüpfte auch Verbindungen nach England. Im Ausland außerhalb Frankreichs wurden 12 Dreiradwagen abgesetzt, in Deutschland verblieben 15.

3.5 Das vertikale Schwungrad

Benz schrieb 1913 an die AAZ, er habe schon 1888 in das Modell III einen Motor mit 3 PS und vertikalem Schwungrad eingebaut. Er sei damit „bis an die Grenzendes Odenwalds und jenseits des Rheins bis an das Haardtgebirge" gefahren und „mit seinem Werk zufrieden" gewesen. Dies hat in den Dokumentationen einige Verwirrung ausgelöst – vielleicht war es eine Verwechslung mit einem späteren Jahr. Das vertikale Schwungrad ist bei keinem Wagen von 1888 festzustellen, alle Bilder zeigen die horizontale Anordnung. Die überlieferten Motordaten sind zwar sehr unterschiedlich, aber Benz hat die Kurbelwellen des ersten Motors mit 150 mm Hub noch über 1890 hinaus beibehalten. Durch vergrößerte Bohrung von ursprünglich 90 mm auf 110 bis 115 mm und höhere Drehzahl – 500 statt 400/min – kann er bei den Wagen der Pforzheim-Fahrt und der Münchener Ausstellung von

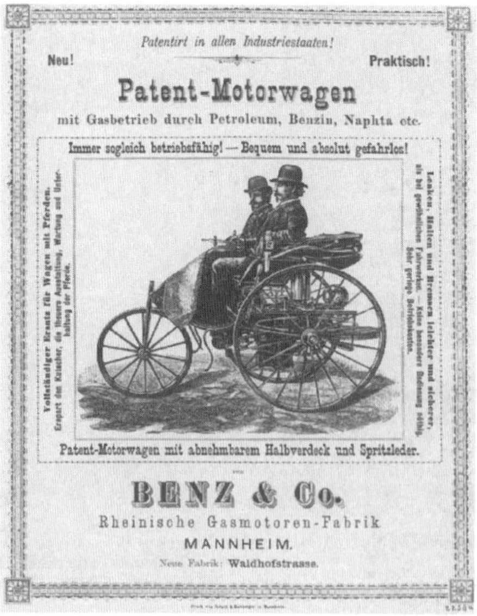

Abb. 115: „... mit abnehmbarem Halbverdeck und Spritzleder": Anzeige für das zweisitzige Modell III (Daimler AG)

1888 statt 1,5 PS eine höhere Leistung erzielt haben – die Vermutungen der Werkshistoriker bewegen sich zwischen 1,5 und 2,5 PS. Mit dem vertikalen Schwungrad kam eine tiefere Anordnung des Motors, die nunmehr waagerecht eingebaute Kurbelwelle ermöglichte einen auf bis zu 165 mm vergrößerten Hub und damit Hubräume bis zu 2 Liter und Motorleistungen auch über 3 PS. Sass datiert einen Motor mit vertikalem Schwungrad und „Leistung 3 PS bei 600 U/min" auf das Jahr 1889, bringt dazu jedoch ein Bild, das eine Hinterachse mit kleinen Rädern zeigt, wie sie Benz erst bei den Vierrad-Wagen ab frühestens 1892 verwendet hat. Werner Oswald kommt bei Hub-Werten von 150 und 160 mm auf Hubraum-Angaben von 1660 und 1990 ccm, verbunden mit Leistungen von 2,5 und 3 PS bei 500 U/min, und datiert das senkrechte Schwungrad auf 1888. Die Unsicherheiten beruhen auch auf der Tatsache, dass nur wenige Wagen und fast keine Unterlagen erhalten blieben.

Abb. 116: Tiefer Schwerpunkt: Motoreinbau mit waagerechter Kurbelwelle ab 1893 in allen Velo-Modellen (Daimler AG)

Abb. 117: Hochbeinig: Senkrechte Kurbelwelle, horizontales Schwungrad am Dreirad-Modell III (Daimler AG)

Die – von Zeitungs- und Prospekt-Illustratoren gemalten – historischen Bilder von der Pforzheim-Fahrt und von der Münchener Ausstellung zeigen das dreisitzige Modell III mit waagerechtem Schwungrad. Ein authentisches Dokument ist die gut erhaltene, auch für einen Prospekt verwendete Aufnahme mit Benz und Brecht auf der zweisitzigen Ausführung mit verkürztem Wagenboden und horizontaler Schwungrad-Anordnung. Ein Bild des Modells I mit Holzrädern verwendete Benz für den ersten Prospekt zur Ausstellung. Dieser Wagen stand, wie sich Bertha Benz später erinnerte, 1888 zwar noch in der „Remise", wurde aber nicht mehr für Vorführungen verwendet.

Abb. 118: Verkürzter Fußraum: Carl Benz (am Steuer) und sein Direktor Josef Brecht mit dem zweisitzigen „Victoria"-Modell (Daimler AG)

Die Hubraum- und Leistungsänderungen zeigen, dass Benz ständig an der Verbesserung des Motors gearbeitet hat, wobei Zylinder, Kurbeltrieb und Antrieb in der Grundsubstanz unverändert blieben. Den Motor des Modells III mit Bohrung und Hub von 110 mm, 1045 ccm Hubraum und 1,5 PS hat er noch 1894 für das Modell „Velo" verwendet, dessen erste Ausführung mit 280 kg sogar noch leichter war als das Modell III (360 kg). Mit dem kürzeren Hub konnte er dann die Drehzahl auf 600 bis 800, später 1000/min steigern und kam auf Leistungswerte von 3,5 bis 8 PS. Auch sein aus zwei Zylindern zusammengesetzter „Contra"-Motor von 1896 hatte zunächst eine Kurbelwelle mit 110 mm Hub. Es folgten Ausführungen mit 120 mm, nach Sass 130 mm und, bei einem Einzelstück mit hoher Leistung, 160 mm Hub. An der Kühlung, am Vergaser und an der Zündung nahm Benz immer wieder Veränderungen vor. Einen Kondensator für die Verdampfungskühlung, wie er schon in der Patentschrift vorgesehen ist, führt Oswald in Verbindung mit Thermosyphonwirkung ab 1892 und mit Druckumlauf durch Wasserpumpe erst für die Motoren seit 1895 an. Den Vergaser der Wagenmotoren ab 1886 beschreibt Oswald als Oberflächenvergaser und erst ab 1894 als „Schwimmervergaser", während Sass den Schwimmervergaser, der den nicht verwirklichten Vergaser der Patentschrift ersetzte, auf das Jahr 1886 datiert. Oswalds Angabe „Kraftstoff im Vergaser" kann sich nur auf den durch Schwimmer geregeltem Zufluss aus einem separaten Vorratsbehälter beziehen – oder ist eine Verwechslung mit Daimlers voluminösem Vergaser-Behälter mit schwimmendem Oberflächenvergaser. Die

Drosselregelung des Benzin-Luft-Gemischs, ein weiterer Vorteil der Benz-Motoren gegenüber jenen von Daimler, verbesserte Benz durch ein brandsicheres Mischverfahren, das ihm schon durch das 1887 angemeldete DRP 43638 geschützt worden war.
Mit keinem Detail seiner Motoren war Benz mehr auf den guten Willen seiner Kunden angewiesen als mit der Zündung. Sein Bemühen um Alltagstauglichkeit stieß hier an seine Grenzen – das lässt auch sein bekanntes Wort vom „Problem der Probleme“ erkennen. Zwar hat Benz, wie vor ihm schon Lenoir, mit der elektrischen Hochspannungs-Batteriezündung eine Lösung verwendet, die in der Wir-

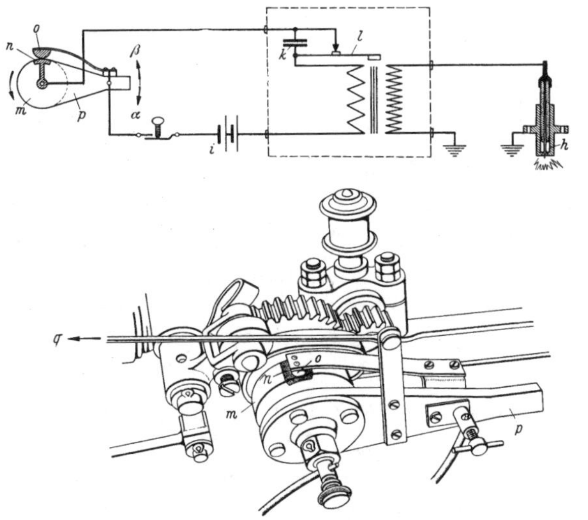

Abb. 119: Abhängigkeit der Zündung vom Batteriestrom: In der zweiten Ausführung der Summerzündung blieb der „Induktionsapparat“ (Schemabild oben) mit dem Kondensator k und dem „Wagnerschen Hammer“ l unverändert. Die Verlegung des von der Nockenwelle m gesteuerten Unterbrechers (Kontakte n und o) in den Primär-Stromkreis verringerte durch kurze Kontaktzeiten die Beanspruchung der Batterie i (aus Sass)

kungsweise den heutigen Zündsystemen entspricht und gegenüber sowohl der Glührohrzündung von Daimler als auch den Magnet-Zündsystemen, die Daimlers Zündung folgten, die funktionellere Lösung ist. Das Problem lag vielmehr in der Stromversorgung: Die Fahrer von Benz-Wagen waren auf die galvanischen Batterie-Elemente angewiesen, die rechtzeitig ersetzt werden mussten und nicht wieder aufgeladen werden konnten. Seit 1893 baute Benz eine verbesserte Zündschaltung ein, die den Stromverbrauch verminderte: Durch Verlegung des Unterbrechers aus dem Sekundär- in den Primärstromkreis wurden die Kontaktzeiten reduziert, so dass die Zündfunken nur zum gewünschten Zeitpunkt am Ende des Verdichtungshubes übersprangen und eine Kurzschließ-Vorrichtung nicht mehr erforderlich war. Als zukunftsträchtige Neuerung erwies sich auch die Zündverstellung – ein entscheidender Schritt zur Anpassung des Motorverhaltens an den jeweiligen Betriebszustand. Der Zündhebel, der zum Ankurbeln und im Leerlauf auf Spätzündung, während der Fahrt dann auf den für Leistung und Verbrauch optimalen früheren Zündzeitpunkt gestellt wurde, gehörte über Jahrzehnte zum Alltag der Autofahrer.

3.6 Erfolg mit Vierradwagen

Daimlers Glührohrzündung, die Benz in den stationären „Ligroin-Motoren" lange verwendet hat, konnte er in den Wagenmotoren nicht einsetzen, weil sie sich mit der fein ansprechenden Drosselregelung nicht vertrug. So berührte auch die Reichsgerichts-Entscheidung von 1897 sein Fahrzeuggeschäft nicht. Dem Rückgang des Motoren-Verkaufs von 600 im Jahr 1896 auf 200 im Jahr 1897 stand im gleichen Zeitraum eine Zunahme der Wagen-Auslieferungen von 181 auf 256 gegenüber.

Benz hatte das Motorwagen-Programm ständig erweitert, seit er 1893 auf Vierradwagen mit Achsschenkel-Lenkung übergegangen war. Schon 1888 ließ er bei der Wagenfabrik Wecker in Offenbach in Dreirad auf vier Räder umbauen – allerdings mit einer Drehschemel-Lenkung, die gegenüber der leichtgängigen Dreiradlenkung keine Vorteile hatte. In dieses Fahrzeug baute er 1891 seine erste Achsschenkel-Lenkung ein. Vermutlich hatte ihn sein französischer Partner Emile Roger darauf aufmerksam gemacht, dass Peugeot und Panhard ihre Daimler-motorisierten Vierrad-Wagen mit Achsschenkel-Lenkung lieferten. Von Roger konnte auch die Beschreibung des abgelaufenen Patents von Amédée Bollée aus dem Jahr 1873 stammen, die – wie es später dargestellt wurde – Benz „als Nachtlektüre" gelesen hat, worauf er am nächsten Morgen mit Schnur und Kreide auf dem Hof die unterschiedlichen Wendekreise des kurvenäußeren und kurveninneren Vorderrades ausgemessen und die zugehörigen Lenkwinkel errechnet habe.[116] Nach Oswald orientierte er sich auch am Ackermann-Patent für Kutschwagen. Benz konstruierte eine Zahnstangen-Mechanik mit geteilter Spurstange und erhielt zum 28. Februar 1893 für sein Lenksystem das deutsche Reichspatent Nr. 73515. Mit der leichtgängigen und kippsicheren Lenkung der neuen Vierrad-Wagen begann seine große Zeit als führender Hersteller von Motorwagen. Die deutschen und französischen Konkurrenten hat er bis 1900 in der Stückzahl klar übertroffen.

Abb. 120: Mit Drahtspeichenrädern und Achsschenkel-Lenkung: Der Vierrad-Wagen Benz Velo von 1893 war leichter als die Dreirad-Modelle (Daimler AG)

Abb. 121: Gemächliche Ausfahrt im Badischen: Mit dem viersitzigen „Victoria"-Vierradwagen von 1892 verwirklichte Benz seine Idealvorstellung (Daimler AG)

Zwei Baureihen prägten seitdem das Benz-Programm: Kutschwagen mit Holzrädern und verschiedenen Aufbauten und das leichte Modell „Velo“ mit Drahtspeichenrädern. Der erste Vierradwagen mit „Victoria“-Aufbau kann als direkter Nachfolger der Dreiräder gelten, darüber hinaus als Ursprung des Tourenwagen-Gedankens: Nun war Platz für einen bequemen vorderen Sitz für zwei Personen in Vis-à-vis-Anordnung. Das gemächliche Kutschieren über Land hatte bei Benz längst das sportliche Veloziped-Ideal verdrängt. Bei der PS-Zahl ging es ihm nicht um höhere Geschwindigkeit – ihm genügten auch später noch 20 bis 30 km/h. Als das wichtigere Kriterium betrachtete er die Bergsteigefähigkeit, denn nichts war für einen Motorwagenfahrer peinlicher, als Pferdegespanne in der Ebene zu überholen und am nächsten Berg auf die die Hilfe der Zugtiere angewiesen zu sein.
Ganz im Sinn von Carl Benz war die geruhsame Form der Automobil-Touristik, die der 22jährige böhmische Fabrikantensohn Theodor von Liebieg im Jahr 1894 mit einem der ersten Vierrad-Exemplare praktizierte, einem „Victoria“-Zweisitzer

Abb. 122: Sie mussten mehr Wasser als Benzin nachfüllen: Theodor von Liebieg und Freund Stransky auf großer Fahrt in Deutschland 1894 (Daimler AG)

mit Klappverdeck und 4 PS-Motor. Liebieg hatte Benz 1893 in Mannheim besucht und wollte gleich einen Wagen mitnehmen. Als Benz die erst wenig erprobte Kutsche nicht hergeben wollte, legte Liebieg den Kaufpreis von 3800 Goldmark auf den Tisch und reiste ab. Er bekam den Wagen mit der Fabriknummer 76 im Juli 1894 per Bahn geliefert. Bald darauf begab er sich mit seinem Freund Stransky auf eine romantische Wanderfahrt in kurzen Tagesetappen von Reichenberg durch Thüringen und Hessen nach Gondorf an der Mosel. Einen Abstecher nach Reims, der später der Autofahrt oft zugerechnet wurde, absolvierten die beiden mit der Bahn, dann fuhren sie über Mannheim – mit Station bei Benz – zurück nach Böhmen. Bei einer Durchschnittsgeschwindigkeit von 13,5 km/h soll der Motor auf der etwa 1200 km langen Strecke 21 Liter Benzin pro 100 km verbraucht haben, nach anderen Darstellungen nur 14 Liter. Einig sind sich die Chronisten darüber, dass außerdem 140 bis 150 Liter Wasser pro 100 km nachgefüllt werden mussten, denn im Dauerbetrieb kondensierte der Verdampfungskühler zu wenig, kühles Nass aus Brunnen und Bächen musste helfen. Liebieg, der später selbst Autos baute und im Motorsport aktiv war, hat 1938 in seinem Erinnerungsbuch beschrieben, wie man sich als Autofahrer in einer Welt ohne Autos fühlte: „… die Sonne warf über Eisenach ihren blendenden Abendglanz, der die Türme und Häuser in blitzendes Gold

Abb. 123: Erinnerungsfoto mit der kompletten Benz-Familie: Liebieg (rechts im Wagen) und sein Copilot (darunter) unterbrachen ihre Reise in Mannheim (Daimler AG)

tauchte. Nobel wurde beim ‚Großherzog von Sachsen' vorgefahren, und da das Hoftor offen stand, so fuhren wir ohne Voranmeldung hinein. Im Nu waren Wirt, Kellner und Gäste herbeigesprungen, umringten staunend die seltsame Kutsche und überboten sich förmlich an freudigen Ausrufen, endlich einmal das Wunder der Straße zu sehen …"[117] Das bei Daimler-Benz restaurierte Fahrzeug steht im Prager Technischen Nationalmuseum.

Die beiden jungen Leute, die sich weder durch die Probleme der Benzin- und Wasserbeschaffung und der Zündung beeindrucken ließen – technische Pannen gab es kaum – entsprachen dem von Carl Benz bevorzugten Kundentyp. Denn so gewissenhaft er seine Fahrzeuge auch baute, Anspruchshaltung und Beschwerde-Mentalität ärgerten ihn, er erwartete Verständnis. Luxuswagen wie der sechssitzige Landauer mit regendichtem Faltverdeck und das achtsitzige Phaeton erschlossen für Benz die Klientel der Fabrikanten und Grundbesitzer. Die begüterten Kunden hatten es nicht nötig, selbst Benzin und Wasser nachzufüllen, durch Drehen am Schwungrad den Motor in Gang zu bringen (Andrehkurbeln gab es erst ab 1896) oder Zündkerzen zu reinigen. Es entstand das Berufsbild des technikverständigen Chauffeurs, der die Rolle des Kutschers übernahm und wie dieser ein „Bedienter" war.

Abb. 124: Kurzer Radstand: „Innenlenker"-Coupé 1895 (Daimler AG)

Abb. 125: Langer Radstand: Sechssitziger Landauer 1896 (Daimler AG)

Die großen Motorkutschen, bis zu 1000 kg schwer und 6000 Mark teuer, mit zweistufigem Riemengetriebe und zusätzlichen Planeten-Zahnradsätzen für einen dritten Vorwärtsgang und Rückwärtsfahrt, erforderten beträchtliches Geschick. Reifenpannen blieben den Chauffeuren noch erspart: Die Holzräder der schweren Benz-Modelle waren zunächst nur mit Eisen bereift. Als die Fortschritte der Vulkanisiertechnik hohe Gewichtsbelastungen zuließen, kamen die Vollgummi-Reifen – Luftreifen blieben bei den großen Wagen die Ausnahme. Die eindrucksvollen Aufbauten, Meisterstücke des Wagenbauer-Handwerks, entstanden nicht bei Benz – erst die Qualitätsarbeit der Wagenbau-Partner, besonders der Mannheimer Kutschenfabrik Kalkreuther, ließ jene repräsentativen Phaetons und Landauer, Breaks und Coupés entstehen, die in den neunziger Jahren weltweit ohne Beispiel waren. Lediglich das Velo, der Kleinwagen mit Drahtspeichenrädern, wurde in der sparsam karossierten Normalausführung im Werk zusammengebaut – und zwar in beträchtlichen Stückzahlen.

Erstmals sprach das frühe Benz-Programm mit Motorfahrzeugen verschiedene Gesellschaftsschichten an – Vorbild für die Klassenunterschiede in Größe, Leistung und Preis, die seitdem das Automobilgeschäft beherrschen. Der zu Preisen ab 2000 Mark angebotene leichte Zweisitzer verdankte seinen Namen zwar der Veloziped-Vergangenheit von Benz, aber der Fabrikant selbst wollte nicht unbedingt zu seinen Ursprüngen zurückkehren. Das Interesse der Velosportler hielt sich in Grenzen, denn ein schnelles Fahrzeug war das 1,5 PS „Velo" mit maximal 20 km/h

Ein Fahrrad mit Petroleum Motor

wird jetzt von der Firma Benz & Co. in Mannheim auf den Markt gebracht. Wie vorauszusehen, ist es nicht gelungen, den Wünschen die Laien oft äussern, zu entsprechen. Gewicht und Grösse machen das Fahrzeug eben zu einer Kutsche, der es dann auch sehr ähnlich sieht. Die Maschine ist für 2 Personen berechnet und kostet 3000 Mark. Näheres über die Leistungsfähigkeit wird wohl demnächst bekannt werden.

Abb. 126: „...nicht gelungen, den Wünschen zu entsprechen":
Kritische Beurteilung der Zeitschrift „Radmarkt"
(aus Lessing, Karriere einer Idee)

nicht. Der Historiker Hans-Erhard Lessing zitiert einen aus dieser Zeit stammenden, nicht genau datierten Bericht der in Bielefeld erschienenen Zeitschrift „Radmarkt": „Ein Fahrrad mit Petroleum Motor wird jetzt von der Firma Benz & Co. in Mannheim auf den Markt gebracht. Wie vorauszusehen, ist es nicht gelungen, den Wünschen die Laien oft äußern, zu entsprechen. Gewicht und Grösse machen das Fahrzeug eben zu einer Kutsche, der es dann auch sehr ähnlich sieht."[118]

Lessing schreibt den Velo-Erfolg dem jungen Kaufmann Josef Brecht aus Durlach zu, der um 1890 bei Benz eintrat und später Vorstandsmitglied wurde. Brechts Bruder Adam, bekannter Hochrad-Sportfahrer, arbeitete bei der Firma Kleyer in Frankfurt, die dann auch, wie schon beim Dreirad Modell I, die Drahtspeichenräder lieferte – diesmal wohl eine spezielle verstärkte Ausführung, die zum Vorbild künftiger Automobil-Speichenräder wurde. Die späteren Velo-Modelle mit 3 PS erreichten 30 km/h und konnten eine Ahnung von sportlichem Fahrgefühl vermitteln. Dennoch ist die hohe Stückzahl von 1200 Exemplaren, die mit dem Velo und dem besser ausgestatteten „Comfortable" erreicht wurde, eher auf den günstigen Preis zurückzuführen. Es war eine bürgerliche Kundschaft, die sich das Vergnügen des pferdelosen Fahrens verschaffte. In Frankreich von Emile Roger unter Phantasienamen wie „Parisienne" angeboten und ab 1896 wahlweise mit Luftreifen lieferbar, trug dieser erste Kleinwagen dazu bei, dass neben den größer und stärker werdenden mehrsitzigen Motorwagen („Voitures") die Gattung der „Voiturettes" entstand – leichte Ein- und Zweisitzer mit drei oder vier luftbereiften Drahtspeichenrädern und kräftigen Einzylindermotoren. Die Teilnahme der Benz-Wagen von Roger an den französischen Langstreckenfahrten brachte einen Achtungserfolg, aber Benz hatte für die Geschwindigkeit als Bewertungs-Maßstab wenig Verständnis.

Abb. 127: Deutschlands Automobil-Fabrikant: Vater, Söhne und Töchter Benz 1894 auf dem Fabrikhof (Daimler AG)

Abb. 128: Kinderwagen: Dreirad-Vorläufer des Velo mit Thilde, Klara und Ellen (Daimler AG)

Abb. 129: Damenwagen: Tochter Klara als Fotomodell (Daimler AG)

Abb. 130: Französischer Charme: „La Parisien"-Anzeige einer von Roger beauftragten Werbeagentur aufgrund eines ähnlichen Fotos (Daimler AG)

Abb. 131: Bestseller 1898: Velo „Comfortable" mit Luftreifen gegen Aufpreis (Daimler AG)

Abb. 132: Luxusausführung mit Kühler vorn: Benz „Ideal" 1899 (Daimler AG)

Abb. 133: So begann der industrielle Automobilbau in Mannheim: Belegschaft der Motorwagen-Abteilung von Benz & Co. 1894 (Daimler AG)

Abb. 134: Zwei gegenüberliegende Zylinder, offene Kurbelwelle: „Contra“-Motor für die großen Benz-Modelle ab 1897 (aus Sass)

So ging wohl auch das Auftreten der Benz-Wagen in Amerika mehr auf die Initiative von Brecht zurück. Nach der Vorstellung des Velo („Eclair“) 1893 in Chicago traten der Benz-Kunde Oscar Mueller und der New Yorker Vertreter de la Vergne, Gründer der Benz Motor Co. Ltd. in der Wall Street 10, in den ersten motorsportlichen Wettbewerben der USA gegen die Benzinmotor-Buggys der Brüder Charles E. und J. Frank Duryea an. Die Fahrradhändler aus Chicopee, Massachusetts, bauten mit eigenen Motoren ihre ersten Motorkutschen, 1893 gewann Charles Duryea ein wenig seriöses Rennen in Chicago. Im November 1895 beteiligte er sich wie Mueller an den Wettfahrten, die der deutsche Herausgeber der Chicagoer Zeitung „Times Herald“, Hans Kohlsaat, nach französischem Beispiel veranstaltete. Bei der Langstreckenprüfung über 160 km war Mueller mit dem Benz Victoria als einziger Bewerber ins Ziel gekommen, im auf 85 km verkürzten Abschlussrennen belegte Duryea den ersten Platz vor Oscar Mueller und Jerry O'Connor auf Benz. Die frühen amerikanischen Motorwagen wurden in Mannheim später als Kopien unter Umgehung der Patente von Benz betrachtet. Das dürfte übertrieben sein, denn Benz besaß für seine Fahrzeuge – anders als Daimler für seine Motoren – keine in den USA gültigen Patente.[119]

Der Anstieg der Benz-Verkaufszahlen bis 1900 lässt sich auf einen Nenner bringen: Benz hatte in der Qualität seiner Wagen und im Umfang der Modellpalette seit 1893 einen Vorsprung erreicht, den seine Nachahmer und Konkurrenten lange nicht aufholen konnten. Die Vielfalt seiner Modelle beruhte auf wenigen Grundbausteinen, die er zwar verbessert, aber kaum verändert hatte. Der Motor war seit 1886 fast gleich geblieben – selbst der Zweizylinder war lediglich eine Verdoppelung des Einzylinders mit offener Kurbelwelle. Mit seiner Abneigung gegen größere Änderungen war Benz ein Kind seiner Zeit: Er ging davon aus, dass eine einmal bewährte Konstruktion Bestand hat. Dass seine Motoren und Wagen einmal

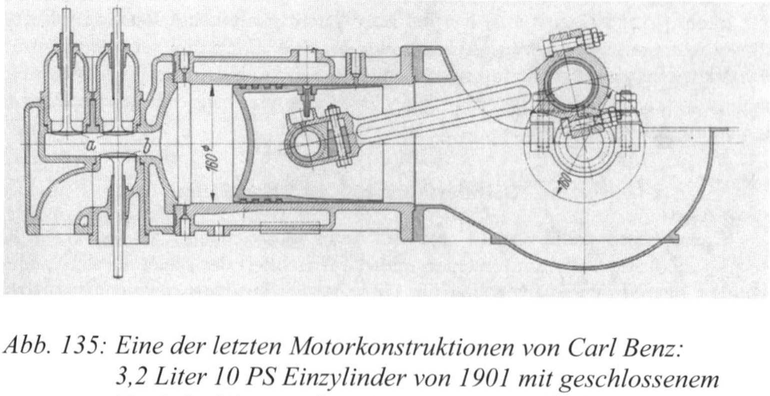

Abb. 135: Eine der letzten Motorkonstruktionen von Carl Benz: 3,2 Liter 10 PS Einzylinder von 1901 mit geschlossenem Kurbelgehäuse und zwei ungesteuerten Einlassventilen (aus Sass)

den Leistungs- und Komfortansprüchen nicht mehr entsprechen würden, lag außerhalb seiner Denksphäre – noch 1901 konzipierte er einen Einzylinder, während sich in Frankreich und England schon der Übergang vom Vier- zum Sechszylinder andeutete.

Dass es kurz nach der Jahrhundertwende zu einem Absturz der Verkaufszahlen kam, wurde oft auf den Erfolg der Mercedes-Wagen zurückgeführt. Die nach dem Nizza-Auftritt 1901 schnell bekannt gewordenen Cannstatter Automobile haben Benz zwar Käufer weggenommen, aber die Ursachen der Krise lagen tiefer. In Frankreich begann der Rückgang schon 1899, als preisgünstige Voituretten von De Dion, Peugeot und Bollée in großer Stückzahl auf den Markt kamen. Die Einbaumotoren von De Dion spielten dann auch in Deutschland eine Rolle – für zahlreiche kleine Automobilhersteller erleichterten sie den Einstieg, darunter der langjährige Benz-Lieferant Kleyer mit seiner Marke „Adler". Die großen Wagen von Panhard und Mors hatten schon vor 1900 auf den Rennstrecken ihre Leistungsüberlegenheit bewiesen und veranlassten den ehrgeizigen Emil Jellinek, bei Daimler auf den Bau stärkerer Motoren und sportlicher Wagen zu drängen. Julius Ganß und

Bis Ende 1901 wurden 2702 Benz Motorwagen verkauft

	1886 – 1893	1894	1895	1896	1897	1898	1899	1900	1901	1902	1903
Gesamtzahl	69	67	135	181	256	434	572	603	385	226	172
davon nach											
Deutschland	15	34	41	42	67	135	207	262			
Frankreich	42	25	68	75	134	165	137	86			
England	1	–	4	20	20	75	139	151			
andere Länder	11	8	16	44	35	60	89	104			

Abb. 136: Aufstieg bis 1900: Bis 1899 hatte der französische Partner Emile Roger den größten Verkaufsanteil (aus Werner Oswald, Mercedes-Benz Personenwagen 1886 – 1984)

Josef Brecht erkannten die Zeiten der Zeit und beauftragten den französischen Konstrukteur Marius Barbarou mit der Entwicklung einer neuen Frontmotor-Baureihe mit Zwei- und Vierzylindermotoren. Dass deren Zylinder senkrecht standen, trug ebenso wie die ständige Zunahme von Leistung und Geschwindigkeit zur Verbitterung von Carl Benz bei. Die Realität des Automobilismus entsprach nicht mehr seiner Vorstellung.

Einen Eindruck von dieser Haltung, mit der sich Benz von den großen Sporterfolgen der Marke Benz vor dem ersten Weltkrieg bewusst distanzierte, vermittelt ein Interview, das der Gründer der Wiener „Allgemeinen Automobil-Zeitung", Adolf Schmal-Filius, 1909 in Ladenburg mit dem fünfundsechzigjährigen Carl Benz führte. Erst in den folgenden Jahren, als ihm zahlreiche Würdigungen und Ehrentitel als Pionier des Automobils zuteil geworden waren, fand sich Benz zu werbewirksameren Aussagen bereit.

Abb. 137: Auf der Höhe des Erfolges: Carl Benz um 1900

Ich bleibe bei meiner Victoria

Antworten von Carl Benz aus dem Interview der „Allgemeinen Automobil-Zeitung“ von 1909

Wann mir eigentlich der Gedanke gekommen ist, ein selbstbewegliches Fahrzeug zu bauen, vermag ich nicht einmal genau zu sagen. Ein greifbarer Anlaß lag jedenfalls nicht vor. Sicher ist, dass ich die Idee schon in jungen Jahren auffasste, und dass sie sich immer mehr verdichtete. Ich konnte tagelang meinem Lieblingsgedanken nachhängen und mir die Seligkeit ausmalen, die darin bestände, einen Wagen zu haben ohne Pferde, dessen Motor das Fahrzeug über die Straßen trieb, ohne dass der Lenker mehr zu machen brauchte, als eben zu lenken. Dieser Gedanke war übrigens nicht mein ausschließliches Eigentum in dieser Zeit.
Im Jahr 1885 verwendete ich alle meine freie Zeit und meine ganze Arbeitskraft auf die Herstellung dieses Wagens, sollte doch endlich meine Lieblingsidee in Erfüllung gehen. Und so entstand denn der erste Benz-Wagen, ein dreirädriges Vehikel, das heute noch als Kuriosität im Nationalmuseum zu München aufbewahrt wird.
Nach Monaten angestrengtester Arbeit war dieses Fahrzeug endlich soweit, dass ich es wagen konnte, meine ersten Fahrversuche zu machen. Eines Abends brachte ich das Vehikel, sehr zur Verwunderung meiner biederen Mannheimer Mitbürger, auf die Straße, drehte den Motor an, stieg auf den Sitz, fuhr genau hundert Meter weit und blieb dann stecken. Wir schoben es wieder in die Werkstatt zurück, um dort den Fehler zu beheben. Fast jede Ausfahrt endete so.
Bald begann ich meine Fahrten von Ort zu Ort, und zwar schon mit dem ganz respektablen Tempo von 15 Kilometern pro Stunde. Freilich musste ich bald erkennen, dass ein Automobil mit nur einer Übersetzung eigentlich gar kein Automobil ist. Gab es nämlich eine Steigung von mehr als drei Prozent, so konnte nur die Kraft meiner Arme oder die Freundlichkeit eines Kutschers mir aus der Verlegenheit helfen.
Ich glaube, es gab überhaupt keinen Menschen in Mannheim, der etwas von meiner Idee hielt. Die meisten sagten mir das allerdings erst viele Jahre später, nur einige wenige Aufrichtige sagten mir uns Gesicht, dass ich einer verrückten Idee folge, die mich ruinieren werde, und die mir niemals Geld einbringen könne.
Anfänglich schienen die Wagen überhaupt unverkäuflich. Ich bekam diesderthalben sogar ernsthafte Differenzen mit meinem Kompagnon Rosé, der aus Angst, weiteres Geld zu verlieren, von der Sache nichts mehr wissen wollte und später aus der Firma schied; dafür traten die Herren Ganß und von Fischer an seine Stelle.
Der erste wirkliche Käufer war ein Franzose. Es war Herr Emile Roger in Paris, der von uns Stabilmotoren bezog. Kaum hatte er gehört, dass wir Automobile erzeugten, fuhr er nach Mannheim und kaufte beide Wagen. Dieser rasche Entschluss des Franzosen ist symptomatisch für die im französischen Volke schlummernde Vorliebe für das selbstbewegliche Fahrzeug. Freilich war auch etwas Spekulation dabei, denn als ich zwei Jahre später in Paris war, sah ich bei

Panhard und Levassor einen dieser Erstlingswagen stehen. Um den Absatz meiner Wagen hatte ich jetzt keine Sorge mehr. Monsieur Roger kaufte alles, was wir nur fertigstellen konnten.
Einer der ersten Käufer der Type Victoria war der österreichische Baron Theodor Liebieg, der zu jenen Kunden zählte, die wirklich weite Reisen mit dem Vehikel machten und es verstanden, den Wagen so zu behandeln, wie es sich gehört.
Der große Wagen fand nicht allgemein Anklang, und so baute ich den Benz Komfortable, ein kleines Ding mit etwa 3½ HP Motor, um 2700 Mark zu haben. Dieses Fahrzeug wurde uns förmlich aus den Händen gerissen.
Unsere Preise stiegen ebenso wie die Pferdekräfte. Wir bauten den 5 HP Einzylinder, den 8 HP Zweizylinder und schließlich den 12 HP Zweizylinder. Dies schien uns geradezu enorm, und wir betrachteten jeden, der einen 12 HP kaufte, für einen, der mit seinem Leben und seinen geraden Gliedern spielte.
Wir konnten kaum die Menge der Aufträge erledigen, bis in den Jahren 1900 und 1901 plötzlich ein Rückgang eintrat. Es machte sich eine Aversion gegen den liegenden Motor geltend, die allerdings technisch absolut nicht berechtigt war. Wir haben indes einsehen gelernt, dass technische Argumente die Mode nicht beeinflussen können, und so bequemten wir uns denn, dem Zuge der Zeit folgend, zu immer neuen Typen. Meine Arbeit war aber bereits getan. Ich habe das erste fahrbare Benzinautomobil gebaut, ich habe der Fabrikation die Wege geebnet. Die Fortsetzung habe ich den jüngeren Kräften überlassen, und die neue, große, schöne Fabrik in Mannheim hat nur noch den Namen von mir.
Dann kamen die Rennen, und von da an datiert die rasche Perfektionierung des Automobils, aber gleichzeitig auch die rasche Steigerung der Kraft bis zu einem Grade, den ich im Interesse des Automobils nur bedauern kann. Nichts hat meiner Ansicht nach der ganzen Bewegung so geschadet wie die enormen Schnelligkeiten, und wie viele Leute sind ihr nicht schon zum Opfer gefallen. Auch heute noch ist es meine feste Überzeugung, dass die starken Wagen ein Malheur für den Automobilismus und überflüssig für die Menschheit sind.
Das Automobil in der Stärke zwischen 12 und 20 HP ist meiner Ansicht nach für alle Zwecke vollkommen ausreichend, und alles, was mehr ist, ist vom Übel.
Ich für meine Person bin konservativ genug, um bei meiner alten Benz Victoria zu bleiben. Dieses Fahrzeug ist heute schon fünfzehn Jahre alt. Es steht immer bereit in meiner Garage. Ein Ruck, und der Motor geht. Ich sitze so hoch, dass ich vom Straßenstaube nicht belästigt werde, die Vollgummireifen sind der sicherste Schutz gegen Pneumatikdefekte.

Mitgeteilt von Professor Dr. Hans-Erhard Lessing, Mannheim

4 Benzin-Motorwagen bis 1900

4.1 Von Paris nach Bordeaux

Die Feststellung von Carl Benz, sein Vertreter Emile Roger in Paris habe „alles“ an Motorwagen gekauft, was Benz liefern konnte, bezog sich auf die seit 1893 in Mannheim gebauten Vierradwagen. Mit dem vorangegangenen Dreirad-Modell III hatte sich Roger, trotz der „im französischen Volke schlummernden Vorliebe für das selbstbewegliche Fahrzeug“, schwerer getan. Denn er hatte es seit 1891 mit der Konkurrenz der Daimler-motorisierten, von Levassor und Mayade konzipierten Wagen von Panhard und Peugeot zu tun. Erst mit vier Rädern und Achsschenkel-Lenkung wurde Benz konkurrenzfähig. Roger konnte sich nun mit Victoria-Motorkutschen an den Langstrecken-Wettbewerben beteiligen, die in der Mitte der neunziger Jahre aufkamen. In Frankreich, das durch Napoleons großzügig ausgebaute Chausseen an nationaler Identität gewonnen hatte, wurde das Automobil als neue Möglichkeit entdeckt, die Fahrzeit zwischen der Metropole Paris und den Provinz-Hauptstädten zu verkürzen. Dieses populäre Anliegen hatte auch sportlichen Reiz, so dass sich bald die großen Zeitungen der Sache annahmen.
Einen privaten Anfang machten Louise und Emile Levassor, als sie am 31. Juli 1891 zusammen mit Hippolyte Panhard, dem Sohn des Patrons, nach Entretat an der

Abb. 138: Ging im September 1891 mit Peugeot und Daimler-Motor auf Langstrecken-fahrt: Hippolyte Panhard (aus Priebe)

Atlantikküste in die Ferien aufbrachen. Bei einem Schnitt von etwa 10 km/h brauchten sie mit ihrem Panhard für die 225 km lange Strecke zwei Tage. Weit mehr nahmen sich im September des gleichen Jahres die Peugeot-Ingenieure Doriot und Rigoulot vor: Ihr Wagen sollte als Begleitfahrzeug des Radrennens Paris-Brest-Paris dienen, das von der Pariser Zeitung „Le Petit Journal" ausgeschrieben worden war. Nach zügigem Beginn dauerte es mehrere Wochen, bis sie die 2200 km von Valentigney über Paris nach Brest und zurück nach Valentigney bewältigt hatten, der Schnitt betrug 8,1 km/h. Der Rennfahrer Charles Terront, den sie begleiten wollten, fuhr ihnen auf einem Rudge-Rad mit Michelin-Luftreifen davon – er war mit 16,9 km/h mehr als doppelt so schnell. Aber der Wagen kam intakt wieder nach Valentigney und fand nach diesem Leistungsbeweis auch einen Käufer. Die erste Langstreckenfahrt unter neutraler Kontrolle absolvierte dann Hippolyte Panhard 1893: Er fuhr in sechs Tagesetappen von Paris nach Nizza. Es war eine respektable Bilanz der Daimler-Motoren in den ersten drei Jahren des Automobil-Zeitalters.

Abb. 139: War auf dem Rudge-Rad doppelt so schnell: Charles Terront (aus Priebe)

Pierre Giffard, der Chefredakteur des „Petit Journal", veranlasste daraufhin seinen Herausgeber Marinoni, für 1894 einen mit Geldpreisen dotierten „Wettbewerb für Wagen ohne Pferde, ob durch Dampf, Gas oder elektrisch betrieben", auszuschreiben. Nach den am 19. Dezember 1893 bekannt gegebenen Kriterien wurden außer der Geschwindigkeit auch der „Ausschluss von Gefahren, gute Wendigkeit und

Wirtschaftlichkeit“ für die Platzierung gewertet. Unter den 102 Bewerbern, die im Juli 1894 antreten wollten, waren durch Federmotoren, Wasserkraft und Pressluft betriebene Wagen. Erstmals bei einem Kraftfahrzeug-Wettbewerb fand eine technische Abnahme statt, die nur 25 Fahrzeuge überstanden. Nach Vorentscheidungen am 19. Juli über 50 km in der Umgebung von Paris starteten am 22. Juli 21 Fahrzeuge in Abständen von 30 Sekunden zur Fahrt von Paris nach Rouen über 126 km. In Mantes wurde eine Mittagspause eingelegt. 15 Wagen, darunter alle Panhard und Peugeot mit Daimler-Motoren und der Benz von Emile Roger, kamen innerhalb der Sollzeit von 12 Stunden ins Ziel. Schon nach 5 Stunden und 40 Minuten war das stärkste Teilnehmerfahrzeug in Rouen, ein von Georges Bouton gefahrener De Dion-Bouton 20 PS Dampf-Zugwagen. Im komfortablen Anhänger saßen Albert de Dion und Pierre Giffard. Ihre Durchschnittsgeschwindigkeit betrug 22 km/h. Auf den nächsten Plätzen lagen zwei Peugeot und zwei Panhard-Levassor.

Der machtbewusste Graf de Dion musste sich damit abfinden, dass er trotz der Leistungsüberlegenheit seines Fahrzeuges nur den zweiten Preis erhielt. Der erste Preis von 5000 Franken wurde zwischen Peugeot und Panhard-Levassor geteilt. Dieses Urteil entsprach der Ausschreibung: Der Dampf-Zugwagen musste von zwei Personen bedient werden, war mit seinem Anhänger schwer zu manövrieren und hatte höhere Betriebskosten als die Benzinwagen. Die Vereinigung der französischen Ingenieure kommentierte das Ergebnis mit der Feststellung, „dass der Wettbewerb wahrscheinlich die definitive Lösung des Problems der mechanischen Beförderung auf der Straße beschleunigen wird“.[120] De Dion, mit seinen Dampfwagen bis dahin führender Hersteller von Straßenfahrzeugen in Frankreich, wollte Klarheit schaffen und schlug dem Herausgeber des „Petit Journal“ für das nächste Jahr eine Fernfahrt Paris-Bordeaux-Paris vor – nunmehr mit der Geschwindigkeit als allein entscheidendem Kriterium. Als Marinoni wegen Kosten- und Sicherheitsbedenken nicht wieder mitmachen wollte, bildete de Dion mit anderen Pariser Journalisten und einflussreichen Interessenten ein Organisations-Komitee und legte eine Spendenliste auf, die 75 000 Francs erbrachte. Im November 1895 ging aus diesem Gremium der „Automobile Club de France“ hervor. Es war die erste offizielle Erwähnung der Wort-Neuschöpfung „Automobil“, der Kurzform von „voiture automobile“.

Die Fahrt über 1175 km von Paris nach Bordeaux und zurück gilt als erstes Automobilrennen. Höchstgeschwindigkeiten um 30 km/h auf einsamer Landstraße waren zwar noch kein aufregendes Renntempo, gefordert wurden eher Geduld und Kondition. Dennoch muss am Vormittag des 11. Juni 1895 ein erstes Mal Rennatmosphäre spürbar geworden sein, als sich auf dem Place d’Armes in Versailles eine Menschenmenge um die mit Startnummern versehenen 22 Fahrzeuge und ihre Lenker drängte, Motoren knatterten, Auspuffgerüche aufstiegen und Dampfkessel zischten, bevor ab 12.15 Uhr der Marquis de Chasseloup-Laubat als Rennleiter die rote Flagge schwenkte, um alle zwei Minuten ein Fahrzeug auf den Weg zu schicken.

Erstmals bewahrheitete sich das Gesetz der Langstreckenrennen: Nicht die Geschwindigkeit allein bringt den Erfolg, es zählt auch die Dauer der Wartungs- und Reparaturaufenthalte. Der als Zweiter, diesmal mit einem kleineren und wendigeren Dampffahrzeug gestartete Albert de Dion überholte bald den vor ihm liegenden

Abb. 140: 48 Stunden Non Stop: Levassor auf Panhard bei der Langstrecken-Wettbewerbsfahrt Paris-Bordeaux-Paris 1895 (Daimler AG)

Peugeot-Daimler und lag in Orléans mit Abstand an der Spitze, musste dann aber in Blois halten und Wasser nachfüllen lassen – bei einem unter Druck stehenden Dampfkessel eine umständliche Prozedur. De Dion wurde von Levassor auf dem Panhard-Daimler mit der Startnummer 5 überholt, der Bordeaux schon am nächsten Morgen nach 19 Stunden und 25 Minuten erreichte, weniger als der Hälfte der vorgeschriebenen Maximalzeit von je 50 Stunden für Hin- und Rückfahrt.
Levassor hielt sich nicht lange auf und fuhr in fast der gleichen Zeit zurück. Nach einer Gesamtzeit von 48 Stunden und 47 Minuten – Schnitt 24,5 km/h – wurde er am nächsten Tag in Paris mit Jubel empfangen. Nach sechs Stunden kam der Peugeot-Ingenieur Rigoulot als Zweiter ins Ziel. Ihm folgten, ebenfalls auf Peugeot-Daimler, Koechlin und Doriot, dann auf dem fünften Platz – trotz Problemen mit einer mehrmals durchgescheuerten Benzinleitung – der Mannheimer Obermeister Thum auf Benz. Vervollständigt wurde die Denkwürdigkeit der Veranstaltung durch die Luftreifen auf dem Peugeot-Daimler der Brüder Michelin. Auch wenn André Michelin nicht in der Sollzeit ins Ziel kam – es gab nun kaum noch Zweifel daran, dass die im Fahrradsport bewährten Luftreifen auch für leichte Motorwagen

geeignet waren. Die Zeit der schweren Dampfwagen näherte sich dem Ende – das erkannte nun auch Albert de Dion, der aufgeben musste und mit der Eisenbahn zurückkam. Das schnellste Dampffahrzeug war auf Platz 9 nach 90 Stunden wieder in Paris.

Abb. 141: Ankunft in der Staubwolke: Begeisterter Empfang für Levassor in Paris (Daimler AG)

4.2 Voituretten vom Comte Sportif

De Dion, der scheinbare Verlierer, wurde zur Schlüsselfigur. Er gab den Bau von Dampfwagen nicht auf, orientierte sich aber auch in anderen Richtungen. Dass er bei Paris-Bordeaux-Paris 1895, wenn nicht als Teilnehmer, so doch als Mitveranstalter erfolgreich gewesen war, veranlasste ihn, im Automobilsport weiterhin die Hand im Spiel zu behalten – in wirtschaftlicher und gesellschaftlicher Beziehung. Der Automobile Club de France bestimmte künftig als gesellschaftliche und politische Institution die Auftritte der Motorfahrzeuge, ihrer Hersteller und ihrer Lenker in der Öffentlichkeit. Mit einundsechzig Gründungsmitgliedern aus Adel und Wissenschaft, dem einflussreichen belgischen Baron de Zuylen de Nyevelt de Haar als Präsident, Graf de Dion als Vizepräsident und dem Journalisten Paul Meyan („Le Figaro" und „Le Matin") als Generalsekretär, konnte der A.C.F. über die Presse die öffentliche Meinung, über fein verästelte Verbindungen sogar die Gesetzgebung beeinflussen. Der sportliche Gedanke stand Pate: In seiner Eröffnungsansprache prophezeite der Physiker Marcel Deprés, Mitglied der Akademie der Wissenschaften, dem Automobil die Möglichkeit weit höherer Geschwindigkeiten als 30 oder 40 km/h. Mit der hochkarätigen Besetzung seines Präsidiums konnte der A.C.F. so manche Gegenbestrebung unterdrücken.

Im A.C.F. baute der „Comte sportif" seine sportpolitische Machtstellung aus, als Unternehmer betrieb er mit seinem Partner Georges-Thadée Bouton die Umstellung seiner Fabrik auf Benzinfahrzeuge – zum Leidwesen seines Schwagers, des Dampfwagen-Konstrukteurs Charles-Armand Trépardoux. De Dion verlegte sich nicht auf Prestige-Automobile, sondern sah die besseren Absatzchancen in kleinen und nicht allzu teuren Fahrzeugen. Auch dies erwies sich als kluge Entscheidung, denn es verhinderte in Frankreich eine Beschränkung der Motorisierung auf elitäre Kreise. Aus einem Motor des Pariser Erfinders Delalande entstand 1895 der erste Benzinmotor von De Dion. Die Hubraum-Angaben schwanken zwischen 120 und 400 Kubikzentimetern; einig sind sich die Chronisten darin, dass schon dieses erste Exemplar dank seines kurzen Hubes und der elektrischen Batterie-Spulenzündung eine Drehzahl von mehr als 1000/min erreichte, nach einigen Angaben sogar 1500/min – also mehr als das Doppelte der Daimler-Motoren. 1896 kam das erste Dreirad von De Dion, es folgten in den nächsten Jahren drei- und vierrädrige „Voituretten". In ein De Dion-Dreirad des britischen Lizenznehmers Beeston wurde 1897 erstmals die von Arnold Zähringer bei Bosch in Stuttgart entwickelte Magnet-Abreißzündung eingebaut. Damit begann die internationale Karriere der Bosch-„Magnetos".

De Dions leichte Benzin-Dreiräder kamen schon 1896 bei der nächsten großen Fernfahrt des A.C.F., Paris-Marseille-Paris über 1710 km, auf den dritten, fünften und neunten Platz. Um zu große Zeitabstände und persönliche Überforderung der Fahrer zu vermeiden, war der am 23. Oktober 1896 gestartete Wettbewerb in zehn

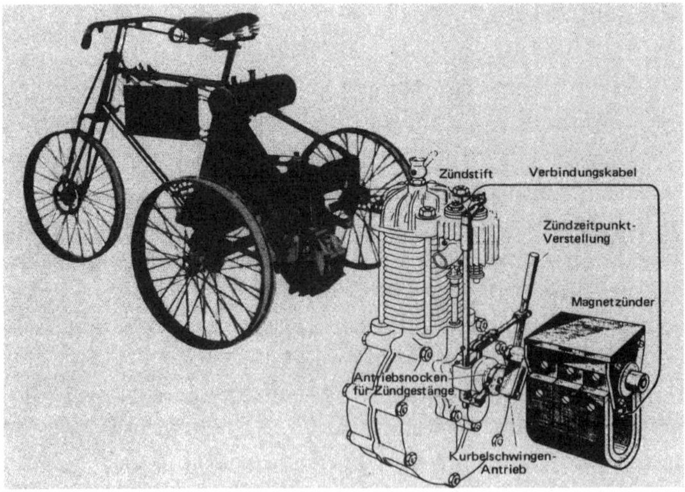

Abb. 142: Premiere im De Dion-Dreirad: Im Lizenz-Nachbau der britischen Firma Beeston wurde 1897 erstmals die Bosch-Magnetzündung eingebaut (aus Ein Jahrhundert Automobiltechnik)

Tagesetappen aufgeteilt worden – Emile Levassors 48-Stunden-Nonstop-Husarenstück von 1895 konnte sich nicht wiederholen. Dem großen Ingenieur und Fahrer Levassor brachte das neue Reglement von 1896 kein Glück – er fuhr bei dem Versuch, einem Hund auszuweichen, in den Straßengraben und starb im nächsten Jahr an den Verletzungsfolgen, Louise Levassor war wieder Witwe. Die Marke Panhard lag mit Mayade und Merkel uneinholbar auf den ersten Plätzen. Es war der letzte Panhard-Erfolg mit Daimler V-Motoren und das letzte Rennen auch für Mayade – er starb ein Jahr nach Levassor. In Frankreich förderte der sportliche Ehrgeiz die Entwicklung sowohl stärkerer Benzinmotoren mit großem Hubraum als auch leichter Kleinmotoren.

Von Daimler übernahm de Dion das Prinzip, auf internationaler Ebene Käufer und Lizenznehmer für seine Motoren zu interessieren. Deutscher Vertreter wurde 1897 der Aachener Ingenieur Max Cudell. Er fand bald Interessenten für Einbaumotoren – darunter Heinrich Kleyers Adler-Werke in Frankfurt, Moritz Hille in Dresden

Abb. 143: Populär durch das De Dion-Dreirad: Luftreifen verbesserten den Fahrkomfort (aus Ein Jahrhundert Automobiltechnik)

und die Gebrüder Stoewer in Stettin. De Dion wurde zum größten Motorenhersteller der Welt und beschäftigte 1906 in seinem Werk in Puteaux über 3000 Arbeiter. Nach dem ersten Weltkrieg konnte er an seine Erfolge als Industrieller und als Sportpolitiker nicht wieder anknüpfen. Er starb 1946 – bekannt blieb sein Name durch die De Dion-Achse, die klassische spurkonstante Antriebs-Hinterachse mit fest montiertem Differential und Gelenkwellen.

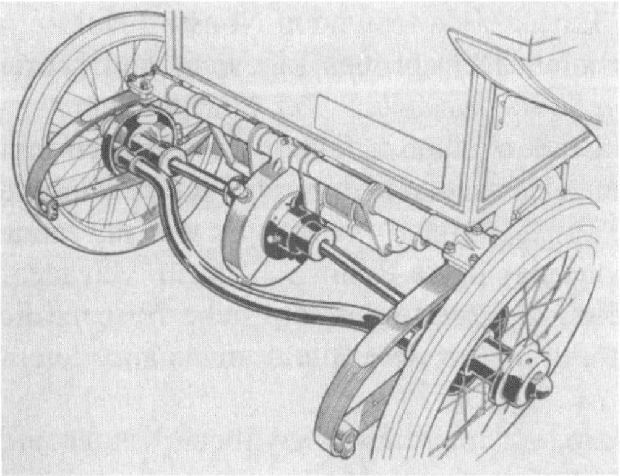

Abb. 144: Spur- und sturzkonstant: Die Hinterachse der De Dion-Automobile mit leichtem Tragrohr und Doppelgelenk-Antriebswellen zählt zu den Klassikern der Fahrwerkskonstruktion (aus Ein Jahrhundert Automobiltechnik)

Schön waren sie nicht, die Voituretten. Die Rückkehr zur Fahrradbauweise brachte den Verzicht auf stilistisches Beiwerk mit sich, wie es bei den Dampfwagen und auch bei Panhard und Peugeot üblich geworden war. Aber mit dem geringen Gewicht war ein wesentlicher Fortschritt verbunden: Die Drei- und Vierräder fuhren auf Michelin-Luftreifen. Nachdem sich die Fahrradreifen von Édouard Michelin zu Beginn der neunziger Jahre bereits bewährt hatten, hatte André Michelin

Abb. 145: Taxi für gutes Wetter: Quadricycle mit Ballonreifen von De Dion 1899 (aus Car of the Century, The 100 Candidates)

zwar bei Paris-Bordeaux-Paris 1895 mit dem Peugeot-Daimler die Erfahrung machen müssen, dass Geschwindigkeit und Gewicht die Reifen überforderten: In den eigens eingerichteten Service-Stationen kosteten 22 Reifenwechsel, bei denen jeweils 20 Schrauben gelöst und wieder angezogen werden mussten, zu viel Zeit. Das Prinzip der Trennung von Ventil-Luftschlauch und Wulstdecke erwies sich dann als der richtige Weg zu mehr Zuverlässigkeit, verstärkte Karkassengewebe und abriebfester Gummi mit Rußzugaben erhöhten die Belastbarkeit. Als erster bot Léon Bollée, Sohn des Dampfwagen-Pioniers Amédée Bollée, 1896 noch vor de Dion ein zweisitziges Tandem-Dreirad mit Luftreifen an. Bei den leichten Fahrzeugen mit Drahtspeichenrädern ersetzten die Luftreifen die Federung, bei den vollgefederten schweren Wagen lösten erst einmal Vollgummireifen den Eisenbelag ab.
Erfunden hatten die Brüder Michelin die Luftreifen nicht – die zunächst für das Radfahren epochemachende Neuerung stammte von dem schottischen Tierarzt John Boyd Dunlop, der 1887 luftgefüllte druckdichte Gummi-Radpolster so weit perfektionierte, dass sie den Beanspruchungen des Fahrens gewachsen waren. Die von ihm mitbegründete Dunlop Rubber Company konnte aber keine Alleinrechte geltend machen, weil R. W. Thompson bereits 1845 ein Luftreifen-Patent angemeldet hatte. Auch wäre ein brauchbarer Fahrzeugreifen ohne den von Charles Nelson Goodyear 1839 entdeckten Vulkanisationsprozess, der dem Kautschuk Elastizität und Festigkeit verleiht, nicht möglich gewesen. Die Brüder Michelin hatten also gegen kein Patent verstoßen. Die unverzichtbare Rolle des Luftreifens am Automobil ist auf ihre Beharrlichkeit und Geduld zurückzuführen – bei der Erprobung unter Wettbewerbsbedingungen.

4.3 Bewegt durch Ölmotoren: Der „Motorwagen"

Unter den Quellen und Dokumenten zur Automobilgeschichte sind diejenigen von besonders hohem Wert, die nicht aus der Sicht von Unternehmen oder Verbänden und der damit verbundenen Interessenlage hervorgingen. Zu den wichtigsten zählen die frühen Jahrgänge der 1898 gegründeten Zeitschrift „Der Motorwagen". Der Dresdner Historiker Peter Kirchberg hat sie in vorbildlicher wissenschaftlicher Ost-West-Zusammenarbeit im Jahr 1985 der interessierten Öffentlichkeit als Faksimile-Ausgabe zugänglich gemacht.[121] Am Anfang steht Heft 1 mit dem Bericht über die Gründung des „Mitteleuropäischen Motorwagen-Vereins" in Berlin 1897.
Die am 30. September 1897 im Berliner Hotel Bristol versammelten 165 Industriellen, Ingenieure und Hochschullehrer hatten unterschiedliche Interessen – vielleicht wollten sie auch ein Gegengewicht zum Automobile Club de France schaffen, der über den Automobilsport auf technische Entwicklungen Einfluss ausübte. Die Gründungsbeschlüsse lassen den Wunsch erkennen, die kommenden Veränderungen in Industrie, Technik und Verkehr nicht dem Machtstreben Einzelner oder dem

Zufall zu überlassen. In der Mitgliederliste finden sich große Namen wie der Berliner Maschinenfabrikant Ernst Borsig, Enkel des Lokomotiven-Pioniers August Borsig, der Münchener Elektroingenieur Oskar von Miller, der 1903 das Münchener Deutsche Museum gründete und dort zunächst keine Automobile aufnehmen wollte, und der böhmische Rüstungsmagnat Emil von Škoda – er starb 1900, ohne zu ahnen, dass aus seinem Namen einmal eine Automarke werden würde. Als einer

Heft 1. 1898.

DER MOTORWAGEN

Zeitschrift des mitteleuropäischen Motorwagen-Vereins

Herausgegeben von dem Präsidenten des Vereins A. Klose.

Expedition und Redaktion: Berlin NW., Universitätstr. 1. Bezugsstelle für den Buchhandel: Pass & Garleb, Berlin W., Steglitzerstr. 11.
Bezugspreis jährlich 15 Mark Vorauszahlung bei freier Zusendung. Einzelne Hefte 1 Mk. 50 Pf.

Nachdruck nur mit Quellenangabe und bei Originalaufsätzen nur mit Genehmigung der Redaktion gestattet.

Vorwort.

In dem mitteleuropäischen Motorwagen-Verein mit dem Sitz in Berlin ist eine Stätte für die Pflege und Förderung des Motorwagenwesens entstanden. Eines der wirksamsten Mittel zu diesem Zwecke ist die Presse, und deshalb wurde das Streben des neu gegründeten Vereins alsbald darauf gerichtet, in einem für alle Zweige des Motorwagenwesens bestimmtem Fachblatt einen Mittelpunkt für seine Thätigkeit zu schaffen. Das erste Heft dieses Fachblattes tritt hiermit vor seinen Leserkreis.

Der Betrieb von Fahrzeugen, welche ihre Kraftquelle in sich tragen, ist in erster Linie ein mechanisches Problem und wird auch jetzt schon ab und zu in wissenschaftlich technischen Blättern behandelt. Das Problem hat aber für den Wagenbauer ebenfalls grosses Interesse, und deshalb finden sich in den verschiedenen Zeitschriften für Wagenbau auch verschiedene Artikel darüber. Es ist jedoch von vornherein klar, dass weder die eine noch die andere Art von Zeitschrift diesem wichtigen Gegenstande gerecht werden kann; dazu ist eine Zeitschrift erforderlich, welche auf eine Verschmelzung beider Fächer, nämlich der mechanischen Technik und jener des Wagenbaues, hinzielt, und eine solche Zeitschrift soll die vorliegende werden. Sie wird sich also in erster Linie mit dem Motorwagen, aufgefasst als ein organisch Ganzes, zu beschäftigen haben und zwar vom wissenschaftlichen, technischen und auch wirthschaftlichen Standpunkte aus. Dabei wird sie in den oben erwähnten Fachblättern Anknüpfungspunkte suchen, um die Interessen der Motorwagen-Industrie innerhalb möglichst weiter Fachkreise zu fördern, namentlich aber wird sie durch die Pflege von Beziehungen zur Tagespresse sich bestreben, auch ein Bindeglied zwischen dem grossen Publikum und dem Motorwagen-Verein zu werden. Die Zeitschrift will aus den Ereignissen des Tages schöpfen, andererseits aber auch durch Verbindung mit der Tagespresse den weitesten Leserkreis in technischer und volkswirthschaftlicher Beziehung unterrichten.

Abb. 146: „Für alle Zweige des Motorwagenwesens": Titelseite „Der Motorwagen", Heft 1, Februar 1898 (aus 50 Jahre ATZ Automobiltechnische Zeitschrift, ATZ Nr. 1/1948)

der beiden stellvertretenden Präsidenten wurde Emil Rathenau gewählt, Gründer und damaliger Generaldirektor der AEG und Vater des nach dem ersten Weltkrieg ermordeten deutschen Außenministers Walther Rathenau. Die Internationalität der Vereinigung kam nicht nur im Namen zum Ausdruck: 32 der Gründungsmitglieder gehörten anderen Nationen an, so Daimlers britischer Partner Frederick Richard Simms und der Wiener Kutschenfabrikant Ludwig Lohner. Der zeitübliche Chauvinismus fehlte ganz, es ging nicht um nationale Eitelkeiten.
Gottlieb Daimler und Carl Benz gehörten zum engeren Gründungskomitee und wurden der Versammlung als „um die neuere Entwicklung des Motorwagenwesens besonders verdiente Herren“ vorgestellt. Die Frage, ob sie sich bei dieser Gelegenheit persönlich kennengelernt haben, ist oft diskutiert worden, obwohl Benz selbst sie verneint hat. Auch blieb meist die Tatsache unberücksichtigt, dass der Reichsgerichts-Prozess um die Glührohrzündung erst wenige Monate zurücklag. Er hatte für beide existentielle Bedeutung, für Benz war die Niederlage mit einer Gefährdung seines Motorengeschäfts verbunden. In Berlin trat er mit einer Anzahl von Vorführwagen selbstbewusst auf, während Daimler nur mit einem Exemplar des Riemenwagens vertreten war. In seinem 1913 von der „Allgemeinen Automobil-Zeitung“ veröffentlichten Erinnerungen schrieb Benz: „Leider habe ich Daimler niemals gesprochen, ich habe ihn einmal von weitem in Berlin gesehen, und ehe ich zu Daimler gelangen konnte, den ich gern persönlich kennen gelernt, war er weggegangen.“[122] Zukunftweisend erscheint die Tatsache, dass Rudolf Diesel in den erweiterten Vorstand des Vereins gewählt wurde: Erst im Frühjahr hatte er mit der Augsburger Versuchmaschine die Praxistauglichkeit von Petroleum-Einspritzung und Selbstzündung bewiesen; seit seinem Vortrag am 16. Juni 1897 vor der Hauptversammlung des Vereins Deutscher Ingenieure in Kassel zählte er zu den anerkannten Koryphäen der Motorentechnik. Die Anwendbarkeit seines Verfahrens in leichten Fahrzeugmotoren hat er nicht mehr erlebt.
Der zum ersten Präsidenten des neuen Vereins gewählte Oberbaurat a. D. Adolf Klose umriss in seiner Eröffnungsrede in umständlicher, zeitgenössisch-pathetischer Sprache die künftigen Möglichkeiten: „Als Motorfahrzeuge, welche ihre Energie zur Fortbewegung mit sich führen, machen sich zur Zeit drei Gattungen bemerkenswert, nämlich durch Dampf bewegte Fahrzeuge, durch Ölmotoren bewegte Fahrzeuge und durch Elektromotoren bewegte Fahrzeuge.“ Der Dampfantrieb komme in Zukunft „hauptsächlich für Wagen auf Schienen und schwere Straßenfahrzeuge in Betracht, während das große Gebiet des weiten Landes von Ölmotorfahrzeugen durcheilt werden und die glatte Asphaltfläche der großen Städte wie auch die Straßenschiene von mit Sammlerelektrizität getriebenen Wagen belebt sein wird.“ Anders als in England und Amerika, „wo bereits die elektrischen Akkumulatorenwagen sich bemerkbar machen“, entspreche das Motorwagenwesen in Österreich und Deutschland noch nicht dem „derzeitigen Entwicklungsstand“. Klose verwies auf die Überbelastung des Pferdes als einziger Zugkraft im Straßenverkehr: Auch wenn ihm seit Anfang des Jahrhunderts „durch die Erfindung der

Lokomotive und nun, an seinem Ende, auch durch die des Elektromotors“ ein Teil der Arbeit abgenommen werde, sei es „naturwidrig, ein edles Tier wie das Pferd in wenigen Jahren schwerer Arbeit aufzubrauchen“.

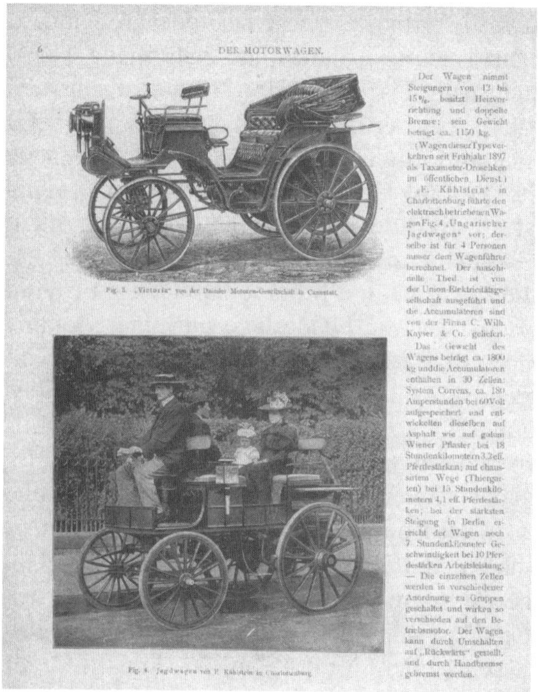

6 DER MOTORWAGEN.

Fig. 3. „Victoria“ von der Daimler Motoren-Gesellschaft in Cannstatt.

Fig. 4. Jagdwagen von F. Kühlstein in Charlottenburg.

Der Wagen nimmt Steigungen von 12 bis 15 %, besitzt Heizvorrichtung und doppelte Bremse; sein Gewicht beträgt ca. 1150 kg.

(Wagen dieser Type verkehren seit Frühjahr 1897 als Taxameter-Droschken im öffentlichen Dienst.)

„F. Kühlstein“ in Charlottenburg führte den elektrisch betriebenen Wagen Fig. 4 „Ungarischer Jagdwagen“ vor; derselbe ist für 4 Personen ausser dem Wagenführer berechnet. Der maschinelle Theil ist von der Union-Elektricitätsgesellschaft ausgeführt und die Accumulatoren sind von der Firma C. Wilh. Kayser & Co. geliefert.

Das Gewicht des Wagens beträgt ca. 1800 kg und die Accumulatoren enthalten in 30 Zellen: System Correns, ca. 180 Amperstunden bei 60 Volt aufgespeichert und entwickelten dieselben auf Asphalt wie auf gutem Wiener Pflaster bei 18 Stundenkilometern 3,2 eff. Pferdestärken; auf chaussirtem Wege (Thiergarten) bei 15 Stundenkilometern 4,1 eff. Pferdestärken; bei der stärksten Steigung in Berlin erreicht der Wagen noch 7 Stundenkilometer Geschwindigkeit bei 10 Pferdestärken Arbeitsleistung. — Die einzelnen Zellen werden in verschiedener Anordnung zu Gruppen geschaltet und wirken so verschieden auf den Betriebsmotor. Der Wagen kann durch Umschalten auf „Rückwärts“ gestellt, und durch Handbremse gebremst werden.

Abb. 147: Ölmotorfahrzeuge im Land, Sammlerelektrizität in der Stadt: Wie groß der Unterschied zwischen den beiden Antriebsarten war, zeigte sich an der Steigfähigkeit (aus Der Motorwagen)

Mit den prophetischen Worten „Im kommenden Jahrhundert wird die jetzt erst in schüchternen Anfängen stehende Verwendung der maschinellen Triebkraft für Straßenfahrzeuge zur vollen Entwicklung gelangen“ verband Klose den Hinweis, der Zustand der „schienenlosen Wege“ sei verbesserungswürdig: „So hinderlich anfänglich die Nichterfüllung der Anforderungen an den Zustand der Straßen und Wege sein wird, welche der Maschinenbetrieb stellt, so förderlich wird später die günstige Rückwirkung des verbesserten Zustandes dieser Verkehrsadern für den Kleinverkehr sein, der erst dann vollwichtig neben den Verkehr auf Schienen- und Wasserwegen treten wird.“

Nachdem Klose das günstige Leistungsgewicht der „Daimlerschen Motoren zuerst“ als „Wendepunkt in der Entwicklung der Motorfahrzeuge“ hervorgehoben hatte und auf die Bedeutung der „französischen Ingenieure“ und der Wettfahrten von 1894 und 1895 eingegangen war, verband er die Vorstellung vom Motorwagen, „aufgefaßt als ein organisch Ganzes“, mit der Forderung nach einer „Verschmelzung beider Fächer, nämlich der mechanischen Technik und jener des Wagenbaus“. Der Akademiker Klose wandte sich damit an die Technischen Hochschulen und Ingenieurschulen, die sich noch zu wenig mit den physikalischen und technischen Grundlagen beschäftigten. Der Wagenbau hatte bei den pferdegezogenen Straßenfahrzeugen einen hohen Stand erreicht, war aber auf die Anforderungen des motorischen Antriebs noch nicht eingestellt. Die wenigen Motorwagenhersteller neigten – konkurrenzbedingt – dazu, nicht schutzfähige Erkenntnisse für sich zu behalten, waren aber zunehmend auf den Ingenieurnachwuchs angewiesen. Auch der Karosseriebau, bisher ein Teilbereich des Kutschenbaus, begann sich erst langsam vom überlieferten Denken zu lösen.

Die Vereinsgründer von 1897 unterschätzten die Möglichkeiten der gerade in Frankreich entstandenen schnell laufenden leichten Dampfmotoren. Die Chancen der Elektromotoren beurteilten sie positiv, aber auch realistisch: „Das große Gebiet des weiten Landes“ würde laut Klose nur von Fahrzeugen mit ausreichender Reichweite und Schnelligkeit effektiv „durcheilt“ werden können – dafür waren die „Ölmotoren“ prädestiniert. Die „glatte Asphaltfläche der Städte“ den Elektrowagen vorzubehalten, befürworteten in der nächsten Zeit nicht nur Hochschullehrer und Elektroindustrie, sondern auch städtische und staatliche Behörden. Die starke Präsenz der Elektrobranche bei der Berliner Versammlung entsprach den Hoffnungen, die zu dieser Zeit in den Elektroantrieb für Stadtfahrzeuge gesetzt wurden. Auch wenn sie nicht schneller fuhren als Pferdewagen – man konnte von ihnen leichte Bedienbarkeit und hygienische Straßenverhältnisse erwarten. Bei der Berliner Versammlung waren sie nicht optimal repräsentiert. Unter den acht Fahrzeugen, die den Vereinsmitgliedern bei einem Ausflug in den Grunewald vorgeführt wurden, war nur ein Elektrowagen, der „Ungarische Jagdwagen“ von Kühlstein in Charlottenburg. Die Fahrleistungen aller in Berlin vorgestellten Wagen wurden in der ersten Ausgabe des „Motorwagen“ akribisch angegeben. Dem 1800 kg schweren Elektrowagen konnte bescheinigt werden, dass er „bei der stärksten Steigung in Berlin“ noch „7 Stundenkilometer Geschwindigkeit“ erreiche und dabei „10 Pferdestärken Arbeitsleistung“ entwickle – bei entsprechend erhöhtem Strombedarf aus den 60 V/180 Ah Correns-Akkumulatoren. Die Reichweite von 45 bis 56 km galt für ebene Fahrstrecken.

Bei den sieben Benzin-Motorwagen erübrigte sich die Angabe einer Reichweite, die Steigfähigkeit lag bei 12 bis 15 Prozent, das Gewicht zwischen 325 kg (Benz „Comfortable“) und 1150 kg (Daimler „Victoria“). So war es wohl auch kein Zufall, dass Benz mit dem zwölfsitzigen 15 PS „Break“ und einem „Geschäftswagen“ Fahrzeuge zeigte, die für den Stadtverkehr in Frage kamen, und dass bei Daimlers „für 4 Personen außer dem Wagenführer“ bestimmten 4 PS „Victoria“-Fahrzeug ausdrücklich erwähnt wurde: „Wagen dieses Typs verkehren seit Frühjahr 1897 als

Taxameter im öffentlichen Dienst." Der 2 PS „Pfeil 0" und der 3 PS „Pfeil 1" von Lutzmann aus Dessau, mit 400 und 600 kg ausgesprochene Leichtgewichte, hatten ebenfalls gute Fahrleistungen zu bieten.

Die im Februar 1898 erstmals erschienene, „für alle Zweige des Motorwagenwesens bestimmten" Zeitschrift „Der Motorwagen" sollte „die Interessen der Motorwagen-Industrie innerhalb möglichst weiter Fachkreise fördern" und „durch Verbindung mit der Tagespresse den weitesten Leserkreis in technischer und volkswirtschaftlicher Beziehung unterrichten." Dieses Ziel war mit der technisch-akademischen Thematik nicht erreichbar, umso unentbehrlicher wurde das Blatt für die Fachwelt: Aus dem „Motorwagen" gingen die Fach-Periodika der deutschen Automobilingenieure hervor, die „Automobiltechnische Zeitschrift" (ATZ) und die „Motortechnische Zeitschrift" (MTZ).

Um die fortgeschrittene Technik der Elektrowagen in den USA ging es schon im ersten Heft. Unter „Die elektrischen Droschken in New York" zitierte der „Motorwagen" den Bericht der Zeitschrift „Electrical World" über ein Hansom-Taxi mit Hinterachslenkung und zwei elastisch aufgehängten, die Vorderräder direkt antreibenden 1,5 PS-Motoren. Ein Dutzend dieser luftbereiften Wagen sei von einer Motorwagen-Gesellschaft in New York dem Verkehr übergeben worden. „Der Ladeschuppen der Gesellschaft bildet zugleich die Ladestation und liegt innerhalb

Abb. 148: Ladestation in der Nähe des Geschäftsviertels: New Yorker Hansom-Taxi (aus Der Motorwagen)

des wichtigsten Geschäftsviertels der Stadt, also deshalb günstig, weil die Wagen nach ihrer Ladung keinen weiten Weg zurückzulegen haben, um an die Orte zu gelangen, wo sie Fahrgäste finden." In Heft 4, ebenfalls noch 1898, wurde der Columbia-Elektrowagen der amerikanischen Daimler-Partnerfirma National

Machine Company in Hartford, Connecticut, vorgestellt. Die deutsche Vertretung übernahm bald danach die „Motorfahrzeug- und Motorenfabrik Berlin“ der Daimler-Gesellschafter Duttenhofer und Lorenz.

Auch die Verfechter der Dampfmotoren kamen in den nächsten Ausgaben zu ihrem Recht. Im Anschluss an den Bericht über einen Wettbewerb für Lastwagen und Omnibusse im August 1897 in Versailles, bei dem der Dampfantrieb dominiert hatte, wurden ein De Dion-Bouton-Lastwagen mit Koksfeuerung und ein britischer Liquid Fuel mit Heizölfeuerung beschrieben und abgebildet, beide mit liegender Verbund-Dampfmaschine. Noch 1905 bezeichnete der Regierungsbaumeister Lutz, Dozent an der Technischen Hochschule Aachen, in seinem gegen die „Auffassung des Automobils als Rennmaschine“ gerichteten Fortsetzungsbeitrag „Einfluss des sportlichen und technischen Automobilismus auf Verkehr und Fabrikation“ die Dampfautomobile, „was Betriebssicherheit angeht, als die aussichtsreichste Klasse der Motorfahrzeuge“. Sie könnten jedoch, „soweit Personenwagen in Betracht kommen, sich nur anhand spezieller Dampferzeuger entwickeln, wie z. B. von Momentankesseln ohne Wasservorrat. Nun schreibt man den Dampfautomobilen vor, sämtliche Vorschriften für Dampfkessel zu beachten, Vorschriften, welche ursprünglich für große Wasserkessel geschaffen worden sind und für Kleindampferzeuger nicht immer passen. Solange derartige Bestimmungen existieren, hemmt man die Ausbildung der Dampfautomobile.“

Als Beispiel für die amerikanischen Benzin-Motorwagen beschrieb die Zeitschrift einen zweisitzigen Heckmotorwagen von Charles Duryea mit sequentieller Getriebeschaltung: „Der 5 PS Zweizylindermotor treibt über ein Wechselgetriebe, dessen einzelne Stufen je über eine kraftschlüssige Reibungskupplung durch senkrechte Bewegung des Lenkungshebels geschaltet werden.“ Diese Erwähnung von Duryea, der schon 1895 bei den ersten Wettbewerbsfahrten in den USA als Benz-Konkurrent aufgetreten war, kann als erste deutschsprachige Information über die in Europa fast unbekannte frühe amerikanische Automobilentwicklung gelten. Die Brüder Duryea zählen zu Amerikas Automobil-Pionieren, ein Duryea-Wagen von 1893 steht im Smithsonian Institute in Washington neben dem 1894 gebauten Fahrzeug von Elwood Haynes und den Brüdern Apperson. Charles und Frank Duryea gründeten 1896 in der Madison Avenue in New York ein groß angelegtes Unternehmen, die National Motor Carriage Company. Ihre technisch anspruchsvollen Fahrzeuge waren mit europäischen Konstruktionen vergleichbar. Schon nach kurzer Zeit wurde die Produktion eingestellt – die Geldgeber hatten sich nach einem Ultimatum der Selden-Gruppe zurückgezogen.

Im zweiten Heft des „Motorwagen“ begann ein Fortsetzungsbericht über elementare konzeptionelle und technische Probleme. Dass von der Drehschemel-Lenkung ausdrücklich abgeraten und eine Anordnung der „Drehachse der Lenkräder senkrecht oder nahezu senkrecht durch den Berührungspunkt der Räder mit der Wegebene“ empfohlen wird, lässt erkennen, wie wenig über diese Grundfragen bekannt war. Die Nachteile des Benzinmotors werden nicht verschwiegen: „mangelnde

Anschmiegung an Geschwindigkeitsänderungen", „Mangel an Selbstanlauf", „Erschütterungen, Geräusche, Gerüche und Niederschläge von den Abgasen".
Bei seiner idealistischen Orientierung an der Technik und an den Auswirkungen auf Verkehr und Umwelt fehlte dem Motorwagen-Verein der Bezug zur gesellschaftlichen Seite des Automobilismus und zum Automobilsport. Nationale Industrie- und Handelsinteressen konnte er nur soweit vertreten, wie sie der allgemeinen Förderung des „Motorwagenwesens" dienten. Mit Unterstützung des Vereins wurden erstmals Motorfahrzeuge in Deutschland öffentlich gezeigt, als der „Deutsche Sportverein" nach dem „Concours Hippique" im Mai 1898 im Landesausstellungspark Berlin dem Publikum die pferdelosen Alternativen vorstellen wollte. Hier wie auch bei der Jahresversammlung der „Gesellschaft Deutscher Naturforscher und Ärzte" im September 1898 in Düsseldorf stand laut Vereinsbuch „noch sehr wenig Ausstellungsmaterial zur Verfügung".[123]
Das änderte sich schnell: An der ersten Internationalen Motorwagen-Ausstellung im September 1899 in Berlin beteiligten sich achtundneunzig deutsche, dreizehn französische, vier belgische, drei schweizerische und zwei österreichische Firmen

Abb. 149: Schneller Wandel: Plakat zur ersten internationalen Motorwagen-Ausstellung 1899 (Automobilclub von Deutschland e. V.)

mit Fahrzeugen und Zubehör. Hier wirkte der Motorwagen-Verein noch mit, danach überwogen die zunehmenden Eigeninteressen der Mitglieder den ursprünglichen Gedanken einer alle Antriebsarten übergreifenden Förderung. Parallel zum „Motorwagen" entstanden Publikums-Fachzeitschriften, als eine der wichtigsten die Wiener „Allgemeine Automobil-Zeitung", deren deutsche Ausgabe 1900 der Berliner Radsport-Verleger Gustav Braunbeck übernahm. Es bildete sich ein Leserkreis von technisch interessierten Laien, die vor Diagrammen und technischen Zeichnungen nicht zurückschreckten.

Abb. 150: Vorbild aller Automobilclubs: Ausstellungsplakat des A.C.F 1899 (Automobilclub von Deutschland e. V.)

Die gesellschaftlichen und sportlichen Aktivitäten gewannen schnell ihre eigene Dynamik. Die 1899 in Bayern, Württemberg und dem Rheinland ins Leben gerufenen Landes-Automobilclubs schlossen sich noch im gleichen Jahr zum „Deutschen Automobilclub“ (DAC) zusammen, aus dem später der feudale Automobilclub von Deutschland (AvD) hervorging. Der DAC wurde am 10. Juli 1899 im gleichen Berliner Hotel Bristol gegründet wie am 30. September 1897 der „Mitteleuropäische Motorwagen-Verein“ – ein Grund für Verwechslungen. In den Clubs ging es um den automobilistischen Alltag. Die anfällige Technik der Fahrzeuge und die Erfahrung, teils belächelt, teils angefeindet zu werden, prägten das Gemeinschaftsgefühl. Es war eine exklusive Minderheit – dafür sorgten schon die Anschaffungspreise der Motorwagen.

4.4 Lohner, Porsche und der Elektroantrieb

Angeregt durch seine Berliner Eindrücke, entschloss sich der Wiener Kutschenfabrikant Ludwig Lohner nach seiner Rückkehr für den Bau von Elektrowagen. Die traditionsreiche „K.u.K. Hofwagenfabrik Jacob Lohner & Co.“ stellte 1898 auf der

Abb. 151: Motiviert durch den Motorwagen-Verein: Anzeige für Elektro- und Benzin-Wagen der K.u.K. Hofwagen- und Automobil-Fabrik Jacob Lohner & Co., Wien 1899 (Porsche AG)

„Collectiv-Ausstellung der Automobilbauer Österreichs“ 1898 neben dem „Lohner-Benzinautomobil“ mit französischem „Pygmée“-Motor den neuen Elektrowagen „Egger-Lohner“ vor. Gebaut nach dem Beispiel der New Yorker Elektro-Droschken, hatte das halboffene Coupé Vorderachsantrieb mit Differential und über ein Gestänge gelenkte Hinterräder. An der Konstruktion des elektrischen Antriebs in der „Vereinigten Electrizitäts-Actiengesellschaft, vormals B. Egger & Co.“, war der junge Elektrotechniker Ferdinand Porsche beteiligt. Lohner holte ihn in sein Unternehmen, denn er plante nun ein ganzes Programm von Elektrofahrzeugen.

Porsche hatte von seinem Vater, dem Klempner- und Mechanikermeister Anton Porsche im böhmischen Maffersdorf, ein umfassendes Technikverständnis über-

Abb. 152: Premiere auf der Weltausstellung in Paris 1900: Lohner-Porsche mit Radnaben-Vorderradantrieb (Porsche AG)

Abb. 153: Irrweg: Im September 1900 nach England gelieferter Lohner-Porsche mit vier Radnabenmotoren und 1800 kg Batteriegewicht (Porsche AG)

nommen – ohne Respekt vor Lehrmeinungen und ohne fachliche Scheuklappen. Nach den unbefriedigenden Erfahrungen, die er mit der Hinterradlenkung des Egger-Lohner-Wagens gemacht hatte, hielt er es für besser, Antrieb und Lenkung an den Vorderrädern unterzubringen. Als er in britischen und amerikanischen Patenten auf den elektrischen Radnabenantrieb gestoßen war, entstand das „Antriebslenkrad mit Elektromotor“, für das Ferdinand Porsche und Ludwig Lohner das

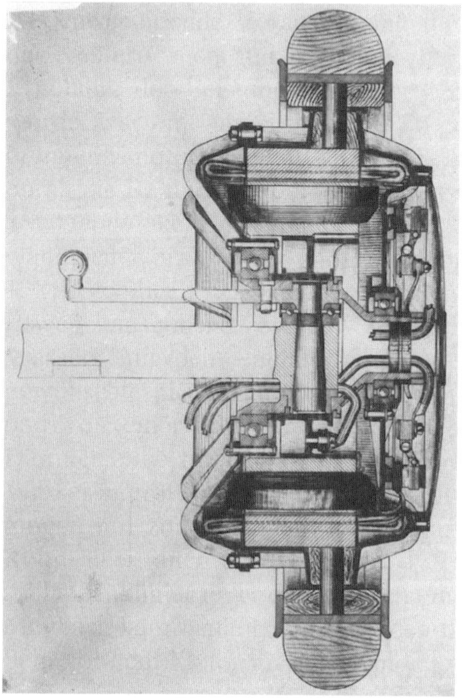

Abb. 154: Antriebslenkrad mit Elektromotor: Achsstummel hohl ausgebildet, „um den Lagerkopf möglichst nahe der Radebene bringen zu können“ (aus der Patentzeichnung)

österreichische Patent Nr. 19645 erhielten: „Dem Bestreben, für elektrisch angetriebene Lenkräder die Lenkachse derart anzuordnen, dass ihre Verlängerung die Auflagerfläche des Rades trifft, stand das Hindernis entgegen, dass man die Lenkachse nicht in die Mittelebene des Rades legen konnte, da sich dort der die Feldmagnete tragende Achsstummel befand. Es ließe sich wohl der Schnittpunkt der Lenkachse in das Auflager des Pneumatiks dadurch bringen, dass man die Lenkachse entsprechend schrägstellt. Bei seitlich außerhalb des angetriebenen Lenkrades angeordneter Lenkachse (brit. Patentschrift Nr. 18099) würde jedoch diese Schrägstellung eine so große werden, dass dadurch die leichte Lenkbarkeit des Fahrzeuges beeinträchtigt würde. Um nun die Lösung dieser Aufgabe für Elektromotorlenkräder mit auf dem Achsstummel sitzenden Feldmagneten zu ermöglichen, wird nach vorliegender Erfindung der die Feldmagnete tragende Achsstummel hohl ausgeführt, um den die Lenkachse tragenden Lagerkopf möglichst nahe der Radebene bringen zu können.“ Auf der Weltausstellung in Paris 1900 zählte der handliche Lohner-Porsche mit dieser Antriebstechnik zu den Attraktionen.

Klasse 63 c. verfallen Ausgegeben am 27. März 1905.

KAIS. KÖNIGL. PATENTAMT.

Österreichische

PATENTSCHRIFT Nr. 19645.

FERDINAND PORSCHE UND LUDWIG LOHNER, BEIDE IN WIEN.

Antriebslenkrad mit Elektromotor.

Angemeldet am 17. Mai 1902. — Beginn der Patentdauer: 1. November 1904.

Elektrisch angetriebene Lenkräder mit auf dem Achsstummel sitzenden Feldmagneten wurden bisher nur in der Weise ausgeführt, daß der Achsstummel einen vollen zylindrischen Querschnitt hatte, wie dies z. B. in der brit. Patentschrift Nr. 18099, A. D. 1900 beschrieben ist. Dem Bestreben, für solche elektrisch angetriebene Lenkräder die Lenkachse derart anzuordnen, daß ihre Verlängerung die Auflagerfläche des Rades trifft, stand das Hindernis entgegen, daß man die Lenkachse nicht in die Mittelebene des Rades legen konnte, da sich dort der die Feldmagnete tragende Achsstummel befand. Es ließe sich wohl der Schnittpunkt der Lenkachse in das Auflager des Pneumatiks dadurch bringen, daß man die Lenkachse entsprechend schräg stellt. Bei seitlich außerhalb des angetriebenen Lenkrades angeordneter Lenkachse (brit. Patentschrift Nr. 18099, A. D. 1900) würde jedoch diese Schrägstellung eine so große werden, daß dadurch die leichte Lenkbarkeit des Fahrzeuges beeinträchtigt würde.

Um nun die Lösung dieser Aufgabe für Elektromotorlenkräder mit auf dem Achsstummel sitzenden Feldmagneten zu ermöglichen, wird nach vorliegender Erfindung der die Feldmagnete tragende Achsstummel hohl ausgeführt, um den die Lenkachse tragenden Lagerkopf möglichst nahe der Radebene bringen zu können.

Es ist wohl für gewöhnliche Lenkräder bereits bekannt, den Lagerkopf der Achse in dem hohlen lenkbaren Achsstummel zu lagern (siehe z. B. amerikanische Patentschrift Nr. 11760, Orig. Nr. 620968). Die Anwendbarkeit dieser bekannten Konstruktion für Elektromotorräder schien jedoch durch die den zentralen Teil der Nabe einnehmenden Feldmagnete bisher ausgeschlossen.

Die Zeichnung zeigt ein solches Automotorlenkrad, und zwar in Fig. 1 im Schnitt nach *A—A* der Fig. 2 und in Fig. 2 im achsialen Schnitt.

Der die Feldmagnete *11* tragende Achsstummel *1* ist hohl ausgebildet und mit der Achse *2* durch ein Gelenk verbunden, dessen Verlängerung in die Auflagerfläche des Rades *4* bezw. des Luftreifens *5* trifft. Die Achse *2* ist mit einer Bohrung *6* versehen, an deren erweiterten Enden Lagerpfannen *7* angeordnet sind. In die Achsbüchse sind oben und unten Konusse *8* eingeschraubt, welche die Kugeln *9* in den Lagerpfannen halten und welche zur Erhöhung der Sicherheit durch eine Schraube *10* miteinander verbunden sind.

Auf dem hohlen Achsstummel *1* ist der Feldmagnetenstern *11* aufgekeilt und das den Anker *12* tragende Gehäuse *13* mittels Kugellager *14*, *15* gelagert. Demzufolge stehen die Feldmagnete fest, während sich das Gehäuse *13* mit den Teilen *4*, *5* um diesen herum bewegt und derart die Fortbewegung des Fahrzeuges bewirkt. Die Zuführung des elektrischen Stromes zu den Kollektorsegmenten *16* erfolgt durch Schleifbürsten, die durch eine abnehmbare Kappe *17* überdeckt und somit gegen Witterungseinflüsse geschützt sind.

Abb. 155: Im Interesse leichter Lenkbarkeit: Die Patentschrift von Porsche und Lohner verwies auf vergleichbare britische und amerikanische Patente

Porsche verwendete sein Antriebssystem bei allen von ihm für Lohner konstruierten Fahrzeugen, auch Lastwagen und Omnibusse. Die als Innenpolmotoren (Anker an Stelle der Radnabe) ausgeführten Motoren liefen leise und hatten ein weiches Anfahrverhalten. Beim Einbau der Motoren auch in die Hinterräder ergab sich ein Allradantrieb, der sich für geländegängige Bau- und Militärfahrzeuge eignete. Die Batterie-Kapazität setzte dieser Antriebsform Grenzen. Zum Extremfall wurde ein „Renn- und Rekordwagen", den Ferdinand Porsche im September 1900 selbst in Luton bei London an den Käufer, „einen gewissen E. W. Hart, Esq."[124], auslieferte. Die von Hart gewünschte Energiereserve für Langstreckenrennen erforderte Batterien mit einem Gewicht von 1800 kg, die an Steigungen durch ihr Gewicht einen großen Teil der Leistung wieder aufzehrten. Das gab für Porsche den Anstoß zur Entwicklung seines „Mixte"-Antriebs: Ein Stromaggregat mit Daimler-Vierzylindermotor versorgte die Radnabenmotoren. Für schwere Fahrzeuge bevorzugte Porsche lebenslang diese benzinelektrische Antriebsform.

4.5 Comfort für glückliches Dasein: Baudry de Saunier

Nicht weniger Authentizität als den frühen Ausgaben des „Motorwagen" kann einem zweibändigen illustrierten Werk zugesprochen werden, das insgesamt über tausend Seiten umfasst: „Das Automobil in Theorie und Praxis" von Louis Baudry de Saunier, erschienen 1898 und 1899, in deutscher Übersetzung von Dr. R. von Stern und Hermann A. Hofmann 1900 und 1901. Neunzig Jahre später sorgte der Herausgeber Peter Kirchberg auch bei dieser frühen Perle der Autoliteratur für Zugänglichkeit: Band 1, „Das Motorcycle und die Voiturette mit Benzin-Motor", erschien als Reprint 1989 im Leipziger „Zentralantiquariat der DDR", Band 2, „Automobilwagen mit Benzin-Motoren", folgte 1991 im gleichen, nun nicht mehr staatlichen Verlag.[125]

Der engagierte und höchst produktive Journalist Baudry de Saunier, um die Jahrhundertwende Chefredakteur der Zeitschrift „France automobile", ging mit einer Detailtreue und Liebe zur Sache zu Werk, die spätere Sozialkritiker beschämen müsste. Ideologie lag ihm fern: „Mein Bestreben ist nicht darauf gerichtet, die Vorteile des Automobilismus nachzuweisen. Ich will nur dartun, dass besondere Kenntnisse der Mechanik und des Maschinenbaues für Personen, welche sich Automobile kaufen, nicht von Nöten sind. Ich will meine Leser überzeugen, dass für denjenigen, welcher einmal die Funktionen der einzelnen Teile eines Motorwagens vollkommen begriffen hat, die Behandlung und Lenkung eines solchen keine Schwierigkeiten mehr bietet." Nach dem beruhigenden Vorwort wird der Leser mit einer Fülle von technischen Details der einzelnen Fahrzeugtypen konfrontiert, die leichtverständlich erklärt sind, aber wohl nicht in jedem der häufigen Pannenfälle Hilfe bringen konnten.

Abb. 156: Komfort als elementare Bedingung: Der „zwölfpferdige Panhard- und Levassor-Wagen“ (aus Baudry de Saunier, Das Automobil)

Der heutige Leser lernt nicht nur alle in Frankreich damals angebotenen Motorfahrzeuge kennen, sondern gewinnt auch eine unbefangene, von Vorurteilen freie Sicht auf die Automobiltechnik der Jahrhundertwende. Unter „Motorcycle und Voiturette“ versteht Baudry ein- und zweisitzige Drei- und Vierräder. Mit diesen Fahrzeugen, die sich auch wenig Begüterte leisten konnten, wurden die Benzinmotoren in Frankreich populär, eine soziale Spaltung durch die Motorisierung blieb aus. Sogar das später in Frankreich so populäre motorisierte Fahrrad wird bei Baudry schon erwähnt: „Das Motorzweirad ist nichts anderes als ein gewöhnliches Fahrrad, welches sowohl mit den Beinen als auch durch einen zwischen Vorderrad und Gouvernal an dem Gabelkopfe angebrachten Miniaturmotor in Betrieb gesetzt werden kann.“ Standardfahrzeug ist für Baudry das Dreirad von De Dion & Bouton, das Kapitel „In den Fußstapfen de Dion's“ behandelt die „Nachkommenschaft des Dion-Motors“, der nach knapp fünf Jahren in Frankreich zur Selbstverständlichkeit geworden war. Der Voiturette von Léon Bollée ist ein eigenes Kapitel gewidmet, sie nimmt mit zwei gelenkten Vorderrädern und einem angetriebenen Hinterrad eine Sonderstellung ein. Auf Seite 353 geht Baudry daran, „die leichteste Type eines automobilen Wagens, den zweisitzigen Benz-Wagen, welcher fast schon mehr der Klasse der großen Automobile als derjenigen der Motorcycles und Voiturettes zugeordnet werden kann, einer eingehenden Betrachtung zu unterziehen“. Es handelt sich um das Benz Velo in der von Roger angebotenen Standardausführung, die als der Welt erstes Serienautomobil gilt. Baudry vermerkt anerkennend, dass die Drahtspeichenräder auf Wunsch „mit Pneumatics ausgestattet“ werden und

dass die Insassen durch breite Blechflügel gegen „Schmutz und Kot“ geschützt sind. Er stuft den Wagen als Linkslenker ein: „Im Gegensatze zu der allgemein verbreiteten Sitte, dass derjenige, welcher kutschiert, auf der rechten Seite sitzt, ist hier der linke Sitzplatz für den Wagenlenker bestimmt.“ Auch weist er darauf hin, dass der mittig angeordnete, mit der rechten Hand zu haltende „Lenkstangengriff nach der der gewollten Fahrtrichtung entgegengesetzten Seite geführt werden muss. Um daher nach links zu fahren, bewegt man den Griff von links nach rechts und vice versa. Dies ist nur ein scheinbarer Übelstand; in Wirklichkeit gewöhnt man sich umso schneller an diese Art zu steuern, als der zweite Arm der Lenkstange in eine pfeilförmige Spitze ausläuft, welche die Direction des Wagens anzeigt.“
Auch zur Terminologie „Zweitakt und Viertakt“ und zum Ansehen Daimlers in Frankreich ist Baudrys Werk aufschlussreich: Als „Zweitactmotor, welcher jedoch bei Automobilen im Allgemeinen nicht in Verwendung steht“ stellt er einen fiktiven Motor mit Flammenzündung vor, der nach dem Lenoir-Verfahren ohne Verdichtung arbeitet, so dass er bei jeder Kurbelwellenumdrehung einen Kraftimpuls abgeben würde. „Die eigentliche Arbeitsperiode des Kolbens ist nur auf einen halben Lauf unter zwei ganzen Läufen beschränkt, und ist daher auch das Quantum des von ihm angesaugten Gases viel zu gering. Außerdem ist bei dieser Type eine genügende Compression des Gases vor der Zündung ausgeschlossen, und gerade diese Compression, die wir aber in der Praxis nur beim Viertactmotor finden, ist es, welche die Kraftleistung bedeutend erhöht.“ Zum Viertaktmotor heißt es dann: „Der Vater aller beim Automobilbau verwendeten Motoren ist der Daimler-Motor, seine direkten Nachkommen – um nur von den bekanntesten Systemen zu sprechen – der Phönix-Motor, der Bollée-Motor, der kleine Motor von de Dion und Bouton u.s.w., sind alle Viertactmotoren.“ Nur bei diesen Motoren sieht Baudry die Voraussetzungen für eine „genügende Compression“ als gegeben.
Wie der Vorbild-Charakter der Daimler-Motoren ist auch die allgemeine Verbreitung der Glührohrzündung für Baudry eine Selbstverständlichkeit. Mit der Erklärung ihrer Funktionen hält er sich weniger auf als bei der elektrischen Zündung, er beschränkt sich auf den täglichen Umgang. Zu den „unbestreitbaren Vorzügen“ zählt er „die Leichtigkeit, mit der die Brenner gespeist werden, da hierzu dasselbe Benzin, welches man für den Betrieb des Motors sowieso mitführt, verwendet wird. Weiters ist die Reparatur dieses Zündungsapparates äusserst einfach. Mit einem Platinröhrchen, einer Schraube und einigen Asbestdichtungen in Reserve ist jeder Fehler in kürzester Zeit behoben.“ Zu den „nicht wenigen“ Nachteilen zählt er die „große Hitzeentwicklung“ in der Umgebung des Brenners, die dazu zwingt, bei Reparaturen die Abkühlung des Brenners abzuwarten, „um sich nicht die Hände zu verbrennen“. Auch lasse sich nicht leugnen, dass eine „gewisse Feuersgefahr“ vorhanden sei, wenn das Benzin beim Anzünden der Brenner „zu rasch fließt und selbst zu brennen anfängt. Derartige Brände kommen in der Praxis allerdings nicht häufig vor.“ Ein Nachteil sei auch, dass „die Ingangsetzung des Motors bei

Fig. 171.

Die Glührohrzündung.

Dieselben Buchstaben wie vorhergehend.

C Schale für den Alkohol zum Vorwärmen der Brenner.
R Drosselstift für das Benzinzuleitungsrohr der Brenner.
Y Ansatz für das Benzinzuleitungsrohr der Brenner.

Abb. 157: Die Behandlung eines Automobils bietet keine Schwierigkeiten: Darstellung der Glührohrzündung bei Baudry de Saunier

diesem System ziemlich lange dauert“ und dass sich „beim Ankurbeln die sogenannten Rückschläge“ ereignen, „wodurch derjenige, welcher den Motor ankurbelt, oft auch Verletzungen erleidet“.
Der zweite Band des Werkes, „Automobilwagen mit Benzinmotoren“, beginnt mit der Frage, „worin eigentlich das Charakteristische des Automobilwagens zum Unterschiede vom Motorcycle und den ihm verwandten kleineren Fahrzeugen besteht. Die Antwort lautet einfach genug: ‚Im Comfort!‘“. Die „gebieterischen Anforderungen des Comforts“ hätten eine „gründliche Umwandlung“ zur Folge gehabt, und es sei eine müßige Frage, ob die „der Tyrannei der Bequemlichkeit ihr Entstehen verdankenden neuen Anordnungen“ von Vorteil oder von Nachteil seien: „Bildet doch der ‚Comfort‘ eine der elementaren Bedingungen eines glücklichen Daseins“. Baudry befasst sich in diesem Zusammenhang ausführlich mit der Fahr-

gestellkontruktion und den verschiedenen Arten der Federung, wobei er den Rahmen, das „Chassis“, als „neues, noch unbekanntes Hauptelement“ bezeichnet, „das den Motor und alle dazugehörigen Organe zu tragen hat“. Ausführlich erklärt er, warum erst bei dieser Lösung Fahrer und Insassen wirksam vor Fahrbahnstößen geschützt sind und die Bedienungs-„Organe“ der Hand des Fahrers „nicht entgleiten“.
Nach der Erklärung der allgemeingültigen „Anordnungen“, die von den „Vätern des Benzin-Automobils Lenoir, Benz und Daimler“ eingeführt wurden, geht Baudry im zweiten Kapitel zur Einteilung der Automobilmarken über, die auf den folgenden, mehr als 300 Seiten beschrieben werden. Es sind die „Wagen mit vertikalen Motoren“: De Dion-Bouton, Panhard und Levassor, Mors, Rochet. Es folgen die „Wagen mit horizontalen Motoren“: Darracq System Léon Bollée, Rochet und Schneider, Peugeot, Georges Richard, Delahaye, Dietrich System Amédée Bollée, Bolide. Es handelt sich um einen Katalog mit ausführlichen technischen und praktischen Hinweisen, wie er in solcher Gründlichkeit wohl nie wieder entstanden ist.

4.6 Auftritte in Nizza

Die respektvolle Nennung der Namen Daimler und Benz durch Baudry, die Einteilung der Motoren nach senkrechter (Daimler) und waagerechter (Benz) Zylinderanordnung täuscht nicht darüber hinweg, dass in Frankreich vor 1900 eine ganze Generation neuer Automobile entstanden war, der die deutschen Traditionsfirmen wenig entgegenzusetzen hatten. Die Ära Daimler war zwar noch nicht zu Ende: Die von Baudry abgebildeten Panhard-Motoren sind Phoenix-Motoren mit Glührohrzündung, der Vierzylinder entstand durch Verdopplung des Zweizylinders, so dass die inneren Zylinder auf einen Kurbelzapfen wirkten. Für Rennwagen, „wo der Motor manchmal 1500 statt 700 Touren per Minute macht“, wurde dann eine vierfach gekröpfte Kurbelwelle „mit regelmäßig wechselnden Reaktionen“, vergrößertem Hubraum und Magnet-Abreißzündung eingeführt. Mit diesem immer noch Daimler-nahen Motor blieb Panhard bis zur Jahrhundertwende die beherrschende Marke im Automobilsport. 1898 lag auf der Strecke Paris-Amsterdam-Paris der Durchschnitt des Siegers Charron schon bei 43,3 km/h. 1899 gewannen vier Panhard mit de Knyff, Girardot, de Chasseloup-Laubat und Voigt die mehrtägige erste „Tour de France Automobile“ über 2291 km. Im Juni 1900 siegte wiederum Charron beim Rennen Paris-Lyon über 570 km in 9 Stunden und 9 Minuten mit einem Schnitt von 62,1 km/h. Charron gewann auch das erste Rennen des neuen Jahrhunderts am 25. Februar 1900 auf einem 335 km-Rundkurs bei Pau in Südfrankreich.
Solche Relationen waren im Rest der Welt unbekannt. Die Geschwindigkeit wurde zum Maßstab, die Konkurrenz wurde stärker: Das nächste Rennen des Jahres 1900, Paris-Toulouse über 1348 km, gewann Levegh auf Mors mit 64,7 km/h. Mors

gehört zu den französischen Automobilmarken, die kurz vor der Jahrhundertwende kometenartig aufstiegen und nach kurzem Höhenflug wieder verschwanden. Der Elektroingenieur Emile Mors baute 1895 in seine ersten Wagen noch Daimler-Lizenzmotoren ein, löste sich dann aber von der Glührohrzündung und verwendete – als Erster im Automobilbau – eine eigene Niederspannnungs-Magnet-Abreißzündung. Auch nutzte Mors nach dem Abgehen von der Glührohrzündung die Möglichkeit, die Leistung durch Drosselung feinfühlig zu regeln. Da er selbst kein Motorenkonstrukteur war, holte er sich einen Partner: den Zivilingenieur Henri Brasier. Brasier entwickelte 1898 für Mors den ersten Vierzylinder-V-Motor. Um den durch die übliche „Schleuderschmierung" bedingten Leistungsverlust zu vermeiden und die Schmierstellen exakter zu versorgen, führte Brasier die Trockensumpfschmierung ein: Das Motoröl sammelte sich nicht in der Ölwanne unterhalb der Kurbelwelle, sondern wurde in den separaten Öltank zurückgepumpt.

Fig. 106.

Mors-Motor von 6 Pferdekräften.

(Die schwachen Spiralfedern, welche neben den starken Federn der Stangen der Auspuffventile an den Cylindern sichtbar sind, gehören zu den Steuerungsstangen der Zündung.)

Abb. 158: Mit Trockensumpfschmierung: Mors Vierzylinder-V-Motor, konstruiert von Henri Brasier (aus Baudry de Saunier)

„Mehr Hubraum bei gleicher Drehzahl ergibt mehr Drehmoment" – dieses Rezept praktizierten Mors und Brasier konsequent, um mit den noch immer niedrigen Drehzahlen hohe Geschwindigkeiten zu erreichen. In Verbindung mit „längerer" Antriebsübersetzung konnte pro Kurbelwellen-Umdrehung mehr Weg zurückgelegt werden als mit den bisherigen kleinvolumigen Motoren. Es begann beim V4 von

1898 mit 4,2 Liter Hubraum und ersten Rennerfolgen. Der 7,3 Liter Mors von 1900 brachte die – ebenfalls schon hubraumstärkere – Panhard-Konkurrenz in Verlegenheit, das 10,1 Liter-Modell des nächsten Jahres war fast unschlagbar. Henri Fournier gewann 1901 das Rennen Paris-Bordeaux und die Fernfahrt Paris-Berlin. Die Hubraum-Geschwindigkeits-Eskalation ging im neuen Jahrhundert weiter, obwohl bereits die erste Rennformel der Geschichte galt: James Gordon-Bennet, in Paris lebender Eigner des „New York Herald" und Gründungsmitglied des Automobile Club de France, hatte für seinen 1899 ausgeschriebenen Länderpokal mit 1000 kg ein Gewichts-, aber noch kein Hubraum-Limit gesetzt. Es war der Beginn einer langen Reihe von Versuchen, die Risiken des Rennsports für Fahrer und Zuschauer in Grenzen zu halten.

Abb. 159: Auf dem Weg von Paris nach Berlin: Henri Fournier auf dem 10,1 Liter Mors im Jahr 1901 (Hans-Otto Neubauer)

Mit dem Wissen über die neuen Leistungsmaßstäbe und die Faszination des Automobilsports gedachte Emil Jellinek, international aktiver Mittelsmann und Versicherungsagent in Baden bei Wien, sich in der Szene zu etablieren. Jellinek unterhielt Handelsverbindungen in Monte Carlo und Nizza, hatte die Dreiräder von Bollée und De Dion und einen Benz gefahren. Wie er später, im Februar 1915, an die Wiener „Allgemeine Automobil-Zeitung" schrieb, war er mit der Betriebssicherheit all dieser Fahrzeuge nicht zufrieden gewesen. Als er 1896 in Paris einen Panhard gekauft hatte und vom Phoenix-Motor mehr beeindruckt war als vom Wagen selbst, suchte er die direkte Verbindung mit Daimler. Bei seinem ersten Besuch in Cannstatt 1897 wurde Jellinek mit einem Riemenwagen vom Bahnhof abgeholt. Die Werkschronik berichtet: „Der Wagen hatte 6 PS und erreichte eine Höchstgeschwindigkeit von 25 km/h, was Jellinek eindeutig zu langsam war, er bestand auf 40 km/h und teilte dies der Daimler-Motoren-Gesellschaft in der

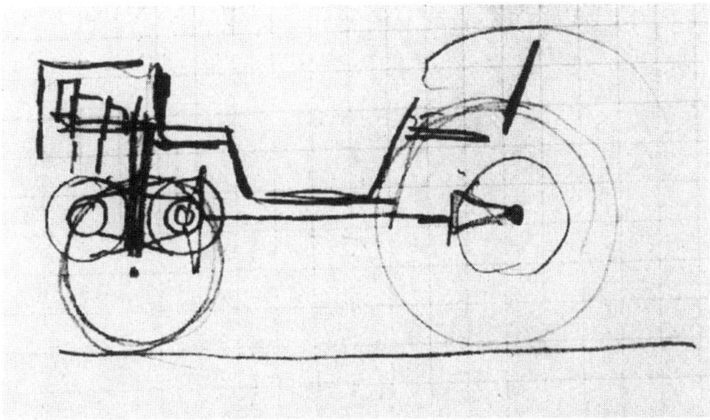

Abb. 160: Projekt mit Frontmotor: In dieser Skizze vom April 1896 kombinierte Maybach Motor und Riemengetriebe mit einer längsliegenden Antriebswelle (Daimler AG)

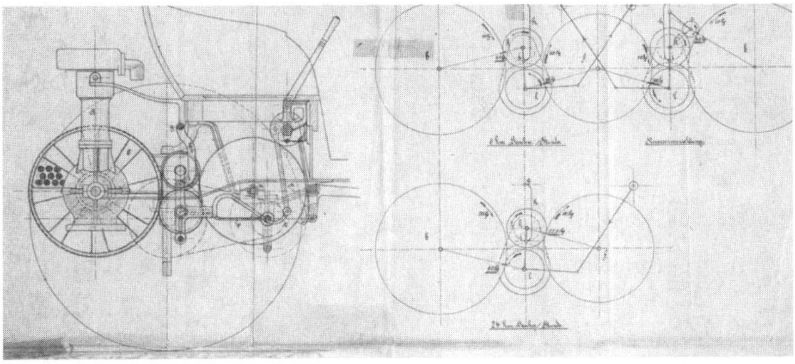

Abb. 161: Projekt mit Heckmotor: Maybachs detaillierter Entwurf einer kompakten Antriebseinheit mit Riemen-Zahnradgetriebe, 31. Januar 1897 (Daimler AG)

Folgebestellung mit."[126] Die „Folgebestellung" lässt erkennen, dass er bereits zum Einstieg in das Automobilgeschäft entschlossen war und mit der Vermittlung von Daimler-Wagen begonnen hatte. Deren Qualität beeindruckte ihn, aber der Riemenwagen konnte weder in der Leistung noch im Komfort den Ansprüchen seiner prominenten Kundschaft an der Côte d'Azur genügen. Jellinek plädierte für ein neues Modell mit vorn eingebautem Motor. Maybach hat es später bestätigt: Diese Anordnung wurde „auf Veranlassung des Herrn Jellinek-Mercedes von uns übernommen".[127] „Von uns" – das waren Daimler und Maybach.

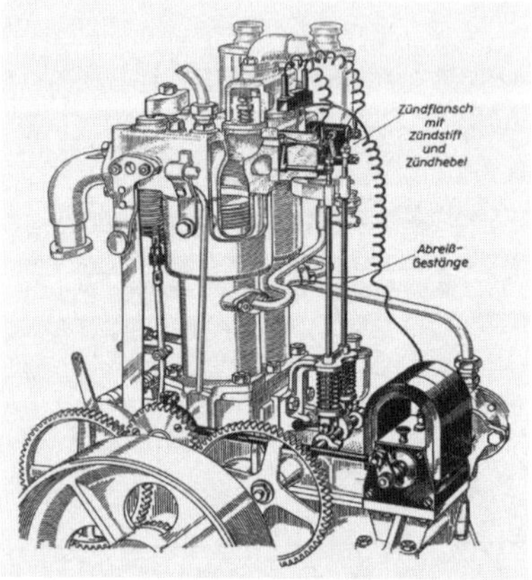

Abb. 162: Ab 1898 auch elektrisch: Zweizylinder Phoenix-Motor mit Bosch Magnet-Abreißzündung (Daimler AG)

Abb. 163: Hatte klare Vorstellungen: Sportsmann Emil Jellinek (Daimler AG)

Bei den sofort begonnenen Konstruktionsarbeiten für Motoren, Kraftübertragung und Fahrgestell des später als „Phoenix-Wagen" bezeichneten Frontmotorwagens von 1897/98 war Maybach nicht mehr, wie im Hotel Hermann, auf sich selbst gestellt. Es stand ihm nunmehr ein gut besetztes Konstruktionsbüro mit dem Chefkonstrukteur Ernst Moeves und dem Oberingenieur Josef Brauner zur Verfügung. Die Konstruktionszeichnungen für den Phoenix-Wagen wie auch für die Motoren hat Brauner angefertigt.[128]
Die neu hinzugekommenen Ingenieure befanden sich auf einem aktuelleren Ausbildungsstand als Maybach, es gab bereits Erkenntnisse über die sachgemäße Gestaltung der Fahrzeugstruktur und des Antriebes. Die Auf- und Grundrisszeichnungen des Phoenix-Wagens enthalten klare Vorgaben für den Wagenbauer, der den Kutschenaufbau des ersten „Victoria"-Modells lieferte. Mit dem Wagenboden verschraubte Längsträger aus U-Profilstahl bilden eine steife Verbindung vom Frontmotor über die Längs-Antriebswelle zum hinten angeordneten Getriebe mit dem Differential und der Vorgelegewelle des Kettenantriebs. Es handelt sich noch nicht um ein eigenständig fahrfähiges Chassis, sondern eher um eine Frühform des

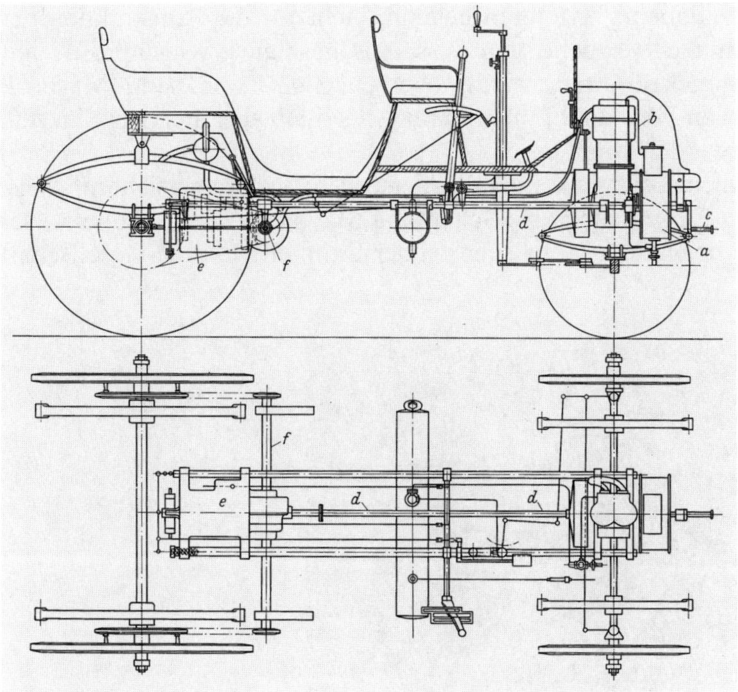

Abb. 164: Integration von Antriebs- und Fahrzeugkonstruktion: Steifer Rahmen aus U-Profilstahl am Wagenboden, Längs-Antriebswelle d und Getriebe-Antriebseinheit e und f (aus Sass)

„Transaxle“ als steifer Verbindung von Motor und Hinterachsantrieb. Die gelenklose Antriebswelle lief in der ersten Ausführung mit Motordrehzahl, 1898 wurde das Getriebe, wahrscheinlich im Interesse besserer Schaltbarkeit, nach vorn verlegt und in der schon von Levassor praktizierten Form am Motor angeflanscht. Getrennt von der Antriebseinheit sind die Achsen mit den vollgummibereiften Rädern in kutschenüblicher Weise an Vollelliptik-Blattfedern am Rahmen des Aufbaus montiert. Die Einfederungs-Bewegungen wurden vorn vom gelenkigen Gestänge der Achsschenkel-Lenkung – hier erstmals fester Konstruktionsbestandteil eines Daimler-Wagens – und hinten von den Antriebsketten ausgeglichen.
Zur Frage der Urheberschaft muss schon bei diesem Wagen, umso mehr beim Mercedes, zwischen den konzeptionellen Vorgaben und der Ausführung der einzelnen Komponenten unterschieden werden. Was Maybach immer gefehlt hatte, war hier erstmals gegeben: ein klares Konzept für das Gesamtfahrzeug. Es konnte nur von Jellinek kommen. So fiel es Jellinek auch nicht schwer, die erfolgreiche Verwirklichung der Phoenix- und Mercedes-Modelle Maybach zuzuschreiben. Maybach hat seinerseits die Autorität Jellineks stets respektiert – auch später noch, als beide sich vom Stuttgarter Haus gelöst hatten. Maybach selbst machte seine Urheberschaft für die „Phoenix“-Motoren geltend, nicht für die Konstruktion der Fahrzeuge. So wirken die Versuche von Sass, das gesamte „Wagenprofil“ auf „Maybachs Hand“ zurückzuführen, wenig überzeugend. Zwar hatte Maybach eigene Vorstellungen von Form und Linienführung. Es blieb aber stets bei Skizzen, die nicht verwirklicht werden konnten.
Auch die offizielle Typengeschichte enthält Widersprüche. Niemann sieht im „Viktoria“-Wagen „in allen Einzelheiten eine Schöpfung Maybachs“ und schreibt: „Der erste Wagen mit vorn liegendem Motor, der bei der Daimler-Motoren-Gesellschaft

Abb. 165: Erster Daimler mit Frontmotor: Der viersitzige Phoenix-Wagen von 1897 entspricht exakt der Konstruktionszeichnung (Daimler AG)

produziert wurde, war ein 6-PS Wagen, der als Vis-à-vis karossiert war. Dieser Fahrzeugtyp wurde auch bei dem ersten Wettbewerb für Motorfahrzeuge in den Alpen eingesetzt und erwies sich als sehr erfolgreich."[129] Die Zeichnung bei Sass und die Abbildung des von Niemann auf 1897 datierten, wahrscheinlich aber erst 1898 gebauten ersten Phoenix-Wagens zeigen dagegen ein Fahrzeug mit hintereinander, also nicht Vis-à-vis (gegenüber) angeordneten Sitzen und Zweizylinder-Motor, der 1897 maximal 4 PS leistete und erst 1898 auch mit 6 PS angeboten wurde – unter anderem mit Vis-à-vis-Sitzanordnung.
Laut Daimler-Werkschronik von 1915[130] war das im Jahr 1898 bei der Österreichischen Alpenfahrt erfolgreiche Fahrzeug ein Zweizylinder Phoenix-Frontmotorwagen mit 6 PS. Jellinek wäre sicher gern mit diesem von ihm angeregten neuen Modell gefahren, aber die überlieferten Fotos zeigen einen Riemenwagen. Bilder des Phoenix-Wagens mit Vierzylindermotor gibt es erst vom nächsten Frühjahr – ebenfalls ein viersitziges Victoria-Modell. Das bekannte Foto mit Jellinek beim Semmering-Rennen 1899 zeigt ein anderes, völlig neuartiges Fahrzeug. Form und

Abb. 166: Prestige durch Leistung und Design: Jellinek mit dem Vierzylinder Phoenix-Wagen am Semmering 1899 (Daimler AG)

Lackierung der fünfsitzigen „Tonneau"-Karosserie mit Zierlinien auf der schon recht langen Motorhaube lassen Jellineks Gefühl für repräsentative Wirkung erkennen, die durch die weißen Sturzhelme Jellineks und der drei Passagiere noch erhöht wird – nur der Beifahrer, der von Jellinek angestellte ehemalige Werkmeister Hermann Braun aus Cannstatt, trägt „Zivil". Die hohe Sitzposition hat allerdings noch Kutschencharakter, Vorder- und Hinterräder sind aber im Größenverhältnis einander bereits stärker angenähert als in der ersten Zeichnung, die Lenksäule steht noch senkrecht. Von Maybachs Skizzen sind die Umrisse und Proportionen dieses Wagens weit entfernt.

So differenziert Maybachs Leistungen auch gesehen werden müssen, bei den Motoren bewährte sich immer noch seine Meisterschaft. Jellineks steigende Anforderungen an die Leistung setzte Maybach in überzeugender Weise um. Unter der mächtigen Haube von Jellineks „Semmering"-Wagen verbirgt sich offenbar bereits ein hubraumstarker Motor – wenn auch die von Oswald angegebene Leistung von 28 PS erst im nächsten Jahr erreicht wurde. Der Vierzylinder-„Wagenmotor" mit je zwei zusammengegossenen Zylindern war durch Verdoppelung des Phoenix-Zweizylinders entstanden; bei gleichem Hub von 120 mm und von 75 auf 70 mm reduzierter Bohrung stieg der Hubraum von 1060 auf 1845 mm, die Leistung zunächst nur von 4 auf 6 PS. Das erste Exemplar des Motors scheint noch im Herbst 1898 betriebsfähig geworden zu sein. Erstmals bei einem Daimler-Wagen wurde statt der Glührohrzündung die neue Niederspannungs-Magnetzündung von Bosch eingebaut.

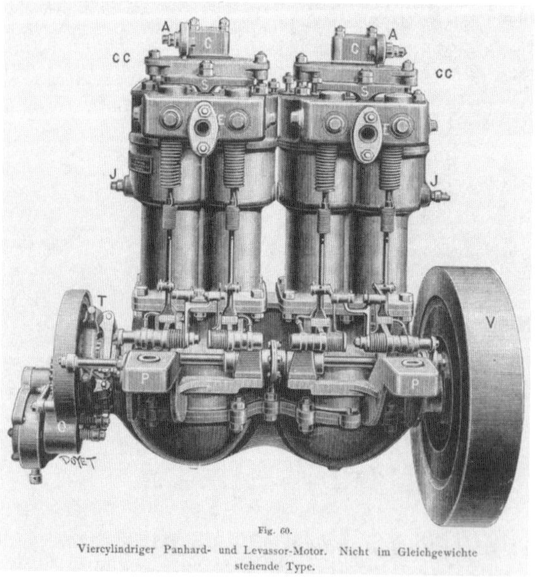

Abb. 167: Verdoppelter Phoenix: Der aus zwei Zweizylindern entstandene Vierzylindermotor wurde von Panhard mit geringen Abweichungen übernommen (aus Baudry de Saunier)

Bei Sass findet sich die Vermutung, dieser erste Vierzylinder-„Wagenmotor“ sei von Maybach bereits 1896 konstruiert worden, um gegen Benz anzutreten, der „schon 1894 einen Wagen mit einem 9pferdigen Motor herausgebracht“ und deswegen „jährlich zehnmal mehr Wagen als die Daimler-Motoren-Gesellschaft“ verkauft habe.[131] Dies trifft nicht zu – der Zweizylinder Contra-Motor von Benz kam nach den Feststellungen von Oswald erst 1897 mit 5 PS und 1898 mit 8 oder 9 PS heraus. Auch der von Sass erwähnte Wunsch des britischen Partners Simms nach einem 10 PS-Motor kann frühestens Ende 1896 an Daimler herangetragen worden sein. Sass und andere Autoren wollten damit belegen, dass dieser Motor schon vor dem Auftreten Jellineks entstanden sei. Dafür gab es keine Veranlassung. Doch gebührt Maybach das Verdienst, schon viel früher den ersten Vierzylinder-Benzinmotor verwirklicht zu haben: den Daimler „P“-Motor von 1890. Auch wenn dieser Boots- und Stationärmotor für Straßenfahrzeuge zu groß und zu schwer war – er bleibt ein eindrucksvolles Beispiel für Maybachs Können.

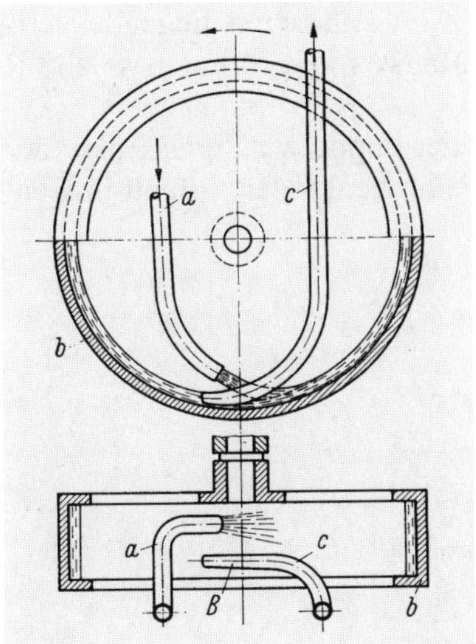

Abb. 168: Umgang mit der Wärme: In Maybachs Schwungradkühlung von 1892 wurde das bei a in den Schwungkranz b geleitete Wasser durch die „Schöpfdüse“ β aufgefangen und durch Leitung c in den Zylinder zurückgeführt (aus Sass)

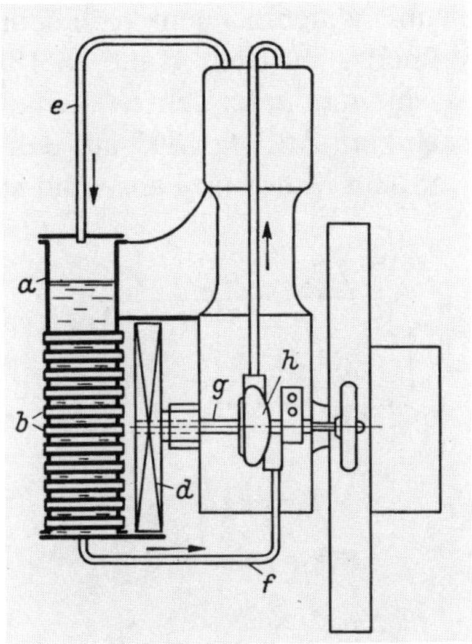

Abb. 169: Fast so wie heute: Im Röhrenkühler von 1897 kühlt die vom Ventilator d in den Röhrchen b erzeugte Luftströmung das Wasser im Behälter a, Pumpe h fördert es in den Zylinder (Daimler AG)

Als entscheidende Voraussetzung für den Mercedes-Erfolg von 1901 erwies sich der Kühler – nicht nur in technischer, auch in stilistischer Hinsicht. Dass mit der Erhöhung der Leistung stets eine Verbesserung der Zylinderkühlung notwendig wurde, war eine unvermeidbare Folge des ungünstigen Wirkungsgrades der Verbrennungsmotoren. Beim „Stahlradwagen" hatte die Durchleitung des Kühlwassers durch die Rahmenrohre noch ausgereicht, für den Daimler-Straßenbahnwagen von 1890 entwickelte Maybach ein im Aufbau integriertes Kühlgestell mit doppelwandigen, vom Wasser und vom Fahrtwind durchströmten Rohren. Mit der zum 13. September 1892 patentierten „Schwungradkühlung" ging Maybach dann einen Irrweg – ausgehend von dem Gedanken, dass „die intensive Berührung des warmen Wassers mit dem ständig durch die Außenluft gekühlten Schwungkranz" die gewünschte „Rückkühlung" des in einer Rinne „mehrfach herumgeschleuderten" und von einer „Schöpfdüse" wieder aufgefangenen Wassers bewirken konnte. Daimler blieb bei der allgemein üblichen Verdampfungskühlung, bei der ständig Wasser in großen Mengen nachgefüllt werden musste. Die französischen Hersteller gingen mit zunehmendem Kühlbedarf auf quer im Fahrtwind liegende verrippte Rohre über, auch Benz baute ab 1899 bei leistungsstarken Motoren solche Rohrschlangenkühler unter dem Wagen ein.
Maybach kam Anfang 1897 auf den Gedanken der doppelwandigen Rohre zurück. Sein vor dem Motor im Fahrtwind stehender „Röhrchenkühler" erhielt in Deutsch-

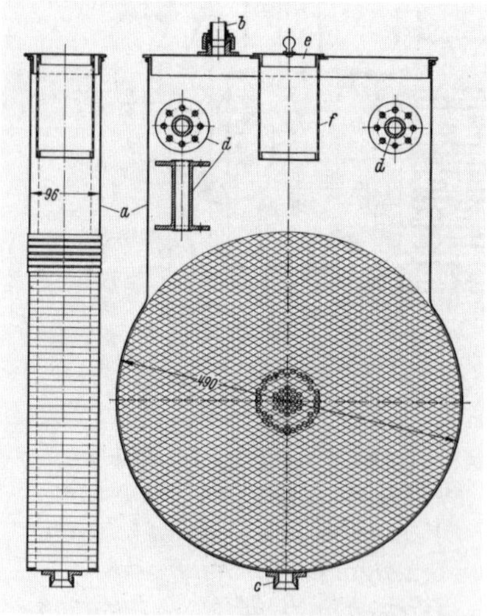

Abb. 170: Je mehr Leistung, umso mehr Röhrchen: Die letzte Ausführung des bis 1901 gebauten kreisrunden Kühlers enthielt 8500 einzeln gelötete Röhren und wog über 50 kg (aus Sass)

land am 24. Dezember 1897 „Gebrauchsmusterschutz", in Frankreich wurde er patentiert, so dass er dort den Fahrzeugen mit Daimler-Motoren vorbehalten blieb. Das „flache Gefäß, welches von einer großen Anzahl von Röhren quer durchzogen wird", ermöglichte auf kleinem Raum eine große Kühlfläche. Die Kühlwirkung wurde „mittelst eines Ventilators oder dergl." erhöht, der „beständig einen kräftigen Luftstrom" durch den Kühler trieb. Die einzeln zusammengelöteten Rohre mussten kurz sein, damit die Luft sich nicht zu stark erwärmte, ihre Anzahl und damit die Fläche des Kühlers konnte beliebig vergrößert werden – eine wesentliche Voraussetzung für die Steigerung der Motorleistung. Der Wasserumlauf konnte durch eine Umlaufpumpe beschleunigt werden, so dass der Röhrenkühler auch für Stationär- und Bootsmotoren geeignet war.
Der kreisrunde Kühler mit der Öffnung für die Andrehkurbel in der Mitte, typisch für das Gesicht der Daimler Phoenix-Wagen, wurde auch zum Geheimnis ihrer Überlegenheit am Berg. Jellineks Sporterfolge auf Alpenstrecken, mit denen er seinem Ziel näher kam, den Daimler-Wagen Respekt zu verschaffen und sich gegen die übermächtige französische Konkurrenz durchzusetzen, waren auch Erfolge der Kühlung – das Hängenbleiben mit kochendem Kühler entfiel ebenso wie das zeitraubende Nachfüllen von Wasser. Das neue Renommee der Phoenix-Modelle war auch ein Erfolg handwerklichen Fleißes: Der Rundkühler musste aus Tausenden einzelner Röhrchen zusammengelötet werden. Er wurde ab 1900 vom einfacher herzustellenden, eckigen „Bienenwabenkühler" abgelöst, dessen Gitter-Struktur zum Stilmerkmal der Mercedes-Wagen wurde.

Abb. 171: Noch zu brav: Jellinek-Kunden bei der ersten Rennwoche von Nizza 1899 (Daimler AG)

Emil Jellinek verkaufte schon im ersten Jahr, 1898, drei Wagen, 1899 bereits zehn. Als im Frühjahr 1899 erstmals die „Rennwoche von Nizza“ veranstaltet wurde, traten er und seine Kunden bei diesem neuen sportlich-gesellschaftlichen Ereignis gegen die französische Konkurrenz an. Mit ihrer Zuverlässigkeit und guten Bergsteigefähigkeit machten die Phoenix-Wagen in den touristischen Wettbewerben eine gute Figur, konnten sich aber bei den Geschwindigkeitsprüfungen nicht durchsetzen. Jellinek erkannte, dass die überlegene Leistung der Panhard und Mors auf der Vergrößerung des Hubraums beruhte, und veranlasste Maybach zur Entwicklung neuer Motoren mit größeren Zylinderabmessungen. Der Auftritt auf dem Semmering 1899 brachte die erhoffte Wirkung: Jellinek verkaufte 1900 achtundzwanzig Phoenix-Wagen an die zahlungskräftige französische Klientel.
Für die Geschwindigkeits-Wettbewerbe der Rennwoche von Nizza 1900 entstanden auf Jellineks Wunsch in Cannstatt zwei Spezial-Rennwagen. Sie erhielten die bisher stärksten Daimler-Motoren: 5,5 Liter Vierzylinder mit 28 PS – nach anderen Darstellungen 24 PS – bei 800 Umdrehungen. Die niedrig erscheinenden PS-Zahlen täuschen darüber hinweg, dass mit dem großen Hubraum auch das Drehmoment stark anstieg. Die zweisitzigen Fahrzeuge mit kurzem Radstand und schmaler

Abb. 172: 5,5 Liter Hubraum, 28 PS, schräggestellte Lenksäule: Zwei Phoenix Spezial-Rennwagen starteten bei der Rennwoche 1900 unter dem Pseudonym „Mercedes“ (Daimler AG)

Spurweite erhielten einen großen viereckigen Kühler. Mit 1400 kg lagen sie in der Rennwagenklasse C weit über dem Mindestlimit von 400 kg. Dennoch übertrafen sie in der Beschleunigung und im Durchzugsvermögen aus Kurven heraus alles, was in Cannstatt bisher gebaut worden war. Die Höchstgeschwindigkeit lag – drehzahlbedingt – bei 80 km/h.

Jellinek wusste aufgrund seiner Erfahrungen in der französischen Rennsportszene, dass die stark motorisierten Wagen an das Fahrkönnen hohe Anforderungen stellten. Er war kein Rennfahrer und wollte sich selbst und seine Kunden, die bisher nur an touristischen Veranstaltungen teilgenommen hatten, keinem Risiko aussetzen. Es wurde beschlossen, als Fahrer der beiden Wagen Hermann Braun und den Cannstatter Werkmeister und Versuchsfahrer und Wilhelm Bauer einzusetzen. Dies war ungewöhnlich, denn es gehörte zum gesellschaftlichen Charakter der Rennwoche, dass die Wagenbesitzer selbst fuhren. Mechaniker waren bis dahin nur als Beifahrer beteiligt gewesen, die unterwegs Reparaturen und Reifenwechsel ausführten. Emil Jellinek scheint sich aber mit dem Veranstalter über eine Ausnahme geeinigt zu haben. Der Gebrauch von Pseudonymen entsprach dem Zeitgeist, Jellinek hatte den Namen seiner Tochter Mercédès bereits in diesem Sinn genutzt. So starteten die Daimler Phoenix-Rennwagen ohne Nennung der Fahrer unter den Pseudonymen Mercédès I und Mercédès II.
Die inoffizielle Premiere endete tragisch. Wieweit dies den Fahrern zuzuschreiben ist, wurde nie geklärt.[132] Vermutlich gingen Bauer und Braun mit dem ihnen anvertrauten Material so verantwortungsvoll um wie gewohnt, waren aber mit der Leistung der hoch angeordneten, schweren Motoren und dem extrem kurzen und schmalen Fahrgestell der neuen Wagen nicht vertraut und durch die Erfolgs-Erwartungen überfordert. Der Wagen von Braun überschlug sich auf der Strecke

Abb. 173: Er „nahm eine etwas zu weite Wendung": Unfallwagen von Wilhelm Bauer auf der Bergrennstrecke Nizza-La Turbie (Daimler AG)

Nizza-Marseille, der Beifahrer wurde schwer verletzt. Braun setzte sich dann trotzdem beim Bergrennen Nizza-La Turbie als Beifahrer in den zweiten, von Wilhelm Bauer gefahrenen Wagen. Wie die – kurz zuvor gegründete – Wiener „Allgemeine Automobil-Zeitung" berichtete, rückte Bauer, „um die steile Observatoriumsstraße hinanzufahren", die „vierte Geschwindigkeit mit dem Accelerateur ein, was der Geschwindigkeit von stündlich 60 Kilometer entspricht. Gerade bei der ersten Biegung machte er eine etwas zu weite Wendung, zog aber sofort die Bremse an, um nicht gegen eine rohe, aus Zement hergestellte Wand, eine Art Felsimitation, geschleudert zu werden. Allein der Wagen fuhr in einem so rasenden Tempo, dass er auf die Bremswirkung nicht reagierte, sondern auf dem nassen Boden eine Seitwärtsdrehung machte, wobei der Lenker mit der Gewalt einer Kanonenkugel gegen die Wand geschleudert wurde. Braun wurde erst, als das Auto stille stand, aus demselben herausgeschleudert, ohne sich hierbei, von einer leichten Verstauchung des Handgelenks abgesehen, zu verletzten. Er eilte auf Bauer zu, der mit dem Gesicht nach abwärts auf der Straße lag. Stirn und Scheitel waren total zertrümmert, hinter dem rechten Ohr quoll aus einer schrecklichen Wunde ein dicker Blutstrom. Trotzdem war Bauer noch am Leben. Man transportierte ihn in das St. Rochus-Spital, wo man den Eindruck gewann, dass sein Leben nur mehr nach Stunden zählen könne."[133] Dieser offenbar am Unfalltag übermittelten Schilderung fügte die AAZ am 8. April 1900 in Klammern hinzu: „Bauer ist am Morgen des nächsten Tages seinen Verletzungen erlegen; er war 35 Jahre alt und hinterlässt eine Witwe und ein Töchterchen."

In der detaillierten Darstellung der AAZ blieb zwar offen, ob mit der „etwas zu weiten Wendung" ein Fahrfehler Bauers beteiligt war. Der Wagen scheint sich aber beim Bremsen auf der nassen Straße sofort gedreht zu haben und war dann nicht mehr zu beherrschen. Wie das bald nach dem Unfall aufgenommene Foto zeigt, war er mit dem Heck gegen die Felswand oder Mauer gerutscht und kaum beschädigt. Bauer scheint schon beim Ausbrechen des Wagens noch bei hoher Geschwindigkeit seitlich herausgeschleudert worden zu sein, Braun konnte sich offenbar am Beifahrer-Haltegriff festhalten. Seinem Überschlag auf der Fahrt nach Marseille, über den es keine Dokumentation gibt, kann ebenfalls ein durch Bremsen oder Gasgeben hervorgerufener „Dreher" vorangegangenen sein. In Cannstatt war man von den Unfällen „so betroffen, dass man erwog, den Rennveranstaltungen in Zukunft fernzubleiben". Maybach habe den Wagen noch „vor Ort" untersucht, „einen technischen Grund für den Unfall konnte er nicht finden. Die Nachuntersuchung in Cannstatt, wohin man den Wagen brachte, bestätigte das Maybachsche Gutachten. So kam man zu dem Schluss, dass die Geschwindigkeit des Fahrzeugs eine Marke erreicht hätte, die auch für erfahrene Lenker nicht mehr beherrschbar wäre."[134] Niemand wagte auszusprechen, dass die Konzeption mit hohem Schwerpunkt bei schmaler Spur und kurzem Radstand unter Maybachs Verantwortung fiel. Die Phoenix-Rennwagen wurden nicht wieder eingesetzt. Ein restauriertes, als „Daimler-Rennwagen ‚Phönix' 1899" bezeichnetes Exemplar weist einen deutlich längeren Radstand auf. Dieser Wagen, offenbar ein auf zwei Sitze reduzierter Viersitzer, dürfte auf Jellineks Initiative zurückgehen – mit solchen Fahrzeugen begann schon vor dem ersten Mercedes der Bau sportlicher Kundenfahrzeuge in Cannstatt.

Abb. 174: Mit längerem Radstand: Zweisitziger Phoenix-Sportwagen (Daimler AG)

Emil Jellinek hatte schon im Februar 1900, noch vor Gottlieb Daimlers Tod am 6. März und vor den Unfällen bei Nizza, einen Wagen neuen Typs in Auftrag gegeben, dessen Fahrgestell-Grunddaten wie längerer Radstand, breitere Spur und niedrigerer Schwerpunkt seinen Vorstellungen entsprachen. Wenige Tage nach der Rennwoche, am 2. April 1900, vereinbarte er in einem Vertrag mit der Daimler-Motoren-Gesellschaft, dass „eine neue Motorenform hergestellt werden & dieselbe den Namen Daimler-Mercedes führen soll". Bald nach Abschluss des Vertrages kam dann der Auftrag des künftigen Aufsichtsratsmitgliedes Emil Jellinek-Mercedes für 36 Fahrzeuge dieses Typs zu einem Gesamtpreis von 550.000 Mark. Im Kommissionsbuch der Firma sind sie am 26. Juni 1900 als „Neuer Mercedes Wagen mit 8 HP IIII cyl. Benzinmotor" verzeichnet. Hier taucht erstmals die Bezeichnung „Mercedes Wagen" ohne Nennung des Firmennamens Daimler auf. Alle Modelle des neuen Typs wurden mit Vierzylindermotoren ausgerüstet, die Angabe von 8 PS („HP") bezieht sich auf den normalen, bis dahin unter der Bezeichnung Phoenix laufenden 1760 ccm-Motor. Das für Rennveranstaltungen vorgesehene Mercedes-Modell bekam einen neu entwickelten Leichtmetall-Rennmotor mit gesteuerten Einlassventilen, der mit 116 mm Bohrung und 140 mm Hub nunmehr 5913 ccm Hubraum aufwies und 35 PS leistete. Dieser Motor und die bestellten Wagen wurden innerhalb weniger Monate in Cannstatt konstruiert und gebaut –

eine bis heute nachwirkende grandiose Leistung der Cannstatter Ingenieure und Werkmeister. Schon am 22. Dezember 1900 wurde der erste Wagen an Jellinek ausgeliefert.

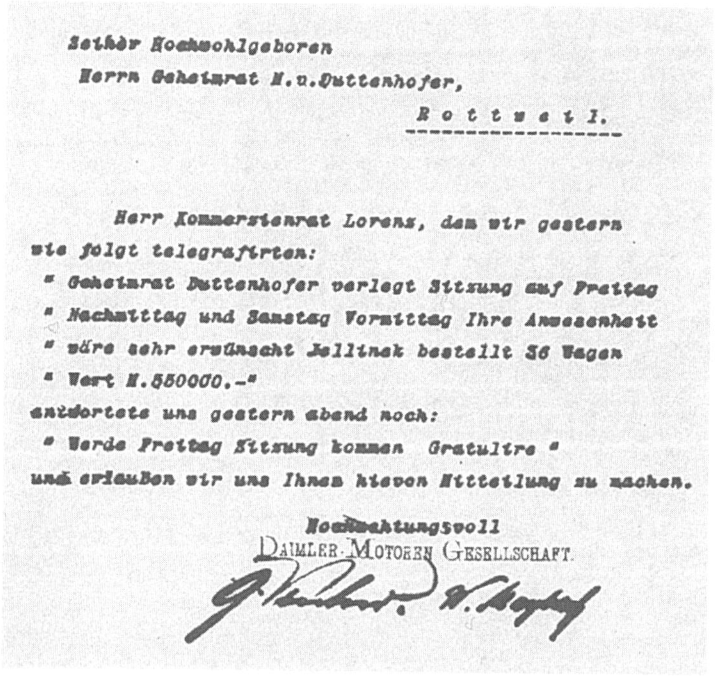

Seiner Hochwohlgeboren
Herrn Geheimrat M.v.Duttenhofer,
R o t t w e i l.

Herr Kommerzienrat Lorenz, dem wir gestern
wie folgt telegrafirten:
" Geheimrat Duttenhofer verlegt Sitzung auf Freitag
" Nachmittag und Samstag Vormittag Ihre Anwesenheit
" wäre sehr erwünscht Jellinek bestellt 36 Wagen
" Wert M.550000.-"
antwortete uns gestern abend noch:
" Werde Freitag Sitzung kommen Gratulire "
und erlauben wir uns Ihnen hievon Mitteilung zu machen.

Hochachtungsvoll
Daimler-Motoren-Gesellschaft.

Abb. 175: Neue Maßstäbe in Cannstatt: Mitteilung von Vischer und Maybach über Jellineks Bestellung von 36 Wagen im Wert von 550 000 Mark (Daimler AG)

Das erste Fahrzeug mit 35 PS-Rennmotor erhielt Anfang 1901 der Jellinek-Kunde und Rennfahrer Claude Lorraine Barrow, der damit die internationale Rennsaison bestreiten wollte. Auf dem Weg zur Rennwoche von Pau in Südfrankreich hatte er bei Versailles einen Getriebe-Totalschaden, als sich bei schneller Fahrt unbeabsichtigt der Rückwärtsgang einschaltete. Der nach Paris zurück geschleppte Wagen wurde in Tag- und Nachtarbeit repariert und mit dem Schnellzug nach Biarritz gebracht. Lorraine Barrow traf erst am Vortag des Rennens, dem 16. Februar, mit dem Wagen in Pau ein. Dem französischen Panhard-Rennfahrer Charron, der ihm per Telegramm eine Wette um den Sieg angeboten und 5000 Francs beim „New York Herald“ deponiert hatte, kabelte er zurück, er könne die Wette nicht akzeptieren, weil der Wagen zu wenig erprobt sei. Das erwies sich als richtig: Schon bald nach dem Start des Rennens über 340 km konnte Lorraine Barrow den vierten Gang nicht mehr einrücken und musste umkehren.[135]

Bei der Rennwoche von Nizza vom 25. bis 29. März 1901 starteten außer Lorraine Barrow die Jellinek-Kunden Prinz Lubecki (zwei Wagen, einer gefahren von Dr. Richard von Stern, dem Übersetzer der beiden „Automobil"-Bände von Baudry de Saunier), Knapp, Albert Lemaître, Henri Rothschild (Pseudonym Dr. Pascal) und Georges. Der Wagen des Schriftstellers Henri Rothschild wurde für das Bergstraßenrennen Nizza-La Turbie durch Entfernen der Rücksitze und aller unnötigen Karosserieteile rennmäßig hergerichtet, der Cannstatter Fahrer Wilhelm Werner gewann mit einem Schnitt von 51,4 km/h – der bisherige Rekord lag bei 31,3 km/h. Auch in den meisten anderen Prüfungen gewannen Mercedes-Fahrer. Von Paul Meyan, dem Generalsekretär des Automobile Club de France, sind die Worte verbürgt: „Nous sommes entré dans l'ère Mercédès". Erst damit endete die Ära Gottlieb Daimlers.

Abb. 176: „Eine neue Motorenform": Der Mercedes 35 PS von 1901 (Daimler AG)

Abb. 177: Identifikationsfigur des technischen Zeitalters: Gottlieb Daimler

Epilog

Ging die Zeit über Daimler hinweg? Seine technischen Leistungen wurden ein Jahrhundert lang unterschätzt. Ohne sie hätte die Automobilgeschichte wohl einen anderen Verlauf genommen. Und Daimler-Motoren, Daimler-Automobile und Daimler-Unternehmen hätte es niemals gegeben. Auch das Bekenntnis zum absoluten Vorrang der Qualität, das er als technischer Direktor in Deutz ebenso wie als Generalinspektor in Cannstatt verfolgte, wurde allzu sehr als Selbstverständlichkeit betrachtet. Es war eine Voraussetzung für den Erfolg auch der von Jellinek in Daimlers letzter Lebenszeit angeregten Fahrzeugentwicklungen, die zum Mercedes führten. Nach 1900, als die Bosch-Hochspannungsmagnetzündung das „Problem der Probleme“ (Carl Benz) mit Hilfe der Elektrizität erstmals befriedigend löste, hatte die Glührohrzündung im Automobilbau zwar ausgedient. Und doch blieb sie bis zur Einführung der Fahrzeug-Dieselmotoren das einzige Zündverfahren, das stromlos und zuverlässig funktionierte.
Daimlers Name war dann bald kein deutscher Markenname mehr. Die 1900 zunächst vorgesehene Doppelmarke Daimler-Mercedes hatte keinen Bestand, nur die Nutzfahrzeuge liefen noch eine Zeitlang als Daimler-Wagen, und im schwäbischen Sprachgebrauch ist selbst nach mehr als hundert Jahren jeder Mercedes ein Daimler. Dass der Name des Unternehmensgründers hinter der international geprägten Marke Mercedes zurücktreten musste, kann als frühes Beispiel unausweichlicher Marketing-Logik gelten. Die Daimler-Motoren-Gesellschaft räumte Emil Jellinek schon im Jahr 1901, bald nach der Mercedes-Premiere, Vertriebsrechte für Frankreich und einen Sitz im Aufsichtsrat ein. 1904 gründete Jellinek mit Beteiligung der DMG die Mercédès Société Française d’Automobiles in Paris, die den gesamten Auslandsvertrieb übernahm. Jellineks Konzept, mit dem er unter dem Namen seiner Tochter Mercédès den Weg von der hochbeinigen Motorkutsche zum Automobil moderner Prägung vorgezeichnet hatte, bezog sich auf scheinbar untechnische Kriterien wie die Proportionen und die Linienführung – Kriterien, die in der modernen Automobilindustrie ganze Abteilungen mit hochbezahlten Spezialisten beschäftigen. Der Schritt vom wenig kleidsamen Rundkühler der Phoenix-Wagen von 1900 zum „Bienenwabenkühler“ des Mercedes von 1901, der von der Motorhaube bis zum Heck die Form des Wagens prägte, war auch der Schritt vom Kutschenbau zum Automobil-Design. Aus dem notwendigen Übel der Wärmeabführung wurde ein Symbol des Automobils. Die Nachahmer kamen sofort – zu ihnen zählten auch die technischen Direktoren der österreichischen Daimler-Gesellschaft, Paul Daimler und dessen Nachfolger Ferdinand Porsche. Sie verbanden die neue

Formensprache mit der Marke Austro-Daimler und hatten damit Erfolg. Die Rechte auf den Namen Daimler konnte man ihnen ebenso wenig absprechen wie der britischen Daimler Motor Company. Die Marke Mercedes dagegen blieb ein – allein dem deutschen Daimler-Unternehmen gehörender – Solitär von unschätzbarem Wert.

An Maybach, unter dessen Leitung Jellineks Konzept in kurzer Zeit umgesetzt worden war, ging diese Entwicklung vorüber. Aber er konnte endlich einmal Ehre und Anerkennung entgegennehmen, ohne im Schatten Daimlers zu stehen. Für kurze Zeit konzentrierte sich das Interesse der Automobil-Öffentlichkeit auf ihn. Die Eröffnung des „Salon de L'Automobile" in Paris am 10. Dezember 1902 wurde für Maybach zu einem persönlichen Höhepunkt. Diese fünfte internationale Automobilausstellung im Grand Palais war, wie die „Allgemeine Automobil-Zeitung" schrieb, „die großartige Manifestation einer Industrie, die sich in wenigen Jahren zu einer kaum geahnten Höhe und wirtschaftlichen Bedeutung emporgeschwungen hat." Das Blatt zitierte die Pariser Ausgabe des „New York Herald", deren Reporter sich mit der Frage „Welche Weiterentwicklung kann die Automobilindustrie nach einem solchen Triumphzug noch nehmen?" an Maybach gewandt hatte, den „Vater des Automobilismus". Der nüchterne Techniker Maybach gab zur Antwort, dass künftig „die Erfindung des Automobil-Pneumatics" eine Umwälzung herbeiführe, von der „die Grundprinzipien des Motors und der Getriebe" unberührt bleiben würden. Historisch wurde Maybachs Begegnung mit dem belgischen König, bei dem sich laut AAZ zwischen beiden „eine äußerst lebhafte Unterhaltung über rein technische Fragen" entwickelte. „Es war ein hübsches Bild: die hohe Gestalt des Königs und die kleine Maybach's. Aber eigentlich standen sich zwei Könige gegenüber: Leopold, König der Belgier, und Maybach, König der Konstrukteure." Maybach blieb auch in diesem Gespräch schwäbisch-sachlich. Seine Antwort auf die Forderung des Königs nach Fahrzeugen, die „hundertdreißig Kilometer in der Stunde fahren" könnten, gab die AAZ im Original-Wortlaut wieder: „Baue könne wir Alles, aber hundertdreißig Kilometer zu garantiere, ischt a schwere Sach'."

Das Wort vom „Roi des Constructeurs" entschädigte Maybach für so manches, was er in der Vergangenheit hinnehmen mußte. Dem Berichter der AAZ war allerdings aufgefallen, dass der Name Daimler noch nicht ganz aus der Automobil-Szene verschwunden war: „Die Engländer haben bereits ihren Wortschatz um einen Ausdruck bereichert, der diese Umwertung aller automobilistischen Werte im Daimler'schen Sinne bezeichnet: sie sprechen sehr treffend von einer ‚Daimlerfication'." Diese Anspielung auf die Eliminierung des Namens Daimler durch Jellinek hatte auch juristische Konsequenzen: In den nächsten Jahren kam es in England zu einer Reihe von Prozessen um die Namensrechte, bei denen auch die Kombination „Mercedes Daimler" wieder auftauchte.

In Cannstatt wurde eine enge Verknüpfung Wilhelm Maybachs mit dem Erfolg der Mercedes-Wagen schon bald nicht mehr gern gesehen. Er verlor eine wichtige

Stütze, als der Aufsichtsratsvorsitzende Max Duttenhofer 1903 in einer nie geklärten Affäre von einem Freund erschossen wurde – offenbar hatte der prominente, ein scheinbar grundsolides großbürgerliches Familienleben führende Duttenhofer ein Liebesverhältnis zu dessen Ehefrau. Maybach erkrankte kurz danach „an einer schweren Herz- und Nervenschwäche“ (Maybach-Biograph Max Rauck) und verbrachte mehrere Monate in Sanatorien in Italien und der Schweiz. Als er im Mai 1904 zurückkehrte, hatte Wilhelm Lorenz, nunmehr Aufsichtsratsvorsitzender, bereits einen neuen technischen Direktor engagiert, den Baurat Friedrich Nallinger. Maybach hatte versäumt, seinen Vertrag rechtzeitig zu erneuern. Er mußte sich damit abfinden, ein für ihn eingerichtetes „Erfinderbüro“ zu übernehmen, das nicht im Zusammenhang mit der Fahrzeugproduktion stand. Mit problematischen Konstruktionen, darunter eine Kombination von Dampf- und Verbrennungsmotor, suchte er sich vergebens gegen Kritiker im Hause zu behaupten. Auch Emil Jellinek, dessen Machtstellung intern bereits angefochten wurde, konnte ihm nicht helfen. Die Daimler-Söhne Paul und Adolf, die er von Kindheit auf kannte, traten in Cannstatt als Direktoren ein und kümmerten sich um ihre Karrieren, ohne auf ihn Rücksicht zu nehmen. Am 1. April 1907 verließ Wilhelm Maybach verbittert die Daimler-Motoren-Gesellschaft.

Eigenständiges Selbstbewusstsein gewann er seit 1909 durch die Gründung des „Luftfahrzeug-Motorenbau“-Unternehmens seines Sohnes Karl Maybach, aus dem nach Ende des ersten Weltkrieges die Automobilmarke Maybach hervorging. Der Name Maybach erhielt nun eine neue Qualität: Die großartigen Maybach-Wagen der zwanziger und dreißiger Jahre verliehen ihm den Klang, der seitdem mit ihm verbunden ist.

Menschen in der Frühzeit des Automobils

Isaac de Rivaz

Jean Étienne Lenoir

Eugenio Barsanti

Siegfried Marcus

George Bailey Brayton

Nicolaus August Otto

Eugen Langen

Gottlieb Daimler

Franz Reuleaux

Wilhelm Maybach

Karl Maybach

William Steinway

Abschiedsbild: Daimler mit Maybach und den Ingenieuren der Deutzer technischen Abteilung vor seinem Ausscheiden 1882

Louise Sarazin-Levassor

Emma Daimler

Bertha Benz

Max Duttenhofer

Wilhelm Lorenz,

Kilian Steiner

Emile Levassor

Armand Peugeot

Albert de Dion

Frederick R. Simms

Paul Daimler

Ferdinand Porsche

Personenregister

Anmerkungen und Quellenhinweise

1 Prof. Dr.-Ing. Dr.-Ing. E. H. Friedrich Sass, „Geschichte des deutschen Verbrennungsmotorenbaues von 1860 bis 1918", Berlin/Göttingen/Heidelberg 1962, Seite 20

2 Gustav Goldbeck, „Siegfried Marcus: Ein Erfinderleben", Düsseldorf 1961

3 Ursula Bürbaumer, „Das erste Auto der Welt? Männer und Motoren in Österreich im 19. Jahrhundert", Wien 1998

4 Alfred Buberl, „Die Automobile des Siegfried Marcus", Bad Sauerbrunn 1994

5 Prof. Dr. techn. Horst Hardenberg, „Siegfried Marcus – Mythos und Wirklichkeit", Bielefeld 2000

6 Alexandra Kuhn, „Der Generalist – Zum 175. Geburtstag von Siegfried Marcus" in „Marcus-Wagen – Original und Replica", Technisches Museum Wien 2006, Seite 9

7 Beschreibung des Motors in Sass, „Geschichte des deutschen Verbrennungsmotorenbaues von 1860 bis 1918", Seite 413

8 Carsten Priebe, „Auf den Spuren der Pioniere", Karlsruhe 1999, Seite 43

9 Rainer Simons, Entwicklung des Frontantriebs bis zum DKW F1 von 1931, Tagungsband 2004 der Automobilhistorischen Gesellschaft e.V., Berlin 2005, Seite 21 ff.

10 G. Delamar, „Die Gasmaschinen auf der allgemeinen Industrie-Ausstellung in Paris im Jahre 1867", Dinglers polytechnisches Journal, erstes Januarheft 1868. Zitiert nach Sass, Seite 15

11 Die von Sass auf Seite 20/21 in Auszügen wiedergegebenen Aufzeichnungen von Otto sind laut Sass, Anmerkung 24 auf Seite 654, „um 1889 niedergeschrieben worden. Die Geschehnisse und ihre Beschreibung liegen zum Teil weit auseinander. Die schwer leserlichen Blätter werden im Archiv der Klöckner-Humboldt-Deutz AG in Köln-Deutz aufbewahrt."

12 Zitiert und mit Ergänzungen versehen von Sass

13 Sass, Seite 22, Text zur Abbildung 1 aus dem Buch von Arnold Langen

14 Anmerkung von Sass auf Seite 654 zu H. Güldner, „Das Entwerfen und Berechnen der Verbrennungsmotoren", Berlin 1903

15 Die Einstufung von Lenoirs Verfahren als „Dreitakt-Verfahren" vertritt Helmut Hütten in seinem Beitrag „Motoren – Triebfedern der Mobilität" im VDI-Sammelband „Ein Jahrhundert Automobiltechnik" von 1985/86 auf Seite 189/190. Hütten spricht hier vom „ultrakurzen Kolben" des Lenoir-Motors, „der auf jeder Seite – 'doppeltwirkend' – ein Dreitakt-Arbeitsspiel abwickelte, mit jeweils zwei Hüben"

16 Ergänzungen in eckigen Klammern von Sass, Seite 26

17 Hardenberg, „Siegfried Marcus – Mythos und Wirklichkeit", Seite 129

18 Zitiert nach Sass, Seite 26

19 Die Flammenzündung von William Barnett (1838) arbeitete mit einer ständig brennenden Außenflamme, die durch eine umlaufende Öffnung für jeden Arbeitsvorgang eine Zündflamme speiste.

20 Ferdinand Rethenbacher, „Die geistige Bedeutung der Mechanik und geschichtliche Skizze der Entdeckung der Prinzipien", München 1859

21 Über den 1829 in Eschweiler bei Aachen geborenen und 1905 in Berlin gestorbenen Franz Reuleaux schrieb der Technikhistoriker Conrad Matschoss in seinem 1925 veröffentlichten, 1985 als Reprint erschienenen Buch „Männer der Technik": „Das Vor-

drängen neuer jugendlicher Kräfte hat ihm seine letzten Lebensjahre an der Berliner Technischen Hochschule oft verbittert. Heute sehen auch seine einstigen Gegner ein, dass er Bahnbrecher auf dem Gebiete der technischen Wissenschaften war. Seine volle Bedeutung wird man erst erkennen, wenn die Technik wieder Zeit und Muße zu Sammlung und Zusammenfassung findet. Dann wird man auf Reuleaux' Lehre weiter bauen."

22 Dipl.-Ing. Dietmar Voß, „Daimler's Kölner Jahre", Vortragsmanuskript 1984, Seite 8

23 Von Sass aus Originaldokumenten zitiert, Seite 37

24 Nach den Recherchen des Technikhistorikers Dr. Immo Sievers arbeitete Daimler in der Dampfkesselfabrik Smith, Peacock & Tannet in Leeds, in der Werkzeug- und Lokomotivfabrik Roberts & Co. in Manchester und bei Sir Joseph Witworth, Hersteller von Präzisionsinstrumenten, in Coventry. Quelle: Immo Sievers, „AutoCars: Die Beziehungen zwischen der englischen und der deutschen Automobilindustrie vor dem ersten Weltkrieg", Frankfurt am Main 1995, Seite 19

25 Aus handschriftlichen Aufzeichnungen Maybachs vom 12. Januar 1921 zitiert von Sass, Seite 37. Laut Sievers, Seite 18, wurde von Langen, bis Daimler seinen Posten in Deutz antreten konnte, der englische Ingenieur William Turner beauftragt, Pläne für die Erweiterung der Werkstätten auszuarbeiten. Turner sei dann nach Meinungsverschiedenheiten ausgeschieden.

26 Bild oben: Die Gasmotoren-Fabrik Deutz in den achtziger Jahren des 19. Jahrhunderts. Rechts die für Otto und Daimler gebauten Wohnhäuser, im Hintergrund links der Kölner Dom. (Deutz AG)

27 Selbstgeschriebener Lebenslauf von Wilhelm Maybach, DaimlerChrysler Konzernarchiv, Bestand „Maybach -Biographisches" 2, zitiert nach Dr. Harry Niemann, „Gottlieb Daimler", 1. Auflage Bielefeld/Stuttgart 2000, Seite 88

[28] Die Doppeltwirkung der „Lenoir-Marinonischen Gasmaschine“ erforderte zwei Einlasskanäle, zwei Auslasskanäle und zwei Zündkerzen. So konnte die Zündung abwechselnd auf beiden Kolbenseiten erfolgen. (Bild aus „Illustrirte Gewerbezeitung“ 26/1861)

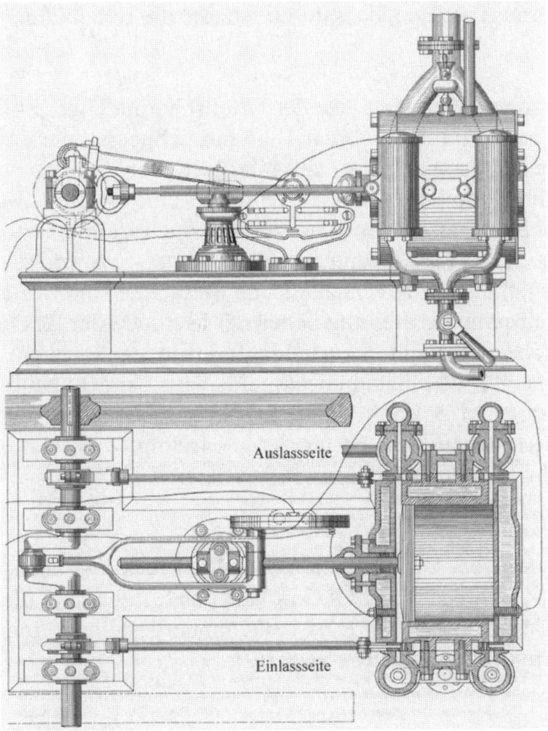

[29] Zitiert nach Niemann, „Gottlieb Daimler“, Seite 72
[30] Sass, Seite 50
[31] Sass, Seite 41
[32] Sass, Seite 42/43
[33] Sass zitiert auf Seite 51 den Anspruch 1: „In einem geschlossenen Raume brennbare, mit Luft gemischte Gase vor ihrer Verbrennung mit einer anderen Luftart in solcher Weise zusammenzubringen, dass die an einer Stelle eingeleitete Verbrennung von Gas- zu Gaskörperchen verlangsamend sich fortpflanzt, die Verbrennungsproducte sowohl als die sie umhüllende Luftart durch die erzeugte Wärme sich ausdehnen und so durch Expansion Betriebskraft abgeben.“
[34] Sass, Seite 55
[35] Sass, Seite 73/74
[36] Sass, Seite 132
[37] Die vom Patentamt geänderte Fassung zitiert Sass auf Seite 163: „In einem geschlossenen Raume brennbare mit Luft gemischte Gase vor ihrer Verbrennung behufs Er-

zielung einer Betriebskraft durch Expansion mit einer anderen Luftart in einer solchen Weise zusammenzubringen, dass während der Saugperiode zuerst frische Luft oder ein anderes indifferentes Gas eintritt, welches sich mit den Verbrennungsrückständen, die einen besonders zu diesem Zweck angebrachten Raum ausfüllen, vermischt und hiernach derartig explosible Gase angesaugt werden, dass durch letztere die Entzündung sicher ermöglicht wird."

38 Sass, Seite 165

39 Sass zitiert auf Seite 165 auch die vorangehenden Sätze der Urteilsbegründung: „Soll, wie es in dem Urteil des Reichsgerichts vom 18. Februar 1884 bezeichnet ist, nicht bloß die Methode, sondern das Mittel geschützt werden, so muss das Mittel eben Mittel sein. Sonst wird unter dem Vorwande, die Hypothese sei eine Thatsache, eine andere Gestaltung, welche denselben Effekt erzielt, als eine Patentverletzung bezeichnet und verfolgt, als liege hier nur eine andere Methode der Darstellung desselben Mittels vor, während das, was wirklich und nachweisbar ist, allein die verschiedenen Methoden sind, welche, soweit sie verschieden sind, eine selbständige Stellung neben der Methode der Beklagten verdienen, weil das Mittel, welches die Nichtigkeitsbeklagte gefunden zu haben glaubte, von ihr nicht gefunden ist. Unter dem Schein des Rechts wird Unrecht geübt; Verschleierungen und Verdunkelungen treten an die Stelle nachgewiesener Vorgänge." Sass schreibt anschließend: „Sachlich waren diese Feststellungen richtig."

40 Von Sass zitiert nach Hugo Güldner, „Das Entwerfen und Berechnen der Verbrennungsmotoren", Berlin 1903, Sass Seite 56/57

41 Sass, Anmerkung 43 auf Seite 655

42 Sass, Seite 41. Nach Hardenberg wurde der Benzinmotor von Julius Hock zwischen 1873 bis 1877 von der Eisen- und Maschinen-Fabrik AG in Wien und, in Lizenz, für kurze Zeit von der Maschinenbau-AG Humboldt in Kalk bei Köln hergestellt. Hardenberg, „Siegfried Marcus – Mythos und Wirklichkeit", Seite 201

43 Sass, Seite 413 ff.

44 Sass, Seite 72/73

45 Stand der Gasmotoren-Fabrik Deutz auf der Weltausstellung in Philadelphia 1876 mit „Ottos atmosphärischer Gasmaschine" in mehreren Versionen (Bild Deutz AG)

46 Richard K. Lieberman, „Steinway & Sons, eine Familiengeschichte um Macht und Musik“, deutschsprachige Ausgabe, München 1996, Seite 109 ff.
47 Tagebuch von Wilhelm Maybach, „Reise nach Amerika“ vom 9. September bis 3. Dezember 1876, zitiert nach Niemann, „Mythos Maybach“, Stuttgart 2002, Seite 51/53
48 Sass, Seite 75
49 Alle Zitate bei Sass, Seite 74/75
50 Sass, Seite 152/153
51 Sass, Seite 151
52 Sass, Seite 76
53 Niemann, „Gottlieb Daimler“, Seite 83 ff.
54 Sass, Seite 76
55 Niemann, „Gottlieb Daimler“, Seite 83
56 Zitiert von Sass auf Seite 55
57 Zitiert aus der Übersicht über das Maybach-Archivmaterial in Niemann, „Mythos Maybach“, Seite 314/15
58 Sass, Seite 77
59 Sass, Seite 55
60 Sass, Seite 56
61 Zitiert nach Niemann, „Gottlieb Daimler“, Seite 72
62 Niemann, „Mythos Maybach“, Seite 68
63 Ein schönes Beispiel für dieses „Downsizing“ ist das im Stuttgarter Mercedes-Benz-Museum ausgestellte Exemplar
64 Von Sass auf Seite 82 zitierte „handschriftliche Aufzeichnung“ Maybachs vom April 1918
65 Sass, Seite 84
66 Sass, Seite 88
67 Niemann, „Mythos Maybach“, Seite 84
68 Bruno Eckert, „Die Entwicklung der Flugzeugantriebe bei der Daimler-Benz AG“, Stuttgart 1988, Seite 7
69 Zitiert nach Niemann, „Gottlieb Daimler“, Seite 127/128
70 Faksimile in Niemann, „Gottlieb Daimler“, Seite 138, deutsche Übersetzung lt. Niemann übernommen aus Friedrich Schildberger, „Die Entstehung der Automobilindustrie in Frankreich“, unveröffentlichtes Manuskript, Stuttgart 1974
71 Kieselbach/Lessing, „Faszination der Form“, Stuttgart 2002, Seite 14
72 Datum und Zeichnung nach Peter Schneider, „NSU 1873 – 1984, Vom Hochrad zum Automobil“, Stuttgart 1985, Seite 16
73 Zeichnung nach Friedrich Sass, „Geschichte des deutschen Verbrennungsmotorenbaues“, Seite 173
74 Werner Oswald, „Mercedes-Benz Personenwagen“, 2. Auflage Stuttgart 1985, Seite 67
75 Niemann, „Mythos Maybach“, Anmerkung Seite 103
76 Sass, Seite 175
77 Carsten Priebe, „Auf den Spuren der Pioniere“, Seite 77
78 Nach Wolfgang Schmarbeck, „Die Peugeot-Automobile 1889 – 1980“, 1. Auflage Stuttgart 1980, Seite 9, hatte sich Armand Peugeot (1849-1896) 1885 vom Familien-

unternehmen getrennt und in Valentigney mit der Herstellung von Fahrrädern begonnen. Bis 1889 stieg die Jahresproduktion auf 19000 Stück.

79 Peter Schneider, „NSU 1873 – 1984, Vom Hochrad zum Automobil“, Seite 17

80 Angaben und Zeichnung nach Wolfgang Schmarbeck, „Die Peugeot-Automobile 1889 – 1980“, Seite 9

81 Datierung von Niemann in „Mythos Maybach“, Seite 93

82 Werner Oswald, Daimler-Motorwagen-Produktion 1885 – 1907, in „Mercedes-Benz Personenwagen“, 2. Auflage Stuttgart 1985, Seite 67

83 Niemann, „Gottlieb Daimler“, Anhang Seite 249

84 Gesamter Brief zitiert in Niemann, „Gottlieb Daimler“, Seite 183, aufgrund von W. J. Hofmann, „Aktenmäßige Entwicklungsgeschichte der Daimler Motoren-Gesellschaft“, aufbewahrt im Daimler-Chrysler Konzernarchiv, Bestand „DMG“, 95

85 Gesamter Vertragstext mit Ausnahme von § 1 (Gegenstand des Unternehmens) zitiert in Niemann, „Gottlieb Daimler“, Seite 184 -186

86 Jörg Kraus, „Für Geld, Kaiser und Vaterland - Max Duttenhofer, Gründer der Rottweiler Pulverfabrik und erster Vorsitzender der Daimler-Motoren-Gesellschaft“, Wissenschaftliche Schriftenreihe des DaimlerChrysler Konzernarchivs, 1. Auflage Stuttgart 2001

87 Sass, Seite 187

88 Prof. Dr. Wilfried Feldenkirchen, „Vom Guten das Beste“ - Von Daimler und Benz zur DaimlerChrysler AG, 1. Auflage, München 2003, Seite 44

89 Sievers berichtet unter „Der Prozess um den Maybach-Vergaser 1901“ über einen Rechtsstreit vor dem britischen „High Court of Justice“, dessen Gegenstand das auf Maybachs Namen lautende Britische Patent Nr. 16072 vom 28. 10. 1893 war. Der Unternehmer Harry Lawson wollte das Patent nutzen, um Lizenzzahlungen für alle mit Spritzdüsenvergasern ausgerüsteten Motoren zu erzwingen. In: Immo Sievers, „AutoCars: Die Beziehungen zwischen der englischen und der deutschen Automobilindustrie vor dem ersten Weltkrieg“, Frankfurt am Main 1995, Seiten 224 ff.

90 Niemann, „Gottlieb Daimler“, Seite 183, aus „Geschäftsberichte der Daimler Motoren-Gesellschaft“, Daimler-Chrysler Konzernarchiv, Bestand „DMG“, 6

91 Niemann, „Gottlieb Daimler“, Seite 198

92 Niemann, „Gottlieb Daimler“, Seite 206/207

93 Niemann, „Gottlieb Daimler“, Seite 205/206, Brief an Solveen im DaimlerChrysler Konzernarchiv, Bestand „Daimler – Biographisches“

94 „Sowohl von der Aufgabenverteilung als auch kapitalseitig hatte man Daimler über den Tisch gezogen, und dies schien ihm im Sommer 1890 immer klarer zu werden. Infolgedessen versuchte er die Auflösung der Gesellschaft zu betreiben.“ Niemann in „Gottlieb Daimler“, Seite 27

95 Niemann, „Gottlieb Daimler“, Seite 22

96 Brief an Solveen, zitiert nach Niemann, „Gottlieb Daimler“, Seite 205/206

97 Über die amerikanischen Benz-Aktivitäten berichtet Kurt Hünninghaus in „Geliebt von Millionen“, Düsseldorf 1961, Seite 166/167

98 Werner Oswald, Mercedes-Benz Personenwagen, 2. Auflage, Stuttgart 1985, Seite 70

[99] Wilfried Feldenkirchen berichtet in „Vom Guten das Beste“, Seite 42, zwischen November 1894 und Juni 1895 seien vier Motorwagen mit 2 PS-Motoren in Cannstatt bestellt und sofort ausgeliefert worden (Quelle: Reinhardt Hanf, „Im Spannungsfeld zwischen Technik und Markt“, Wiesbaden 1980). Möglicherweise waren dies Lager-Exemplare des „Schroedter-Wagens“.
[100] Zitiert von Niemann in „Mythos Maybach“, Seite 111, nach einem unveröffentlichten Manuskript des Autors Karl Schnauffer, „Die Entwicklungsarbeiten in der Königstraße und im Hotel Hermann 1891 – 1895“, erstellt im Auftrag der „Arbeitsgemeinschaft für die Geschichte des Deutschen Verbrennungsmotorenbaues“ 1954/55
[101] Niemann, „Mythos Maybach“, Seite 111
[102] Sass, Seite 198
[103] Niemann, „Mythos Maybach“, Seite 109
[104] Sass, Seite 246
[105] Über die gleichzeitig beginnende Aktivität von Simms bei der internationalen Einführung der Bosch-Magnetzündung berichtet Hans-Erhard Lessing in „Robert Bosch“, Rowohlt-Monographie 50594, Reinbek bei Hamburg 2007
[106] Niemann, „Mythos Maybach“, Seite 117
[107] Niemann, „Mythos Maybach“, Seite 133
[108] Siehe auch 4.3, Bewegt durch Ölmotoren: Der „Motorwagen“
[109] Siehe auch 4.6, Auftritte in Nizza
[110] Notiz von Vischer und Maybach an Gottlieb Daimler vom 20. März 1897, in Niemann „Gottlieb Daimler“, Seite 225/227, zitiert aus DaimlerChrysler Konzernarchiv, Bestand „DMG“, 99b
[111] Niemann, „Gottlieb Daimler“, Seite 227/228
[112] Hans-Erhard Lessing, „Karriere einer Idee: Das Fahrrad“, in „Faszination der Form“, Stuttgart 2002, Seite 11
[113] Sass, Seite 266
[114] Der Zusatz von Sass zur Bilderklärung auf Seite 123 lautet: „Der Vergaser beruht auf demselben Prinzip wie Wilhelm Maybachs Schwimmervergaser – Konstanthaltung der Höhe der von Luft durchperlten Benzinschicht – , ist aber völlig unabhängig von Maybachs Arbeiten entstanden“
[115] Die Bezeichnungen Modell I, Modell II und Modell III, auch Wagen 1 und Wagen 2, stammen von Carl Benz
[116] Nach Kurt Hünninghaus, „Geliebt von Millionen“, Düsseldorf 1961, Seite 68
[117] Zitiert nach Kurt Hünninghaus, „Geliebt von Millionen“, Düsseldorf 1961, Seite 69
[118] Zitat und Faksimile aus Hans-Erhard Lessing, „Karriere einer Idee: Das Fahrrad“, in Ralf J. Kieselbach und Hans-Erhard Lessing, „Faszination der Form“, Stuttgart 2002, Seite 19
[119] Kurt Hünninghaus zitiert nach der Beschreibung der Benz-Auftritte ab 1893 in den USA aus dem Buch von Louis Bonneville „L'Auto et l'Amerique“ zum unter dem Namen Eclair eingeführten Benz Velo: „Dieser (Benz)-Wagen inspirierte nun die amerikanischen Ingenieure, die für lange Zeit im großen und ganzen seinen Linien folgten und sogar die Formen dieses Typs und seine Einzelheiten nachahmten: liegender Motor

hinten, Kraftübertragung durch Riemen usw.". In Hünninghaus, „Geliebt von Millionen", Düsseldorf 1961, Seite 166/167

120 Zitiert von Adriano Cimarosti in „Autorennsport", Bern 1979, Seite 52

121 Peter Kirchberg, „Das Beste aus «Der Motorwagen» 1898-1914", Moers 1985

122 „Carl Benz,. Sein Lebensgang und die Erfindung des Motorwagens, von ihm selbst erzählt." Mitgeteilt nach einem persönlichen Besuch und mit einem Nachwort versehen von P. Teichner, Mannheim, Allgemeine Automobil-Zeitung Nr. 1/1913, Seite 13-24

123 Zitiert nach Erik Eckermann, „Automobilausstellungen in Deutschland", Tagungsband 2002 der Automobilhistorischen Gesellschaft e.V., Berlin 2003, Seite 14/15

124 Zitiert nach Ghislaine E.J. Kaes, „Ferdinand Porsche, Einhundert Jahre nach seiner Geburt", Manuskript, Stuttgart 1975, Seite 11

125 Louis Baudry de Saunier, Das Automobil in Theorie und Praxis, Elementarbegriffe der Fortbewegung mittelst mechanischer Motoren, Band 1, Das Motorcycle und die Voiturette mit Benzin-Motor, Band 2, Automobilwagen mit Benzinmotoren, autorisierte Übersetzung von Dr. R. von Stern und Hermann A. Hofmann, A. Hartlebens Verlag, Wien, Pest, Leipzig, 1900 und 1901, Reprints Leipzig 1989 und 1991, jeweils mit einem Vorwort von Peter Kirchberg

126 Berichtet von Niemann in „Mythos Maybach", 4. Auflage Stuttgart 2002, Seite 138

127 Zitiert von Sass, Seite 175

128 Niemann, „Mythos Maybach", 4. Auflage Stuttgart 2002, Seite 142 und Anmerkung 17, Seite 168, Schreibweise auch Joseph Brauner

129 Niemann, „Mythos Maybach", 4. Auflage Stuttgart 2002, Seite 120/122

130 Festschrift zum 25jährigen Bestehen der Daimler-Motoren-Gesellschaft, Stuttgart 1915, Seite 29 f., zitiert von Niemann, „Mythos Maybach", 4. Auflage Stuttgart 2002, Seite 121/123

131 Friedrich Sass, Geschichte des deutschen Verbrennungsmotorenbaues, Seite 234

132 Der Journalist Paul Meyan, Generalsekretär des ACF, vermutete in der von ihm herausgegebenen Zeitschrift „La France Automobile", Ausgabe vom 12. April 1900, dass Bauer, der die Strecke vor dem Rennen vierzigmal (quarante) befahren habe, durch leichtsinnige Zuschauer irritiert worden sei. Um diese „Gruppe von Neugierigen" (groupe de curieux) nicht zu gefährden, habe er von seiner Fahrlinie abweichen müssen. Meyan bezweifelte, dass die „ateliers Daimler" bereits genügend Übung im Bau von Rennwagen besäßen. Von den drei Voraussetzungen Leistung (puissance), Leichtigkeit (légèreté) und Fahrstabilität (stabilité) hätten die Wagen nur die erste erfüllt. Dies habe eine Rolle gespielt, als es galt, die Wagen der Routiniers de Knyff und Levegh (beide Panhard) zu schlagen

133 „Allgemeine Automobil-Zeitung und Officielle Mittheilungen des Oesterreichischen Automobil-Clubs", 1. Jahrgang, Nr. 14, Wien, 8. April 1900, Seite 10

134 Niemann, „Mythos Maybach", Seite 142

135 Eine Zusammenstellung aktueller Berichte über Pau und Nizza aus „New York Herald", „Allgemeine Automobil-Zeitung", „Der Motorwagen", „The Motor Car Journal", „The Autocar" und „The Automotor Journal" erschien in „Mercedes 1901, Typ 35 PS", herausgegeben von Hans-Otto Neubauer, Hamburg 2002